绿色可循环手性催化剂的设计合成及应用

郑 伟 著

湘潭大学出版社
XIANGTAN UNIVERSITY PRESS

本书为贵州省高校乡村振兴研究中心成果，受到贵州乡村振兴2011协同创新中心、贵州省高校人文社会科学重点研究基地、贵州省哲学社会科学2021年度十大创新团队、贵州省人文社科示范基地等相关项目经费资助。

前　言

不对称合成是选择性合成手性有机化合物的有效方法之一，手性有机催化剂在不对称合成中具有非常重要的作用。近年来，从事不对称合成的化学工作者们设计并报道了大量的有机催化剂，不同的催化剂基于自身的结构特点和活化模式对反应的立体选择性进行有效控制，高效率催化了许多反应。为了践行“绿色化学”理念，化学工作者们设计合成不同的可循环使用的催化剂，减少化学品对环境的污染，减少资源的浪费。

本书一共分为六章，介绍了绿色化学的研究意义并详细阐述了 POSS 的设计合成，POSS 为可溶性载体支载手性咪唑啉酮、手性脯氨醇硅醚及 C_2-对称的手性双脯氨酰胺设计合成及其在催化不对称 Michael 加成反应、Aldol 反应中的应用。

本书编写过程中，参考了大量的文献资料，同时得到了同行好友张秋云、周远、刘青等的无私帮助，并得到安顺学院乡村振兴研究中心的经费支持，在此向以上个人和机构致以诚挚的谢意，由于编者知识水平有限，书中如有疏漏、偏颇之处，敬请读者反馈意见并批评指正，编者不胜感激。

作　者

目　录

第一章　绿色化学的研究意义及进展

第一节　绿色化学的概念及研究意义

化学作为自然科学中的一门重要的基础学科，主要从原子、分子层面上研究物质的结构、性质、组成及其变化规律；新物质的产生离不开化学原理，人类利用化学知识认识和改造物质世界极其重要，化学学科的发展为人类的物质文明贡献了巨大的力量，在不断提高人类的生活质量方面具有举足轻重的作用。无论是以农业、冶金、纺织等为代表的传统行业，还是以制药、电子、航空航天等为代表的新兴高新技术行业，均有化学因素的参与。

对提高生产力、推动社会进步和人类物质文明的向前发展，化学所起到的作用是毋庸置疑的。然而，在化学品的使用、生产与废弃过程中，化学对环境造成的污染也是不能忽视的。世界八大公害事件和全球十大污染事件都是化学物质导致的[1-3]。因此，一方面，人类的生活离不开化学，离不开各种各样的化学工业产品；另一方面，人类更离不开自然环境，自然环境是人类赖以生存和发展的基本条件，是进行一切生产活动的物质源泉和基本保障。

绿水青山就是金山银山的理念不断得到认可，自然生态平衡受到破坏则会直接威胁到人类的生存繁衍。所以，减少化学品对环境的污染和对人类健康的伤害越来越受到人们的重视，化学品不可少，化学污染治理和预防更是迫在眉睫。为此，必须要寻找到一条化学未来发展的可持续发展道路，“绿色化学”理念应运而生。

绿色化学又称“环境友好化学”“清洁化学”等，1991 年，美国化学会(American Chemical Society，ACS)首次提出绿色化学概念。主要内容是要求利用一套化学原理在化学产品的设计、开发和加工生产过程中减少或消除使用有毒有害物质，减少或消除产生对人类健康和环境污染的有毒有害物质，从源头、生产过程及产出结果三个阶段有效控制化学过程，该理念一问世，便受到了化学界及各国政界的密切关注和积极响应。之后，绿色化学作为化学研究者追求和发展的新方向，为拓展化学研究领域做出了巨大贡献，比如：为加快绿色理念的传播，促进绿色化学的长足发展，1995 年，美国设立了“总统绿色化学挑战奖”；英国发行了第一个绿色化学发展研究的权威期刊——Green Chemistry；澳大利亚皇家化学研究院也设立了“绿色化学挑战奖”。

1998 年，美国科学家 Anastas 和 Warner[4] 共同提出了绿色化学的“十二条”准则，阐明了绿色化学的本质，争取实现生产活动中的“零排放”，贯穿绿色化学发展的整个生命周期，从化学反应本身、化学产品、能源与资源、生产安全、污染检测五个方面阐述了绿色化学工作包含的内容以及具体任务，对“十二条”准则解读如下：(1)防止污染优于污染后治理；这与谁污染谁治理有着本质区别，污染在前，治理在后，环境已被污染成为现实，而且治理过程容易造成对环境的二次伤害。(2)最大限度地提高原子经济性；要求最大限度提高原子利用率，减少副产物生成。(3)设计并使用毒害较小的合成路线；要求优化设计路线，在路线设计过程中优先考虑绿色溶剂、绿色试剂的使用。(4)尽量产出完全实用且低毒性的化学品；从结果上要求产品的实用性和毒化程度小，思考绿色任务需求，生产设计无毒无害化学品。(5)尽可能使用安全的溶剂、辅料及反应条件；在溶剂和辅料的选择方面同时考虑减少有毒有害试剂的使用。(6)提高能源效率；减少能源损失，实现能源循环利用。(7)使用可再生原料；尽量使用可再生能源，减少不必要的能源开发对环境带来的伤害。(8)反应中尽量避免产生化学副产物；在化学反应中优化条件，选择适合的催化剂，提高主反应，抑制副反应，减少副产物的生成及排放。(9)使用高效催化剂；催化剂在合成反应中至关重要，高效的催化剂能降低反应能耗，减少副反应速率，增强主反应速率，在绿色化学发展中举足轻重。(10)设计可降解的化学品，以实现其不会在环境中累积；化学品的使用不可避免，难降解化学品的累积对环境的污染不可忽视，比如白色污染。因此，制造可降解的化学品势在必行。(11)实时污染检测；在合成过程中实时监测和控制，在有害物质生成前完成消除，以最大程度减少或消除副产物的形成。(12)更安全的化学生产过程，在生产过程中减少危险品的使用，确保生产过程的安全性。以上“十二条”措施，不但为化学的可持续发展指明了发展方向，同时为化学生产活动阐述具体方法。具有非常重要的指导意义，与各国政府所倡导的可持续发展理念相一致[5-7]。

第二节　绿色化学的发展进程

目前，绿色化学的发展还处于起步阶段，由于受到技术、经济、知识、设备等多因素的限制，在化学生产以及研究过程中很难完全满足以上十二条基本准则。但是，化学设计者们仍没有放弃绿色化学的理念，在能保障生产研究的基本前提下，根据生产研究的实际情况，尽量遵循其中的一种或者几种策略，来尽可能地降低对环境造成的危害[8]。对化学反应的绿色化程度进行评价时，会采用一些具有代表性的指标，如原子经济性、环境因子、环境商、质量强度等来进行综合评价[9-11]。根据绿色化学的原则及要求，在有机化学领域，人们在不断寻找新的方法和策略，以期实现有机化合物的高效合成，减少有机合成对环境的危害。主要体现在以下三个方面：(1)优化路线设计时反复论证，选择最佳合成路线，防止有毒有害物质的使用。(2)生产时尽量避免使用有毒有害物质或不可再生资源。(3)产品使用后可以或者容易降解，降解产物对环境无危害或危害较小；此外，为避免合成过程中的潜在风险，近年来，水相反应、机械化学、声化学、光化学等的研究已成为绿色合成化学的研究热点[12-15]，相关的报道也较多，其中机械化学作为绿色无溶剂化的典型代表，一度受到研究者的青睐，机械化学以机械动力学为基础，实现机械力学和化学在分子尺度上的作用，通过机械力的引发并维持化学反应的发生，以非常规方式对化学物质进行活化[16]。其应用领域涵盖有机合成、超分子化学、金属有机化学和无机化学等方面[17-20]。机械化学反应最主要一个特点是：绿色无溶剂，当然，在实际反应中也可以添加少量甚至是催化量的液体来优化和改变机械化学反应环境，总体上获得实现更好的反应效果。例如 2009 年，Mack 小组在无传统催化剂 CuI 的条件下，以铜制球磨罐金属表面为催化剂实现高效的 Sonogashira 偶联，后又用相同的方法成功完成 Huisgen 偶联和 Click 反应，成功高效合成三氮唑五元环（见图 1.1）[21-23]，受到了绿色机械化学研究者们的关注。

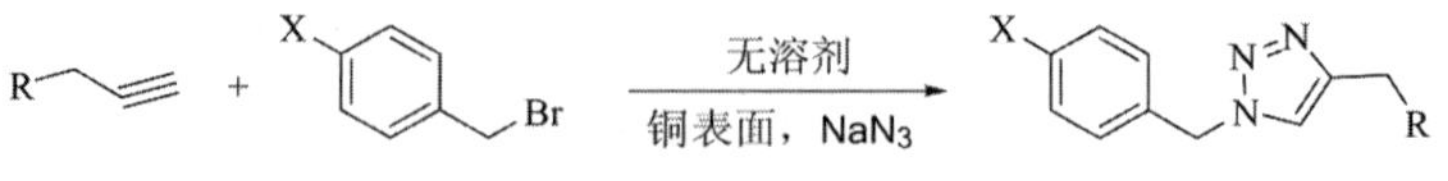

图 1.1　合成三氮唑五元环

2015 年，他们又以银箔为催化剂，在银箔表面高效实现了烯烃的[2＋1]环丙烷化（见图 1.2）[24-25]，反应结束后将银箔从反应体系中回收，实现了催化剂的循环回收利用，在该机械化学的条件下，实现了使用易获得的普通金属单质去替代难合成复杂的金属配合物的目的，大大降低反应成本，最关键的是让工业上的大规模生产从理论变成了现实。

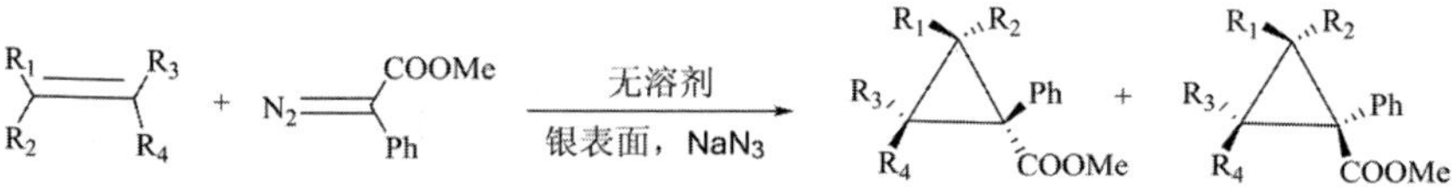

图 1.2　合成[2＋1]环丙烷

随着研究的不断深入和研究者的不断努力，2015 年，Štrukil 等从实验上验证了反应机理的正确性，在他们的努力下，终于通过用机械化学的方法分离得到稳定的中间体，产率较高，接近当量，且该反应在机械化学的条件下大大缩短了反应时间（见图 1.3）[26]。该方法的问世，为有机反应机理的探究提供新的方法和新的研究思路，进一步拓展了绿色化学研究领域。

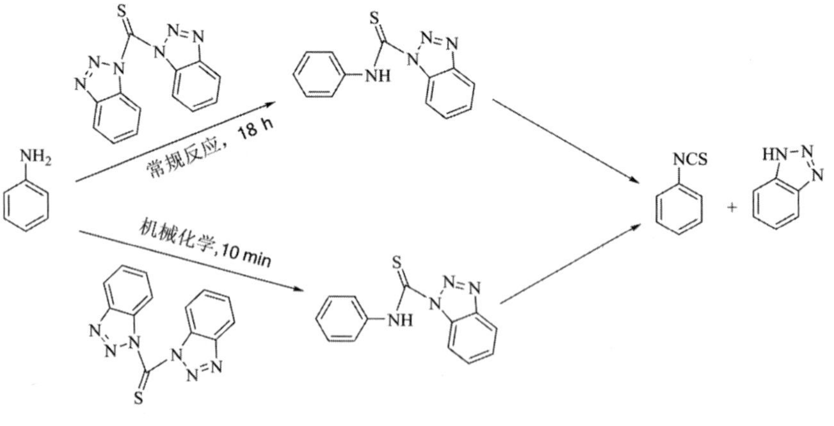

图 1.3　分离中间体

关于绿色化学研究的报道还有很多,在此就不一一赘述,我们有理由相信,随着更多研究团队的加入,相关的研究一定会得到不断深入,更精确的理论模型和更广泛的系统研究将会出现,利用绿色化学的有机反应途径将会更加成熟,绿色化学研究也将得到长足发展。

参考文献

[1] 胡常伟，李贤均．绿色化学原理和应用[M].北京:中国石化出版社，2006.

[2] 闵恩泽，傅军.绿色化学的进展[J].化学通报,1999，20：81-86.

[3] Clark J H,Green chemistry：challenges and opportunities [J].Green Chem.，1999，1：1-8.

[4]Hudlicky T,Frey D A,Koroniak L,et al.Towarda Veagent-free,synthesi-Tandem enzymatic and electrochemical methods for increased effective mass yield (EMY)[J].Green Chem，1999，1:57-59.

[5]Gurzons A D,Constable D J C,Mortimer D N,et al.So you think your process green ,how do you know,Using principles of sustainability to detrmine what is green a corporate perspective[J].Green Chem，2001,3:1-6.

[6] Sheldon R A. Organic synthesis-past，present an d future [J]. Chem. Ind，1992:903-906.

[7] Hudlicky T,Frey D A,Koroniak L，et al. Toward a reagent-free synthesis-tandem enzymatic and electrochemical methods for increased effective mass yield (EMY) [J].Green Chem，1999，1：57-59.

[8]Besse P,Veschambre H.Chemical and Biological Synthesis of Chiral Epoxides[J].Tetrahedron，1994，50:8885-8889.

[9]Tian H Q,Lu C Q,et al.The terrestrial biosphere as a net source of greenhouse gases to the atmosphere[J].Nature，2016，531:225-230.

[10]Zhao C,Critical factors affecting the development of renewable energy power generation[J].Energy Rev,2018，53:885-888.

[11]Xu B,Lin B Q.Does the high-tech industry consistently reduce CO^2

emissions? Resultsfrom nonparametric additive regression model[J].Environ Impact Assess Rev,2017, 63:44-48.

[12]Abe T,Miyazawa A,Kawanishi Y,et al. Microwave-Assisted Synthesis of Metal Complexes[J].Mini-Rev. Org. Chem,2011, 8:315-333.

[13]Rodríguez A,García-Vázquez J A. The use of sacrificial anodes for the electrochemical synthesis of Metallic complexes[J]. Chem Rev, 2015, 303:42-85.

[14]Davin T,Tomislav F. Mechanochemistry for Organic Chemists: An Update Eur[J].Mechanochemistry Eur J Org Chem,2018:18-28.

[15]Myers R M. Machine Assisted Organic Synthesis[J].Angew Chem, 2015, 54:3449-3468.

[16]BalážP. Mechanochemistry in Minerals Engineering[J]. Mechanochemistry in Nanoscience and Minerals Engineering,2008.

[17]Rightmire N R,Hanusa T P. Advances in organometallic synthesis with mechanochemical methods[J].Dalton Trans,2016, 45:2352-2592.

[18]Garcia-Manyes S,Beedle A E. M.Steering chemical reactions with force Nat[J].Rev Chem,2017(1):83-99.

[19]Gr-tz S,Borchardt L. Mechanochemical polymerization-controlling a polycondensation reaction between a diamineand a dialdehyde in a ball mill [J].RSC Adv,2016(6):64799.

[20]Ohn N,Shin J,Kim S S,et al. Mechanochemical Ring-Opening Polymerization of Lactide:Liquid-Assisted Grinding for the Green Synthesis of Poly(lacticacid) with High Molecular Weight [J].Chem Sus Chem, 2017 (10):3529-3537.

[21]Boldyreva E. Chem Mechanochemistry of inorganic and organic systems: what is similar, what is different? [J].Soc Rev,2013, 42: 7719-7739.

[22] Fulmer D A, Shearouse W C, Medonza S T. Solvent-free Sonogashira coupling reaction via high speed ball milling[J]. Green Chem, 2009, 11:1821-1825.

[23] Cook T L, Walker J A, Mack J. Electronic Supplemental Information (ESI) Scratching the catalytic surface of mechanochemistry: A multi-component CuAAC reaction using a copper reaction vial [J]. Green Chem, 2013, 15:617-635

[24] Longrui C, Mark O B, Betsegaw E L. An Inexpensive and Recyclable Silver-Foil Catalyst for the Cyclopropanation of Alkenes with Diazoacetates under Mechanochemical Conditions[J]. Angew Chem 2015, 127: 11236-11239.

[25] Katritzky A R, Ledoux S, Witek R M, et al. 1-(Alkyl/Arylthiocarbamoyl) benzotriazoles as Stable Isothiocyanate Equivalents: Synthesis of Di- and Trisubstituted Thioureas[J]. Org. Chem, 2004, 69:2976-2982.

[26] Štrukil V, Gracin D, Magdysyuk O V, et al. Trapping Reactive Intermediates by Mechanochemistry[J]. Angew. Chem, 2015, 54:8440-8448.

第二章　支载化的手性催化剂的研究进展及 POSS 的应用

第一节　支载化的手性催化剂的研究进展

手性催化剂催化不对称合成是高效的不对称合成方法之一[1-3]。手性脯氨醇硅醚、手性咪唑啉酮、手性脯氨酰胺、手性联二萘类化合物（如 1,1′-联二萘酚、1,1′-联二萘膦等）都是目前研究使用较广泛的手性催化剂，具有分子轴不对称性、刚性、柔韧性等独特的空间结构和高度稳定的手性构型，是性能优异的手性催化剂，具有催化活性高、选择性好的优点，广泛用于催化不对称还原、硅腈化、Michael 加成、Henry 反应、杂 Diels-Alder 反应、二乙基锌加成等反应[4-6]。但是此类手性催化剂合成复杂，成本（包括金属）高，在均相催化条件下难以分离纯化和回收循环使用。此外，催化剂及催化活性中心的重金属离子（如钛、钯、钌、铑等）易流失到产物中，需要通过烦琐的后处理过程清除产物中残留的催化剂（金属），不仅增加了成本，而且造成了污染，不符合绿色化学发展理念，限制了它们的广泛使用。为了解决该问题，主要方法是在手性催化剂结构上引入合适的反应性基团，通过连接基将手性催化剂支载于不溶或可溶性载体上，进行支载化催化，使其既具有小分子催化剂高的催化活性，又具有支载合成易分离纯化的优点，提高支载化催化剂的催化性能[7]，改善反应条件，降低催化剂和金属离子的流失。

有研究者将手性联二萘类化合物支载在不溶性的交联聚苯乙烯载[8-9]和硅胶[10]上，进行非均相催化反应，取得较好的催化效果。但交联聚苯乙烯和硅胶由于高分子骨架段活动受阻，处于表面不同位置以及内部的金属络合物的组成与结构是不完全相同的，往往形成多种不同的催化活性中心。此外，硅胶上未反应完的硅羟基能与金属离子络合，影响催化反应的选择性；在非均相催化条件下，支载催化剂不能很好地在反应体系中分散，从而阻碍了它们与反应体系的接触，降低了催化活性和选择性。总之，非均相支载催化反应存在因非线性动力学行为以及不溶性载体溶剂溶胀性对催化性能的强烈影响等不足[11]。

研究者们发现，用可溶性载体取代不溶性载体是支载化有机合成研究发展的方向。可溶性载体支载手性催化剂，具有“均相反应，两相分离”概念，显示出与传统均相催化剂相同的动力学行为、活性和选择性，催化剂易从反应介质中分离和回收，弥合了均相催化和固相催化体系之间的缝隙，综合了均相催化和固相催化的优点。聚乙二醇(PEG)、线型聚苯乙烯(NCPS)等线性高分子和离子液、氟碳相等是常用的可溶性载体[12]。

将手性催化剂支载在 PEG 末端，催化烯酰胺的不对称氢化，具有良好的催化效果[13]，但 PEG 的使用存在一定的局限性：低温下不溶于 THF 等多种溶剂；支载容量比较低(0.10～0.58 mmol/g 聚合物)；易与过渡金属离子络合而失去活性；高度水溶性，使得产物在分离纯化过程中损失较大。为了提高支载容量，将手性催化剂与 3-环氧丙烷基聚合得到可溶的聚醚支载的侧链含有手性结构的高分子手性催化剂，不对称催化酮的还原，具有良好的催化效果[14]。将手性催化剂与苯乙烯共聚得到可溶的 NCPS 侧链支载，通过调节功能基单体与苯乙烯的比例，可改变其支载容量，调控侧基催化活性中心密度，发挥载体邻近效应，用于不对称催化二乙基锌的加成反应，取得较好的催化效果[15]，但 NCPS 支载的催化剂活性位点是无规的，聚合物链容易缠绕，金属离子易形成二聚体，失去催化活性，同时在低温和高浓度时，黏度非常大，不易操作。将手性催化剂与对苯二甲酰氯反应，制备主链含有手性催化剂的可溶聚酯支载的高分子手性催化剂，催化活性单元密度高，不对称催化二乙基锌的加成反应，取得良好的催化效果[16]。将手性催化剂支载在咪唑离子液上，均相催化烷基化反应，获得好的催化效果[17]。有人将树状大分子通过支化基元逐步重复反应得到的具有高度支化结构的大分子，支载手性大分子均相不对称催化芳醛的烷基化，得到良好的光学产率，其中树状大分子一方面作为可溶性载体，即支载催化剂，另一方面因其体积巨大、具有刚性的枝形手臂能够有效地阻止催化活性中心的金属离子形成寡聚物而失去活性，保证催化中心配位的不饱和，有效地与底物结合，提高催化活性[18]。

近年来，从事不对称合成的化学家们设计并报道了大量的有机催化剂，包括有机小分子催化剂和支载化的有机催化剂，这些催化剂基于自身不同的结构特点和活化模式对反应的立体选择性进行有效控制，高效率高选择性地催化了许多反应。随着研究的不断深入，人们对催化剂的催化性能、载体的支载性能要求也越来越高，一些催化性能优良的催化剂得到广泛应用。

在众多的有机催化剂中，手性咪唑啉酮和脯氨酸及其衍生物及 C_2-对称的双脯氨酰胺手性催化剂更是得到了科学家们的青睐，手性咪唑啉酮在催化1,3-偶极环加成和 Diels-Alder 反应方面有着广泛的应用，C_2-对称的双脯氨酰胺手性催化剂、脯氨酸及其衍生物广泛应用于催化不对称 Michael 加成、Mannich 反应和不对称 Aldol 反应中[19]，并且都起到了不错的催化效果。虽然这些小分子手性催化剂优点是显著的，但是缺点也同样明显，这一缺点也似乎是所有小分子催化剂的共同点，那就是催化剂难以回收。如不能有效解决催化剂的回收问题，一方面会造成资源的浪费，另一方面会对环境造成污染。为此，设计了将小分子手性催化剂负载到不同的载体上（如，通过离子液体支载、硅胶材料支载、线性聚苯乙烯支载、聚乙二醇支载等），如此，便能够有效地、方便地解决了催化剂的分离提纯和重复利用的问题。

一、支载化的手性咪唑啉酮的应用

Selkala 等[20]使用聚吡啶（JandaJel™）和二氧化硅载体分别对小分子手性咪唑啉酮进行支载得到催化剂 1 和 2，在乙腈作溶剂、盐酸作添加剂的条件下非均相催化烯醛与环戊二烯的不对称 Diels-Alder 反应（见图 2.1），结果显示，两种催化剂有相似催化效果，*ee* 值达到 90%，产率达到 80%。

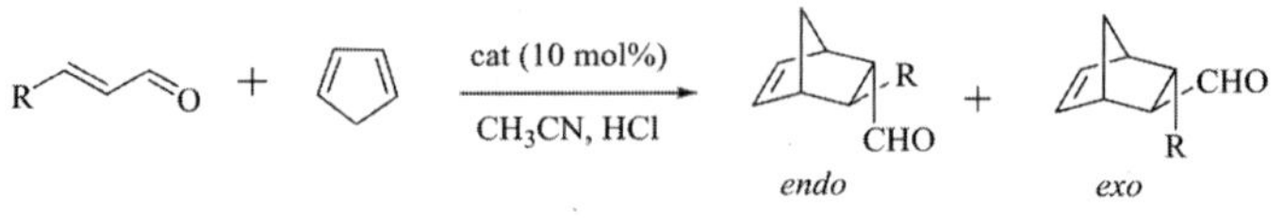

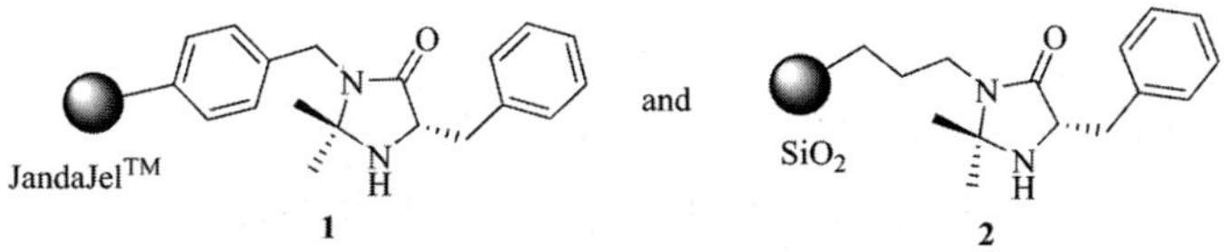

图 2.1　聚吡啶和二氧化硅支载

Haraguchi 等[21-22]使用交联的聚苯乙烯磺酸树脂为载体通过磺酸与小分子咪唑啉酮以离子键相连合成催化剂 3，将其用于催化环戊二烯与芳基烯醛的不对称 Diels-Alder 反应，取得理想的效果，*ee* 值大于 90%，产率 80%以上（见图 2.2）。

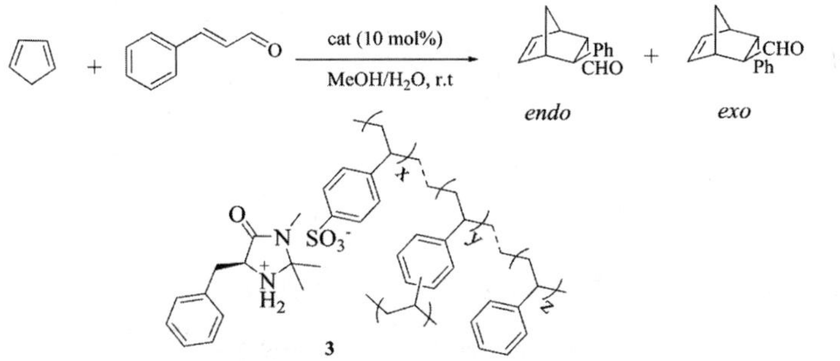

图 2.2　聚苯乙烯磺酸树脂支载

Guizzetti 等[23]制备的聚甲基氢硅氧烷(PMHS)载体与小分子手性咪唑啉酮的两个位点反应得到催化剂 4，应用在不对称 Diels-Alder 反应中，取得很好的催化效果，产率高达 98%，*exo* 和 *endo* 的 *ee* 值分别高达 92%和 90%（见图 2.3）。

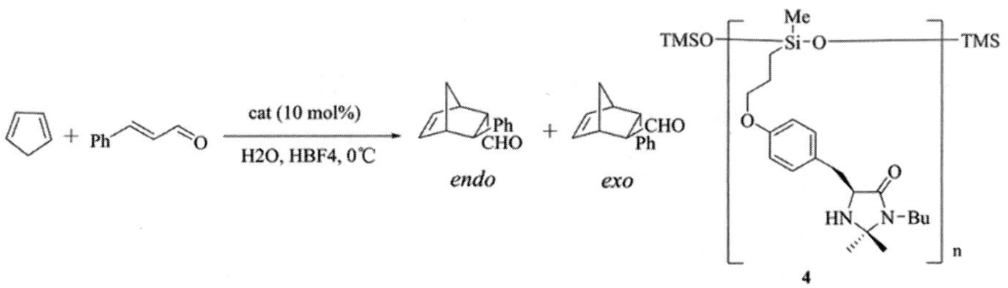

图 2.3　聚甲基氢硅氧烷支载

Benaglia[24-25]小组使用聚乙二醇单甲醚载体对手性咪唑啉酮进行支载得

到催化剂 5，均相催化不对称 Diels-Alder 反应和不对称 1，3-偶极环加成反应，在 Diels-Alder 反应中使用 CH_3CN ∶ H_2O (95 ∶ 5)的混合溶液，并选用 TFA 作添加剂，24 ℃下反应得到产率 67%，*endo* ∶ *exo* 为 94 ∶ 6，*ee* 值分别为 92%和 86%。在不对称 1，3-偶极环加成反应中，CH_3CN/H_2O 体系中选用 HBF_4作添加剂，−20 ℃下反应得到产率 71%，*trans* ∶ *cis* 为 85 ∶ 15，*trans* 式的 *ee* 值可以达到 87%(见图 2.4)。

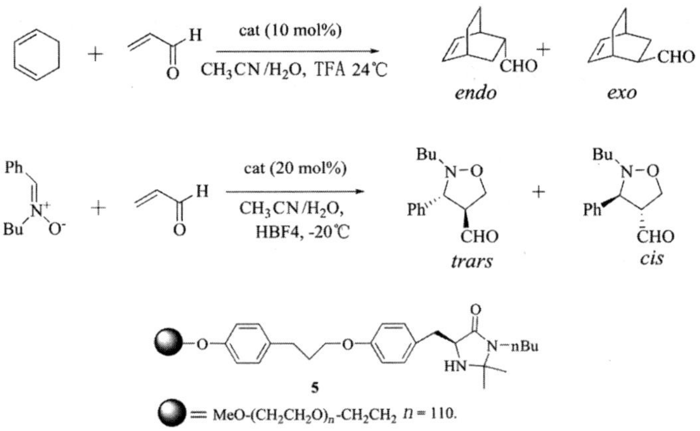

图 2.4 聚乙二醇单甲醚支载

Shen 等[26a-27b]以可溶性离子液体支载手性咪唑啉酮合成催化剂 6，以硝基甲烷为溶剂，室温条件下均相催化不对称 Diels-Alder 反应和不对称 1，3-偶极环加成反应(见图 2.5)，在两个反应中均有出色的催化效果。

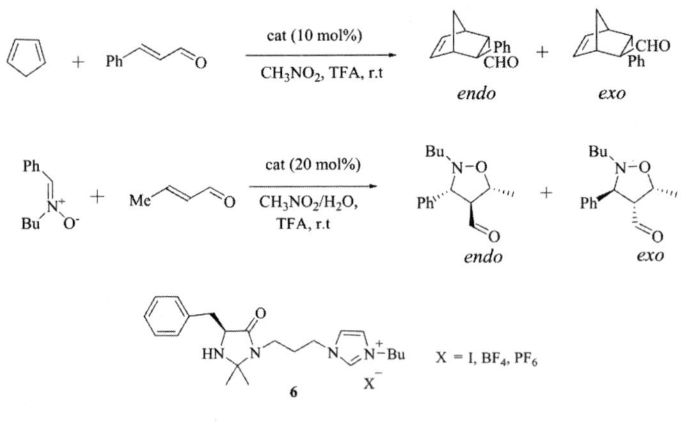

图 2.5 可溶性离子液体支载

2006 年,Zhang 等[28]将手性咪唑啉酮支载到包覆了聚合物外壳的 MCF 硅胶上,得到了催化剂 7、8,催化剂 7、8 被应用于 Friedel-Crafts 反应和 Diels-Alder 环加成反应中,均表现出良好的催化效果。Friedel-Crafts 烷基化反应产率为 72%、*ee* 值为 71%、Diels-Alder 反应产率为 93%、*endo ee* 值为 83%(见图2.6)。

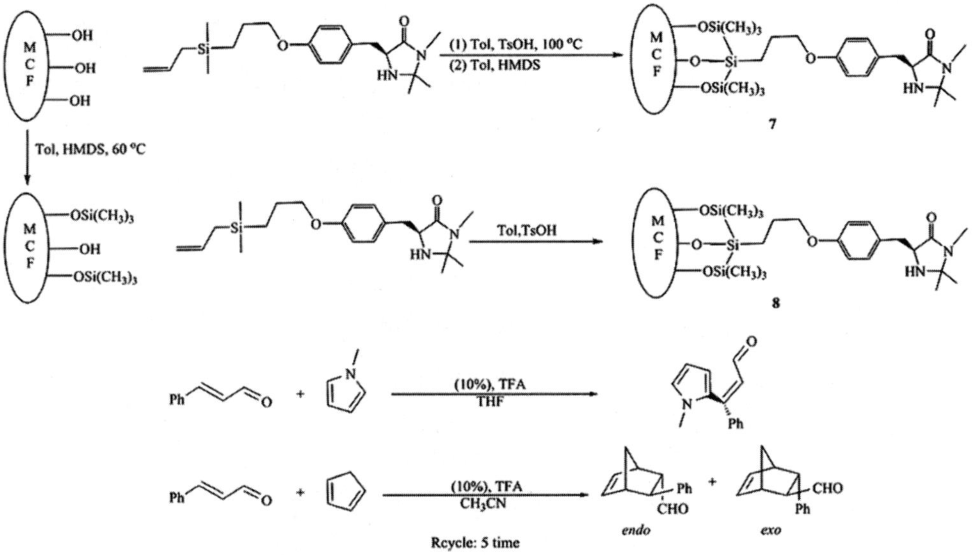

图 2.6　聚合物支载

2010 年,Hagiwara 等[29]将手性咪唑啉酮催化剂与离子液体混合,再包覆到二氧化硅颗粒上,得到了 Mac-SILC 支载催化剂 9,并应用于 Diels-Alder 环加成反应,催化效果优秀,产率为 96%,*endo ee* 值为 93%(见图 2.7)。

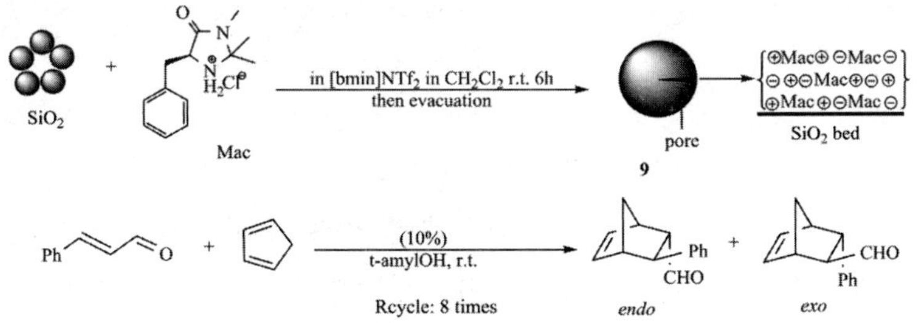

图 2.7　离子液体包覆二氧化硅

2011 年，Shi 等[30]将手性咪唑啉酮催化剂支载到二氧化硅中空球载体上制得了 H-PhPMO-Mac 催化剂 10，并应用于催化 Diels-Alder 环加成反应，产率 98%，*endo ee* 值 81%(见图 2.8)。

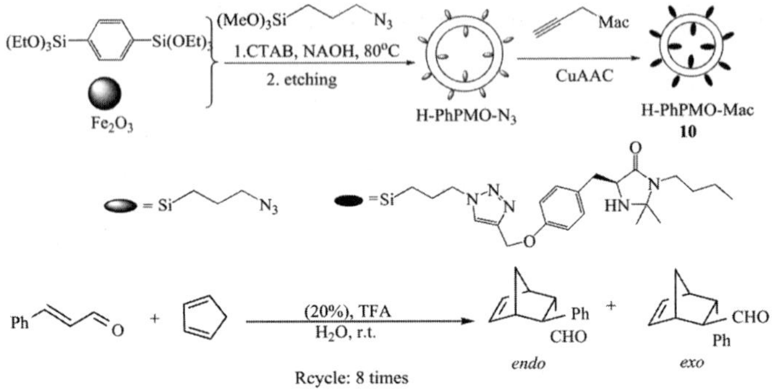

图 2.8　二氧化硅空球支载

2012 年，Guizzetti 等[31]将手性咪唑啉酮催化剂支载到聚甲基氢硅氧烷(PMHS)载体上制得催化剂 11、12，并应用于 Diels-Alder 环加成反应中(见图 2.9)。催化剂 11 表现出更出色的催化效果，产率 65%，*endo ee* 值 93%。

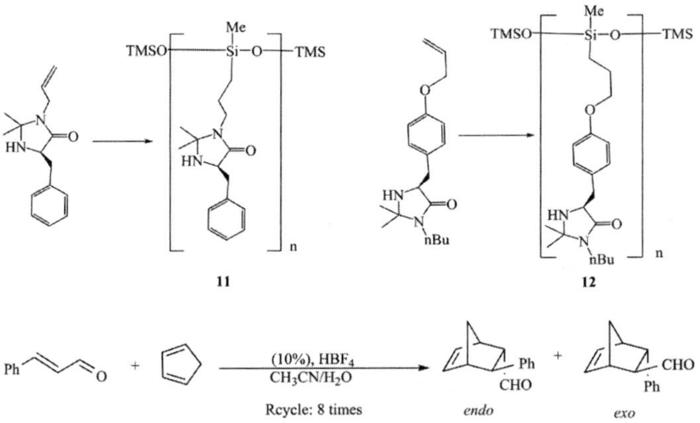

图 2.9　PMHS 支载

2013 年，Wang 等[32]以修饰得到的手性咪唑啉酮催化剂为单体，合成了手性二氧化硅聚合物催化剂 13，并应用于 Diels-Alder 环加成反应中(见图 2.10)，展现了优越的催化效能，产率高达 94%，*endo ee* 值 86%左右。

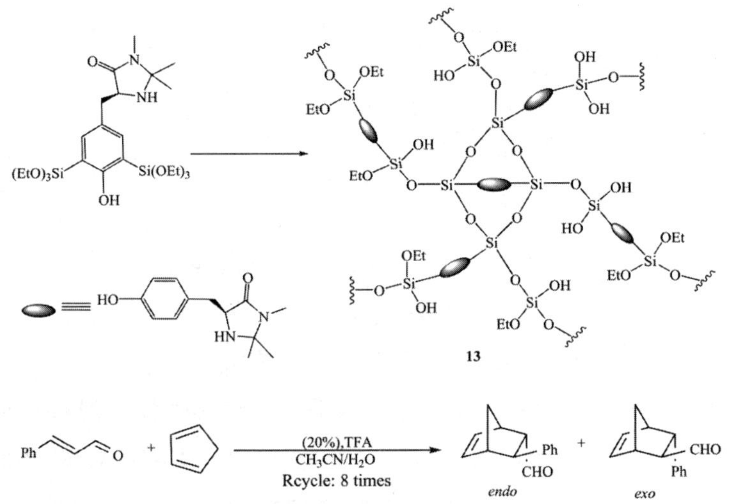

图 2.10

2013 年，Chiroli 等[33]将手性咪唑啉酮催化剂支载到硅胶上合成催化剂 14，并将所合成的支载催化剂 14 制作成微流量反应柱。在底物连续流通的条件下，该微流量反应柱对 Diels-Alder 反应表现出不错的催化效果（见图 2.11）：连续工作 168 h，反应产率为 60%，*endo* ∶ *exo* 为 49 ∶ 51，*endo ee* 值为 75%，*exo ee* 值为 74%，总体来说催化性能不如相似结构催化剂 13.

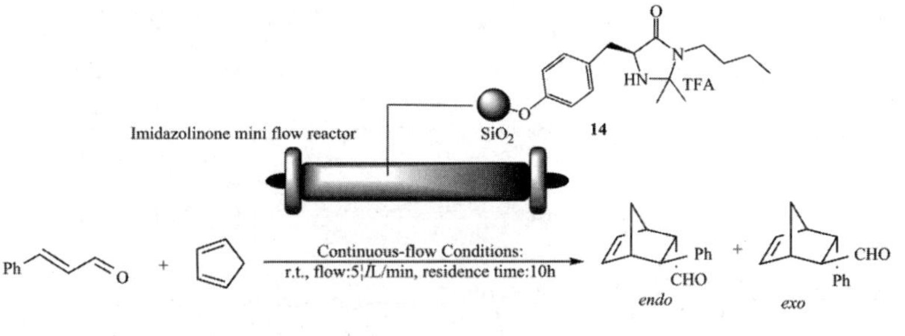

图 2.11　硅胶支载

2010 年，Haraguchi 等[34]将手性咪唑啉酮支载到不溶性聚合物上得到催化剂 15，并应用于 Diels-Alder 环加成反应中（见图 2.12），催化效能一般，产率为 80%，*endo ee* 值为 82%～87%。

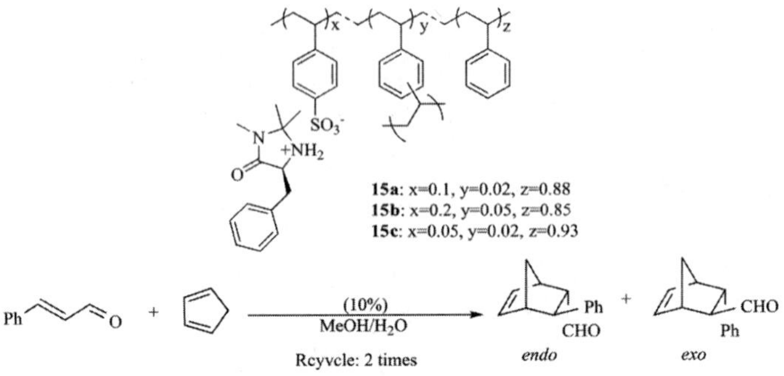

图 2.12　不溶性聚合物支载

2012 年，Haraguchi 等[35]以修饰后的手性咪唑啉酮催化剂和有机二磺酸化合物为单体合成聚合物催化剂 16a～16e，并应用于 Diels-Alder 环加成反应中(见图 2.13)，催化剂 16c 表现出最好的催化效果，产率为 92%，*endo ee* 为 95%。

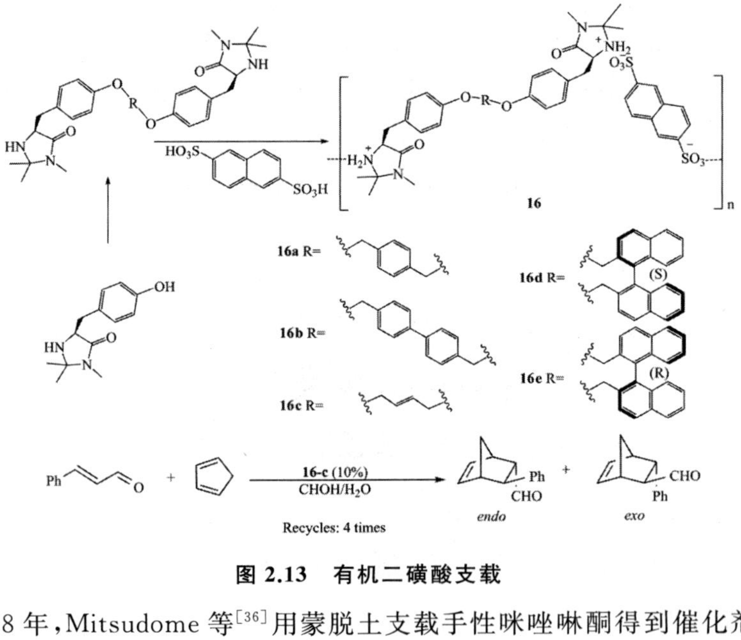

图 2.13　有机二磺酸支载

2008 年，Mitsudome 等[36]用蒙脱土支载手性咪唑啉酮得到催化剂 17，并应用于 Diels-Alder 环加成反应中(见图 2.14)，表现出不错的催化效果，产率为 73%～92%，*endo*∶*exo* 值为 52∶48 至 38∶64，*endo ee* 值为 89%～97%，*exo ee* 值为 72%～92%。

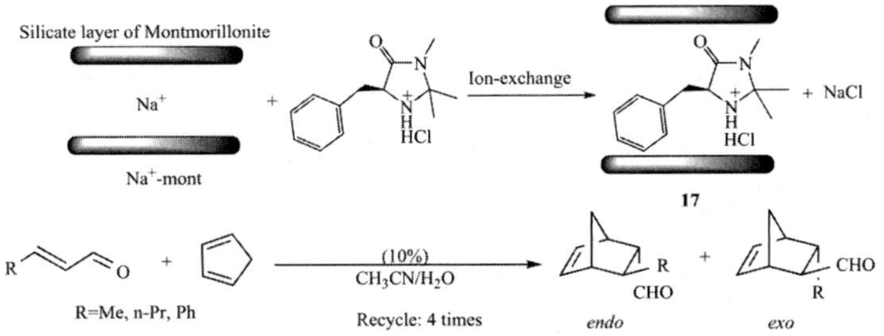

图 2.14　蒙脱土支载

2002 年，Benaglia 等[37]将手性咪唑啉酮支载到 PEG 上得到可溶性催化剂 18，在均相条件下不对称催化了 Diels-Alder 环加成反应，催化效果不尽如人意，产率仅有 61%～75%，*endo ee* 值为 73%～90%（见图 2.15）。

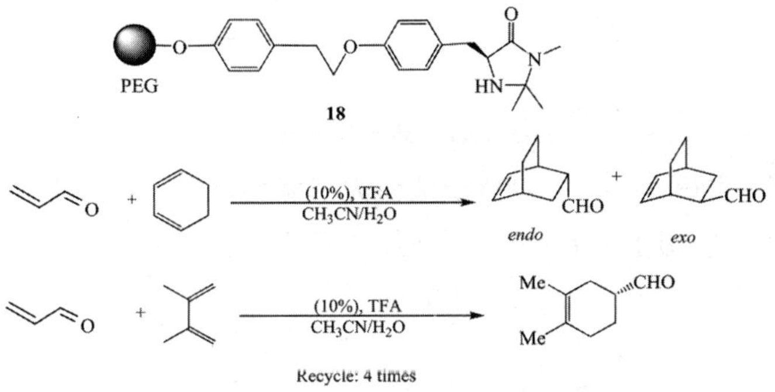

图 2.15　PEG 支载(一)

2004 年，Alessandra 等[38]同样用 PEG 支载了咪唑啉酮催化剂，得到催化剂 19，并应用于 1,3-偶极环加成反应中(见图 2.16)，表现出了一般的催化效果，产率为 59%～71%，*endo*：*exo* 值为 85：15 至 93：7，*endo ee* 值为 60%～87%。

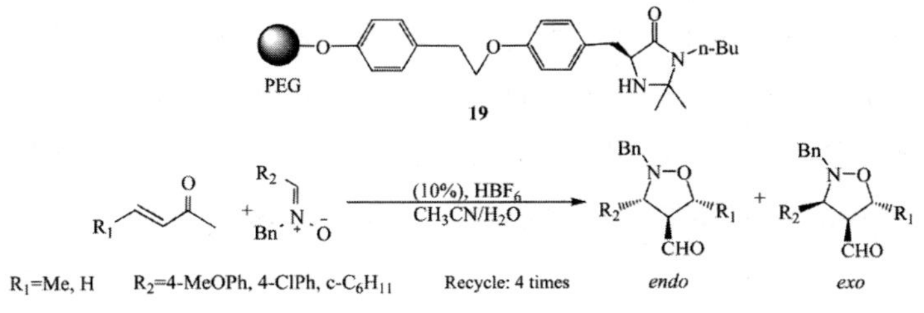

图 2.16　PEG 支载(二)

2012 年，Shen 等[39-40]将手性咪唑啉酮催化剂支载到离子液体上，得到催化剂 20。催化剂 20 被用于不对称催化 Diels-Alder 反应和 1，3-偶极环加成反应，催化效果良好（见图 2.17），Diels-Alder 反应，产率为 98%*endo ee* 值为 94%；1，3-偶极环加成反应，产率为 98%，*endo* ∶ *exo* 值为 90 ∶ 10，*endo ee* 值为 94%。

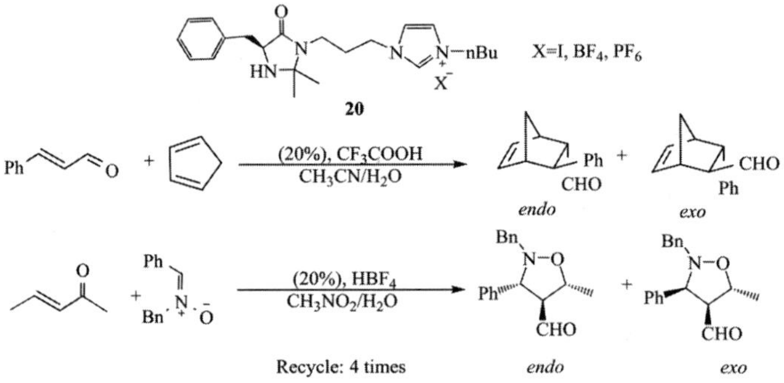

图 2.17　离子液体支载

2015 年，Chauhan 等[41]以离子液体为载体合成离子液体支载手性咪唑啉酮催化剂 21 并应用于 Diels-Alder 环加成反应中（见图 2.18），立体选择性能略有不足，产率为 92%，*endo ee* 值为 82%。

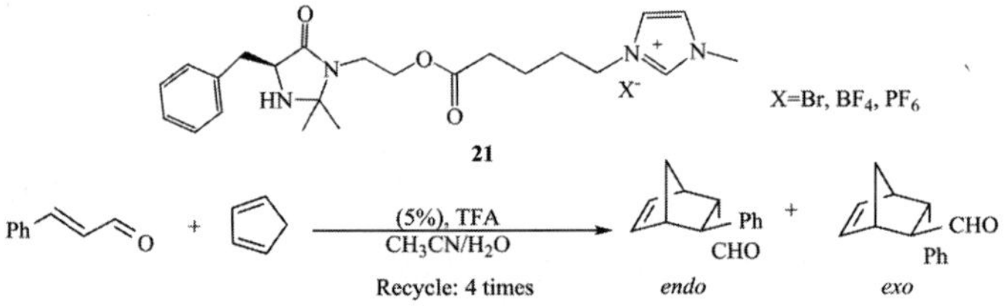

图 2.18　手性咪唑啉酮催化剂的合成及应用

2013 年，Lin 等[42-43]将手性咪唑啉酮催化剂支载到季磷盐上合成催化剂 22。该催化剂先后被用于 Diels-Alder 反应和 1，3-偶极环加成反应，催化效能优秀（见图 2.19）：Diels-Alder 反应，产率为 98%，*endo ee* 值为 94%；1，3-偶极环加成反应，产率为 98%，*endo* ∶ *exo* 值为 90 ∶ 10，*endo ee* 值为 94%，此后的一段时间，使用离子液体作为催化剂载体成为研究热点。

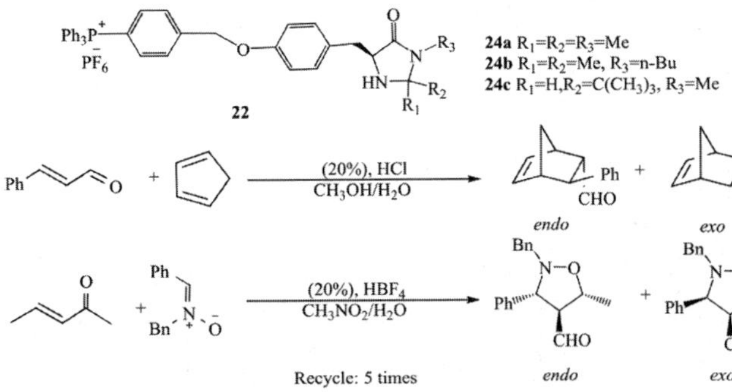

图 2.19　季磷盐支载

2005 年，Pecinovsky 等[44]以树状化合物为载体支载咪唑啉酮催化剂，得到催化剂 23，再以 23 为单体合成得到 3 种具有纳米结构的聚合物支载化催化剂 24～26，将催化剂 24～26 应用于 Diels-Alder 环加成反应中，催化剂 26 表现的催化效果最佳（见图 2.20），产率为 53%～68%，*endo ee* 值为 87%～90%。

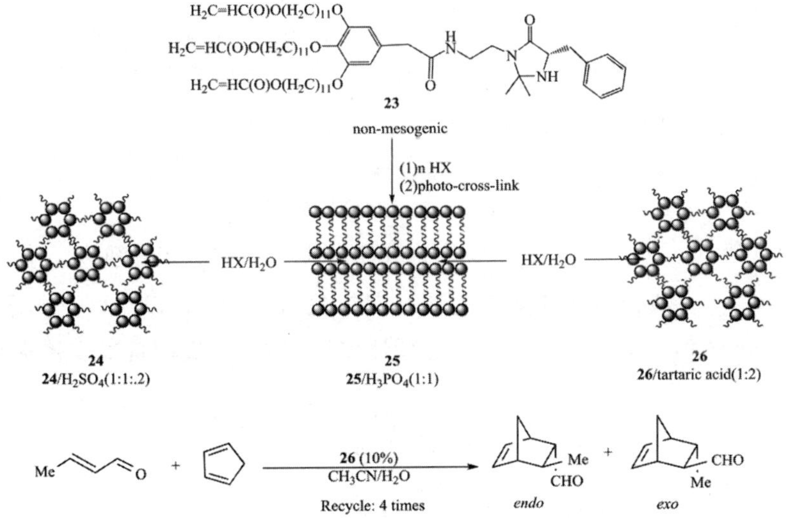

图 2.20

得到 Pecinovsky 等[44]的启发，Liang 等[45]将手性咪唑啉酮支载到体积更大的树状化合物上得到催化剂 27（见图 2.21）。并应用于 Diels-Alder 环加成反应中，以期获得好的结果，但是最终产率为 69%，*endo ee* 值为 85%～87%，产率同样没有达到预期效果。至此,大体积树状载体的研究越来越少。

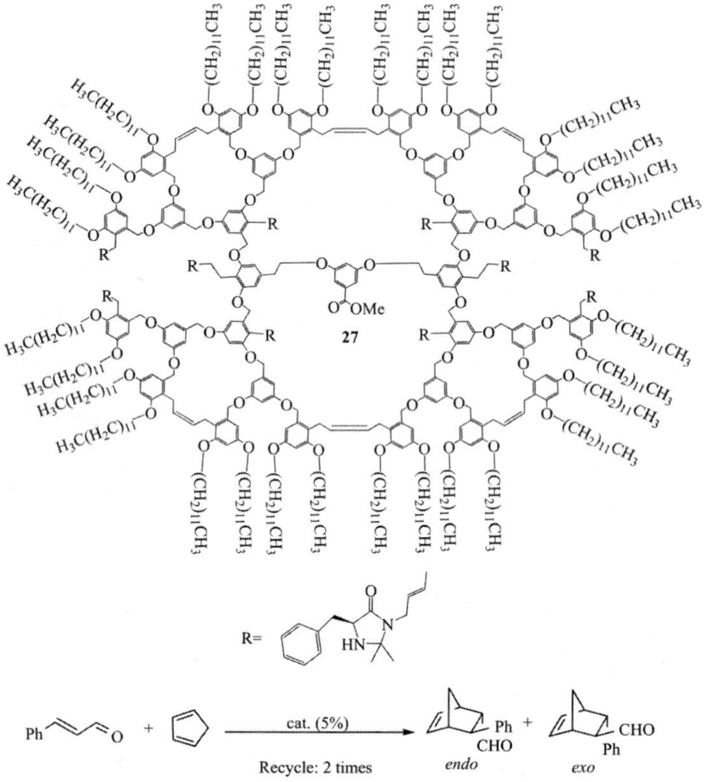

图 2.21　树状化合物支载

2006 年,Chu 等[46]合成了氟化物支载的咪唑啉酮催化剂 28,并应用于 Diels-Alder 环加成反应中(见图 2.22),取得良好的催化效果,产率为 78%～89%,*endo ee* 值为 89%～93%,但是循环使用次数少,实用价值有待提高。

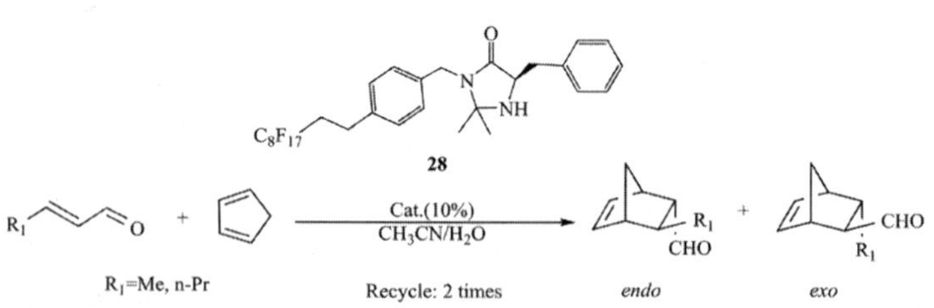

图 2.22　氟化物支载

经过不断探究，García 等[47-48]最后将手性双恶唑啉与季戊四叠氮对接，形成四支化手性配体后，与 Cu 配位得到可回收利用的聚合物催化剂 29。在无水二氯甲烷作溶剂的条件下，催化不对称环丙化反应（见图 2.23），表现出良好的催化效果，产率为 98%，*trans*∶*cis* 为 75∶25，*trans ee* 值为 99%，*cis ee* 值为 90%，催化剂可回收重复使用 21 次未见明显催化效率的下降。

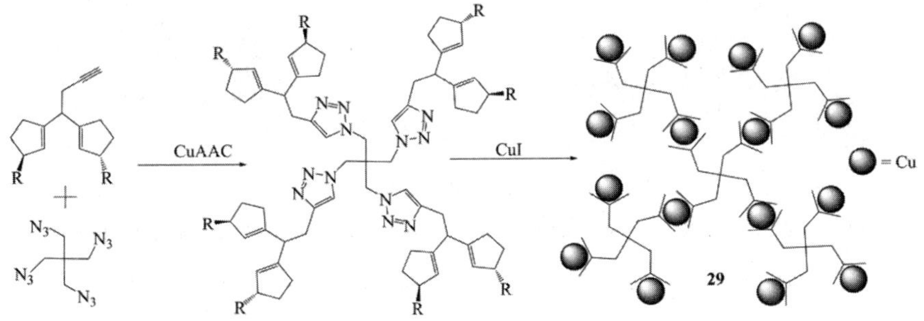

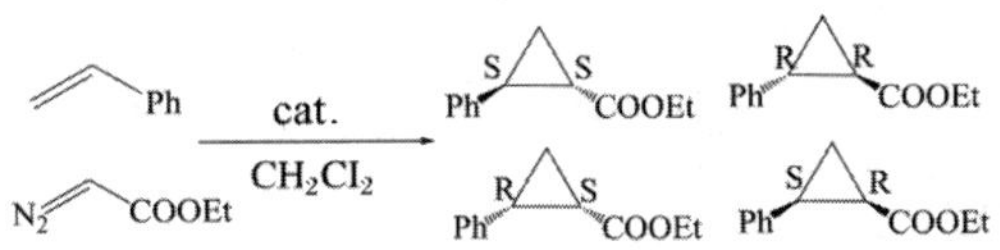

图 2.23　Cu 配合物支载

二、支载化的脯氨酸及衍生物的应用

2007 年，Gu 等[49]通过不同的连接方式将脯氨酸及其衍生物支载在 PEG 上合成两种手性催化剂 30 和 31，在氯仿和甲醇的混合溶液中，用于催化醛/酮与不饱和硝基烯烃的 Michael 加成反应，得到高达 95% 的产率（只使用 5 mol% 的催化剂当量），而 *ee* 值却只有 75%（见图 2.24）。

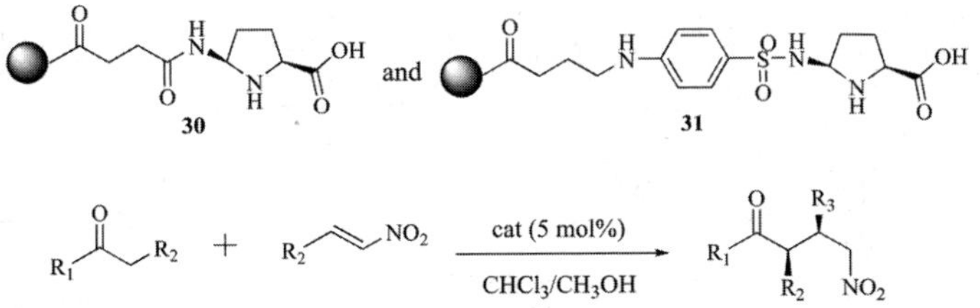

图 2.24　PEG 支载

2008 年，Zhao 等[50]将脯氨酸的衍生物支载到硅胶上得到催化剂 32，在氯仿和甲醇的混合溶液中，用于催化环己酮与反式硝基苯乙烯的不对称 Michael 加成反应，得到理想的催化结果，*dr* 值达 96∶4，*ee* 值达 91%，产率高达 97%(见图 2.25)。

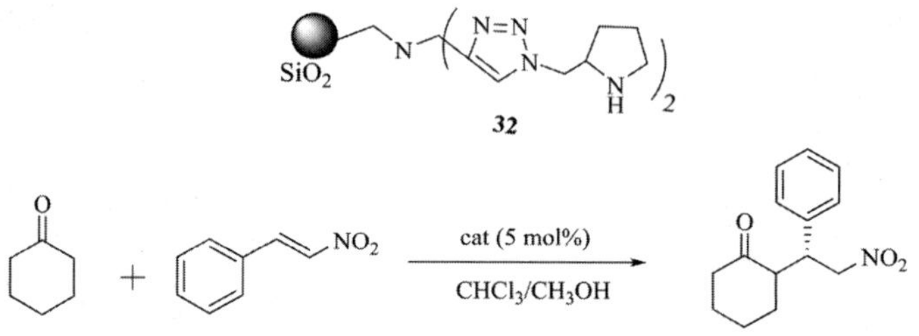

图 2.25　硅胶支载

2009 年，Chuan 等[51]将脯氨酸通过酯化反应直接支载到 PEG 上得到催化剂 33，在甲醇溶剂中，用于催化丙酮与硝基烯烃的 Michael 加成反应，只获得了 72%的产率和 60%的 *ee* 值，但非对映选择性高达 95∶5(见图 2.26)。

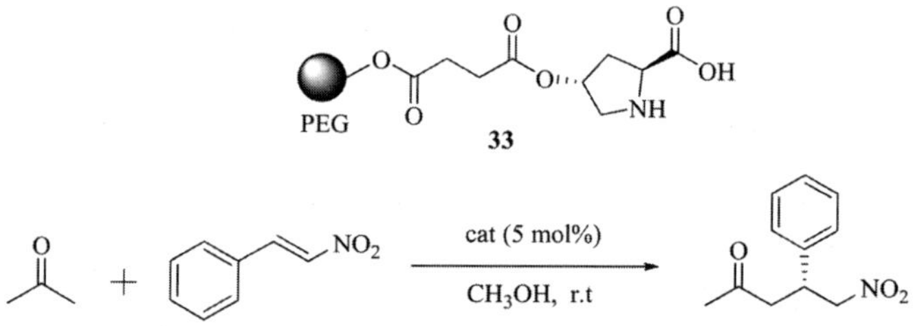

图 2.26　PEG 支载

2008 年，Ni 等[52]使用了一种 N-甲基咪唑离子液体支载的由脯氨酸衍生的催化剂 Jørgensen-Hayashi 手性催化剂 34，将其用于催化不饱和醛类与草酸二甲酯的不对称 Michael 加成反应，在低温下(4 ℃)得到了高达 99%的催化产率，和 *ee* 值大于 96%对映选择性(见图 2.27)。

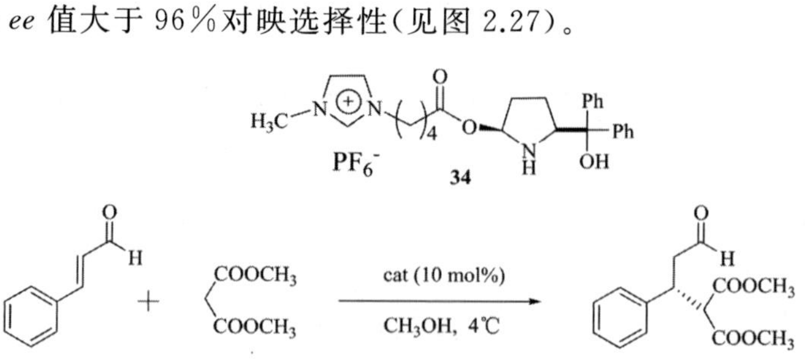

图 2.27　离子液体支载

Jørgensen-Hayashi 小分子催化剂问世后，Zu 等[53]在该催化剂苯环的对位上分别用含八个氟原子的碳链进行修饰，合成一种可以回收利用的催化剂35，用于三氟甲苯作为溶剂的条件下，催化醛与硝基烯烃的 Michael 加成反应，也得到了类似 Jørgensen-Hayashi 催化剂的催化效果(见图 2.28)。

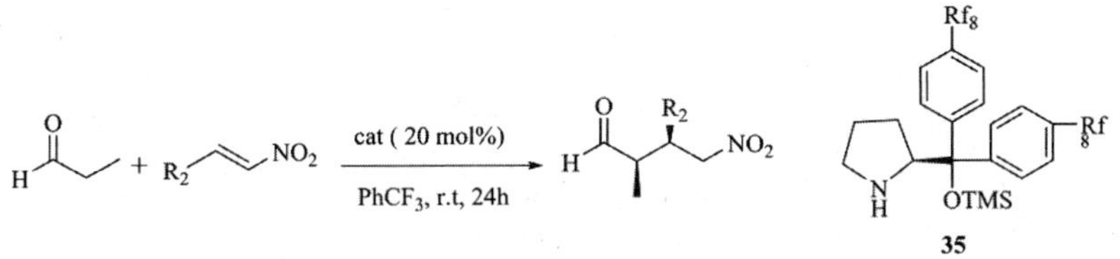

35

图 2.28　含 8 个氟原子的碳链支载

2009 年，Alza 等[54]使用聚合物 TTM-Cu36 通过 Click 反应支载 Jørgensen-Hayashi 催化剂得到 37，在二氯甲烷作为溶剂，室温下催化脂肪醛与硝基烯烃的不对称 Michael 加成反应，取得很好的催化效果，转化率高达99%以上，非对映选择性大于 99∶1，对映选择性也高达 99%以上。而且，该催化剂经过循环利用至少 6 次，转化率、*dr* 值和 *ee* 值都没有明显降低(见图 2.29)。但是，他们发现在此条件下该催化剂只有对脂肪醛作为供体有很好的催化效果，而对树枝类的醛(如异丁醛、异戊醛)作为供体几乎无催化效果，产率小于 5%。

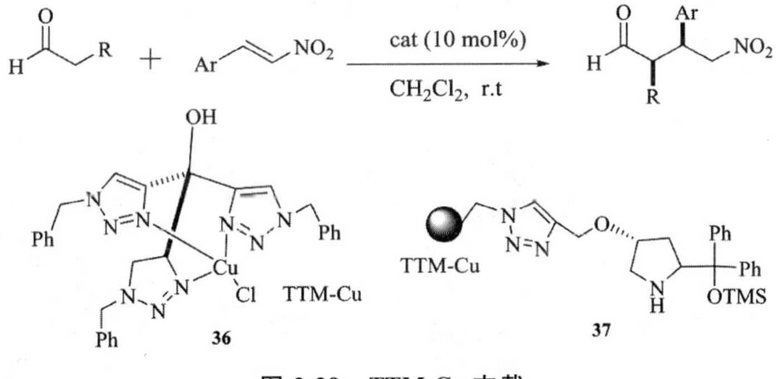

36　37

图 2.29　TTM-Cu 支载

2010 年，Zheng 等[55]使用季铵盐对 Jørgensen-Hayashi 催化剂进行修饰，设计合成一种新型的催化剂 38，用水作为溶剂，苯甲酸作为添加物，在室温下用其催化醛类与硝基烯烃的不对称 Michael 加成反应。结果显示，大部分反应可在 24 h 以内完成，而产率可高达 99%，*dr* 值可高达 98∶2，*ee* 基本都大于 99%(见图 2.30)。催化反应结束后,采用萃取的方式将催化剂与产物分离,以此来达到催化剂重复使用的目的,实验得出该催化剂至少可以重复利用 4 次,其催化效果并无明显下降。

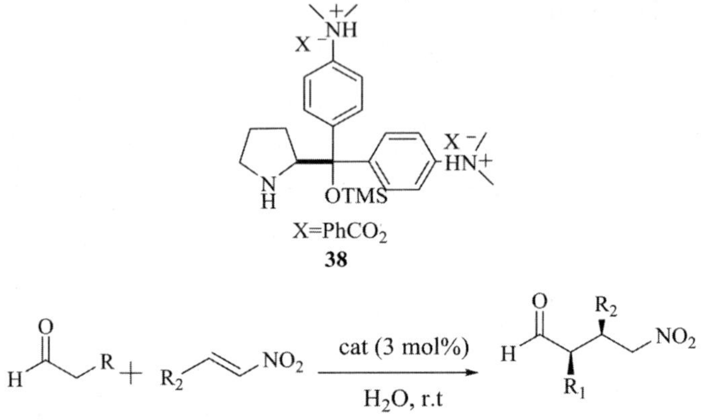

图 2.30　季铵盐支载

同年,Mager 等[56]使用 PEG 聚合物通过 Click 反应支载 Jørgensen-Hayashi 催化剂 39,用甲醇作为溶剂,苯甲酸作为添加物,室温下用其催化 α,β-不饱和醛与硝基甲烷的不对称 Michael 加成反应,得到了高达 94%的产率和 95%的 *ee* 值(见图 2.31),反应结束后他们使用碳酸氢钠水溶液简单洗涤以后,用乙醚诱导沉淀的方式将催化剂进行回收利用,并且循环使用 7 次后催化效率没有明显下降。

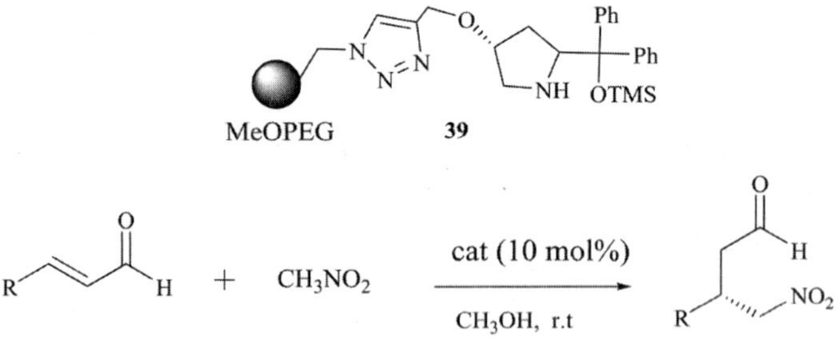

图 2.31　PEG 支载

2011 年,Alza 等[57]又将其在 2010 报道的 TTM-Cu 28 支载的 Jørgensen-Hayashi 催化剂做进一步改进后得到催化剂 40,分别用于催化不同类型的反应(见图 2.32):①醛类与反式硝基烯烃的反应,得到了最高大于 99%的产率、

99∶1 的 *dr* 值和 99%的 *ee* 值；②α，β-不饱和醛与丙二酸二乙酯的反应，得到了最高 90%的产率和 99%的 *ee* 值；③用于催化 α，β-不饱和醛与硝基甲烷的反应，得到了最高 88%的产率和 96%的 *ee* 值。

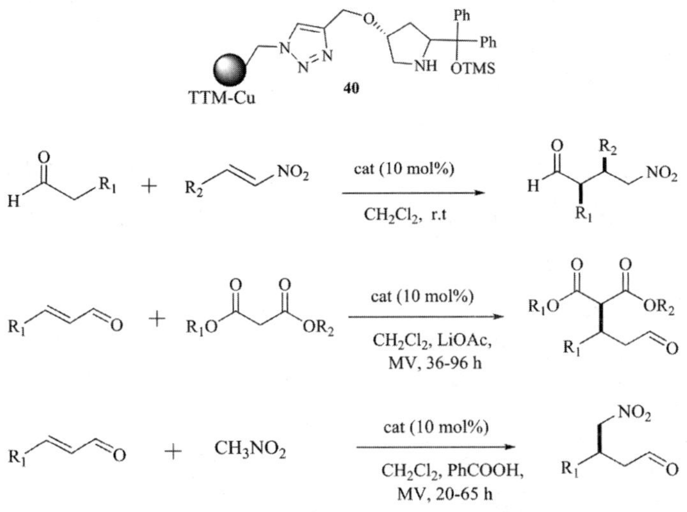

图 2.32

同年，Riente 等[58]以无机磁性材料 Fe_3O_4 的纳米粒子通过 Click 反应支载 Jørgensen-Hayashi 催化剂 41，用该催化剂催化醛与硝基烯烃的反应(见图 2.33)。虽然效果不是很理想，产率最高只有 89%，*dr* 值最高只有 89∶11，*ee* 值最高也只有 97%，并且经过 4 次循环使用后产率、*dr* 值、*ee* 值都有所下降。但是，对于该催化剂的回收却是简单又方便，使用磁铁就能快速诱导催化剂沉淀。

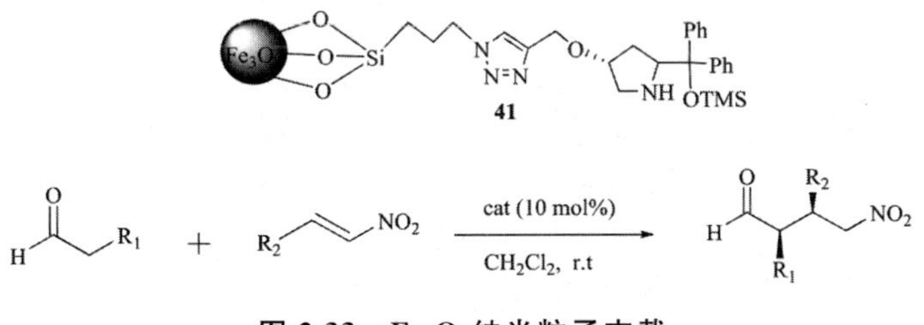

图 2.33　Fe_3O_4 纳米粒子支载

2013 年 Ghosh 等[59]通过离子液体支载 Jørgensen-Hayashi 催化剂得到催化剂 42，并以离子化的苯甲酸作为添加物，在水作溶剂、室温条件下催化醛与硝基烯烃的 Michael 加成反应(见图 2.34),使用仅为 5%的催化剂当量就能够得到满意的催化效果,产率最高可达 99%、*dr* 值 99∶1,而 *ee* 也是大于或等于 99%;而且经过至少 10 次循环使用后虽然化学产率有所下降,但是光学产率几乎没有影响。

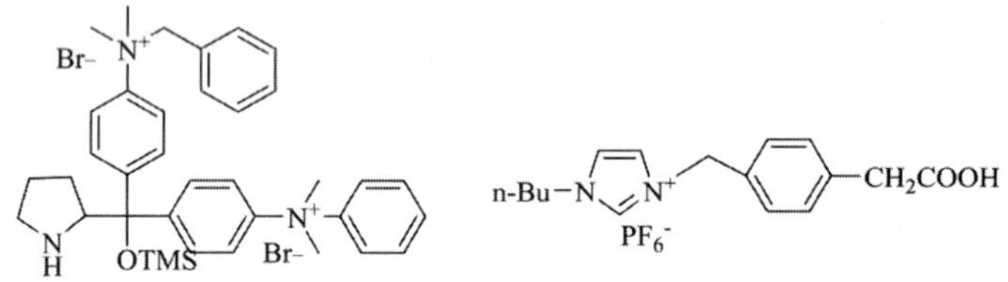

42

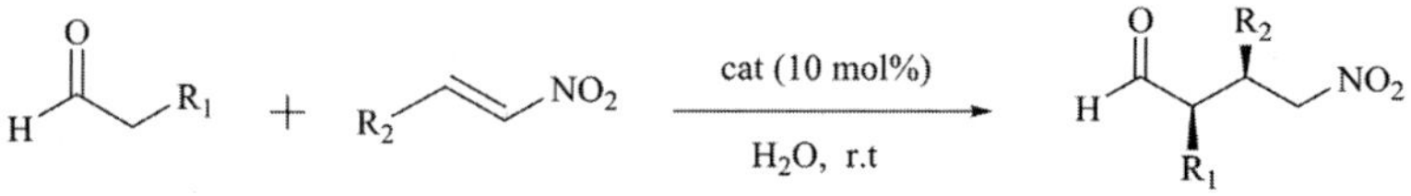

图 2.34　离子液体支载

同年,Keller 等[60] 以树状化合物和纳米粒子通过 Click 反应支载 Jørgensen-Hayashi 催化剂合成了 4 种催化剂 43～46,用于催化醛和硝基烯烃的反应(见图 2.35)。结果显示,树状化合物支载的催化效果优于纳米粒子支载的催化效果,而且树枝越多,支载的催化剂催化效果越好,催化产率达到 99%以上,*dr* 值达 90∶10 以上,*ee* 值达 94%以上。

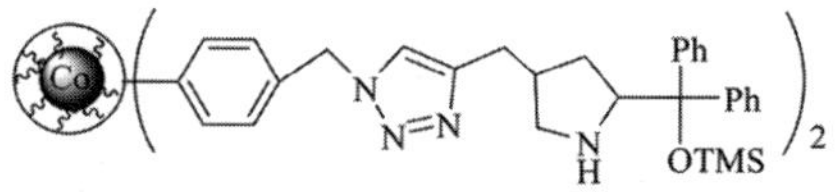

43

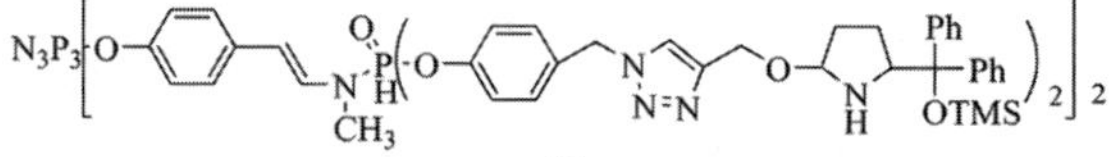

44

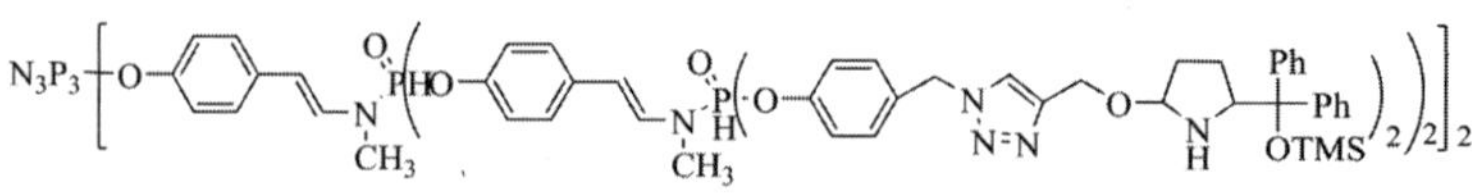

45

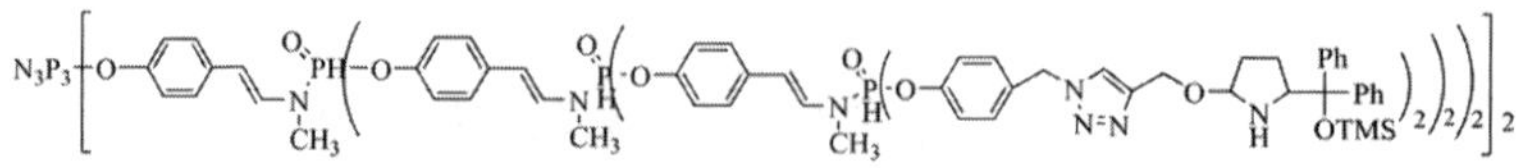

46

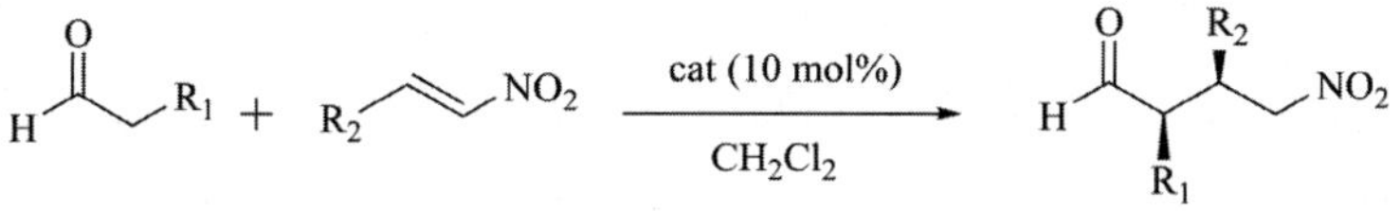

图 2.35　树状化合物支载

三、C_2-对称的双脯氨酰胺手性催化剂的应用

C_2-对称的双脯氨酰胺作为一类高效的有机胺类催化剂，主要应用于不对称催化 Aldol，取得良好的催化效果[61-65]。Samanta 等[66]使用苄氧羰基-L-脯氨酸和手性二苯乙二胺反应，分别得到两种对映异构的 C_2-对称的脯氨酰胺手性催化剂 47 和 48，均相催化芳香醛与丙酮的不对称 Aldol 反应（见图 2.36），产率为 88%，*ee* 值为 98%。

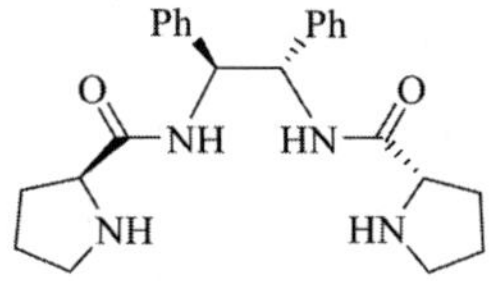

47

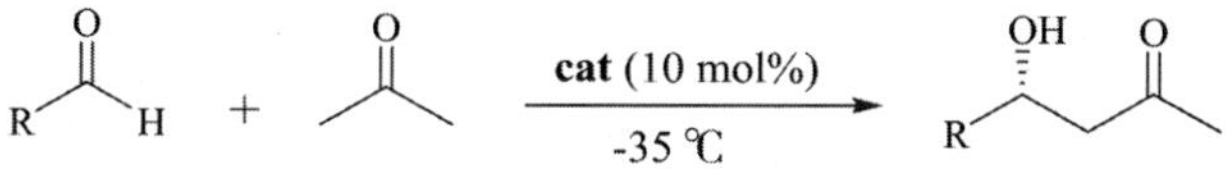

图 2.36　C_2-对称的脯氨酰胺的应用(一)

Wang 等[67]以乙酸为辅助催化剂、−20 ℃条件下，发现手性催化剂 48 催化丙酮与苯甲酰甲酸甲酯的不对称 Aldol 反应，催化效果最好，产率达到 92%，*ee* 值为 93%（见图 2.37）。

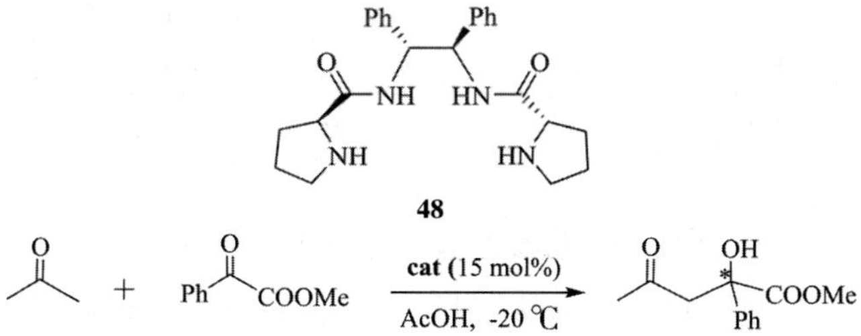

图 2.37　C_2-对称的脯氨酰胺的应用(二)

Xiong 等[68]合成了一系列 C_2-对称脯氨酰胺手性有机催化剂 49a～49d，

催化醛交叉 Aldol 反应，获得良好的催化效果，产率大 99%（见图 2.38），优良的对映选择性（*ee*= 99%）和非对映选择性（*dr* = 98∶2）的产物。

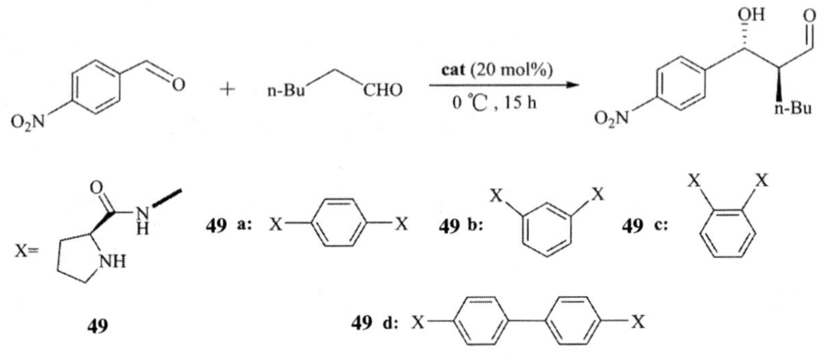

图 2.38　C_2-对称的脯氨酰胺的应用（三）

Guillena 等[69]以具有刚性结构的 C_2-对称的联二萘胺为二胺与 L-脯氨酸作用得到 C_2-对称的脯氨酰胺手性催化剂 50，在 DMF/H_2O 作溶剂的条件下，催化丙酮与醛的不对称 Aldol 加成反应，发现催化剂 50a 表现出更高的活性（见图 2.39）。

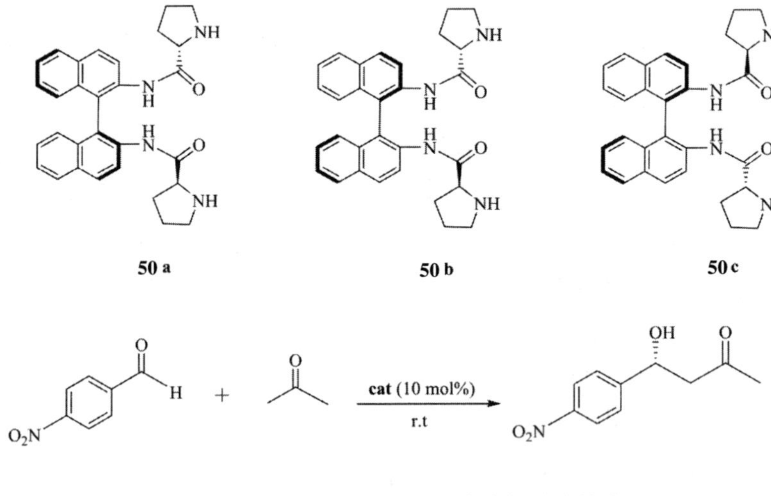

图 2.39　刚性结构的 C_2-对称的脯氨酰胺的应用

Delaney[70]以链状的己二胺为二胺与 L-脯氨酸作用得到 C_2-对称的脯氨酰胺手性催化剂 51 催化酮与醛的不对称 Aldol 加成反应，发现该催化剂在室温下以较低的催化剂量（1～2.5 mol%），具有很好的催化效果（见图 2.40）。

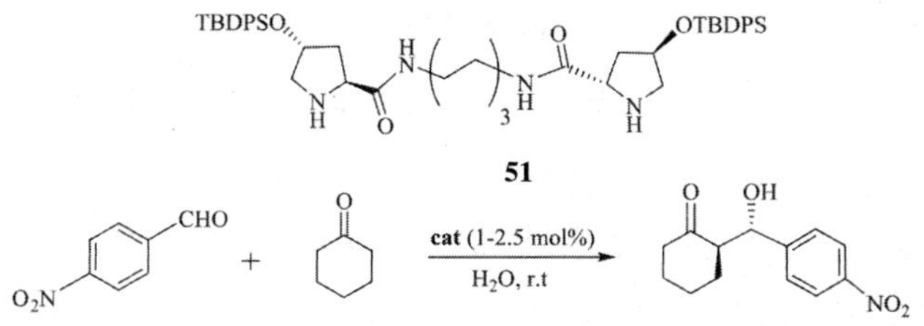

图 2.40　链状 C_2-对称双脯氨酰胺的应用

C_2-对称的双脯氨酰胺手性小分子催化剂进行均相催化反应，具有很好的催化效果，但难以分离纯化和循环使用。因此，选择合适的载体支载，使其既具有小分子催化剂高的催化活性，又具有支载合成易分离纯化的优点，提高催化性能，改善反应条件。目前，关于 C_2-对称的双脯氨酰胺化合物的支载仅报道了将其支载到可溶性的离子液体上，进行均相催化反应，并取得了较好的催化效果[71-72]。Kochetkov 等[73]报道了可溶性的离子液体支载的 C_2-对称的双脯氨酰胺催化剂，用于催化酮与芳香醛的不对称 Aldol 加成反应，取得良好的效果，*ee* 值达到 96%，*dr* 值为 93∶7(见图 2.41)。

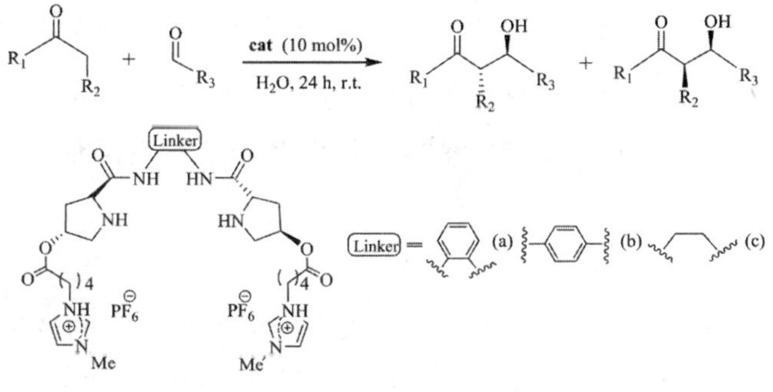

图 2.41　可溶性离子液体支载

第二节　多面低聚倍半硅氧烷(POSS)

一、多面低聚倍半硅氧烷(POSS)的定义

多面低聚倍半硅氧烷(亦称笼形倍半硅氧烷)，是一类重要的具有纳米尺寸结构的笼形有机硅分子，英文全称是 Polyhedral Oligomeric

Silsesquioxane，简称 POSS[24]。POSS 的分子通式为$(RSiO_{3/2})_n$($n = 6,8,10,12$)等。该名称反映了完全缩合型的倍半硅氧烷通式中的硅原子和氧原子的个数比例；POSS 是由 Si—O 交替连接的硅氧骨架组成的无机内核，其形状如同一个“笼子”，所以又得名为笼形聚倍半硅氧烷，其三维尺寸为 1.3 nm，其中 Si 原子之间的距离为 0.5 nm，R 基团之间距离为 1.5 nm，属于纳米化合物。通式中 R 为链接八个顶角 Si 原子的有机基团，R 可以为反应性或者惰性基团[74-76]，如图 2.42 所示。

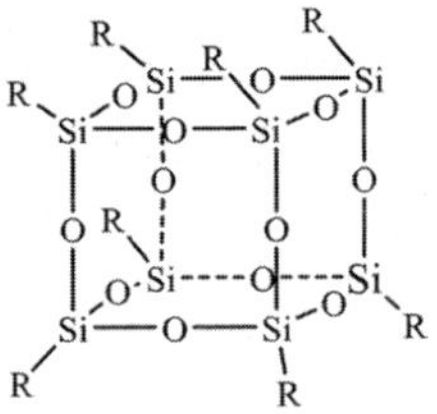

图 2.42　POSS

二、POSS 的合成方法

目前为止，还没有找到一个可以用来合成所有 POSS 分子的普遍性方法。因为 POSS 分子的合成受很多因素的影响，例如：单体初始浓度、溶剂的种类、反应温度、产物的溶解性，pH 值，水的用量以及反应所用的催化剂类型（碱或酸）等。一般有以下几种合成方法：

1. 完全缩合的倍半硅氧烷的合成

完全缩合的倍半硅氧烷可分为两大类。一类是由三官能度硅烷 $RSiY_3$ 水解缩合生成的，称为 T_8 型 POSS。其中 R 往往为乙烯基、苯基、环戊基、环己基等基团，而 Y 一般为 Cl、OCH_3、OC_2H_5 等（见图 2.43）。

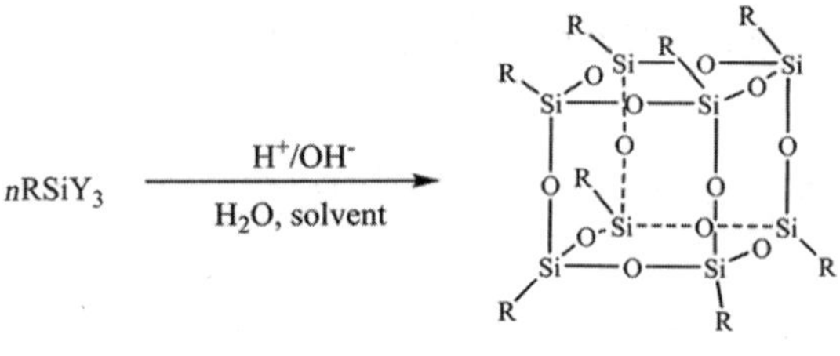

图 2.43　T_8 型 POSS

2. 不完全缩合倍半硅氧烷的合成

不完全缩合的 POSS 是指 POSS 的笼状结构未能完全封闭，要得到不完全缩合的倍半硅氧烷，人们往往通过对条件进行控制，但是，不管条件如何控制，不完全缩合的中间产物都非常复杂，而且很难分离，目前人们合成了两种重要的不完全缩合倍半硅氧烷，POSS 三硅醇和 POSS 三硅醇钠盐（见图 2.44），这两种不完全缩合倍半硅氧烷是合成单官能团 POSS 的重要中间体[76]。

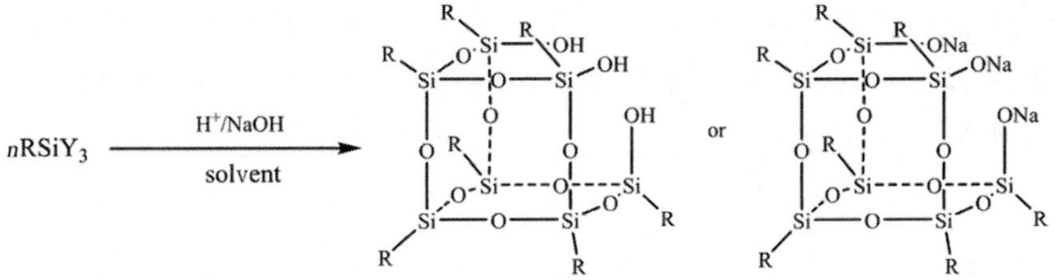

图 2.44　不完全缩合的 POSS 中间体

3.“顶角-盖帽”法

对于单反应官能团 POSS 的合成，普遍可以采用“顶角-盖帽”的方法[77]。“顶角-盖帽”反应，是指用含有所需官能团的三氯硅氧烷与不完全缩合的 POSS 三硅醇或 POSS 三硅醇钠盐反应，生成完全缩合的带有单反应性基团的 POSS 分子，目前，使用“顶角-盖帽”方法已经合成很多有用的单官能团 POSS 分子（见图 2.45），其中，R 常为异丙基、环丙基、环戊基、苯基等惰性基团。R_1 可以是溴丙基、氰基、异氰酸酯基、苯乙烯基、烯烃、氯丙基、环氧基、降冰片烯等具有一定反应活性的基团，使用“顶角-盖帽”的方法反应产率高，周期短。

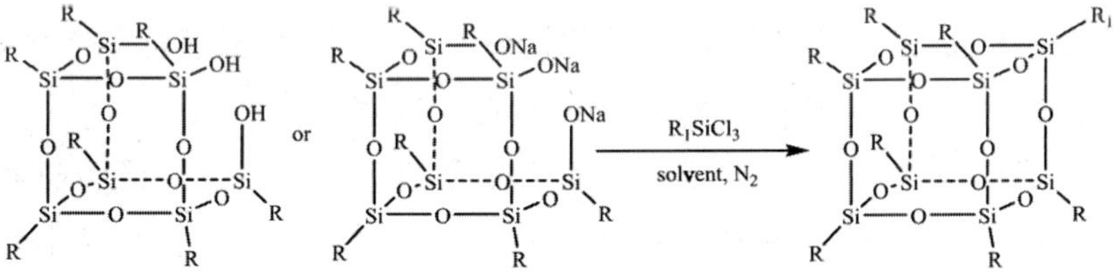

图 2.45　单官能团 POSS 分子的合成

三、POSS 的应用

低聚倍半硅氧烷是近年来颇受关注的一种有机-无机纳米杂化的聚硅氧

烷，拥有 Si—O—Si 键构成的无机笼状内核，改变 Si 原子连接的有机基团，赋予其反应性与功能性，形成具有不同性能的低聚倍半硅氧烷单体[77]，溶于四氢呋喃、甲苯与氯仿，不溶于环己烷、四氯化碳及异丁醚等溶剂，是一类很好的可溶性载体，其支载的异氰酸酯高效清洁组合合成酰胺类化合物[78]。低聚倍半硅氧烷中的多面低聚倍半硅氧烷（POSS）和双层低聚倍半硅氧烷（DDSQ）在有机合成中主要作为催化剂的载体，支载催化剂进行均相催化反应。采用不同的方法制备低聚倍半硅氧烷支载催化剂：通过金属离子与未封闭的低聚倍半硅氧烷作用得到低聚倍半硅氧烷支载金属离子，催化烯烃氧化等反应[79]；功能性有机硅单体经溶胶-凝胶法制备低聚倍半硅氧烷支载的手性催化剂，催化炔烃氢化反应[80]；功能性有机化合物与未封闭的低聚倍半硅氧烷经“顶角-盖帽”法合成低聚倍半硅氧烷支载的催化剂[81]；通过硅氢加成反应制备低聚倍半硅氧烷支载催化剂[82]。

此外，通过酯化、酰胺化或 Click 等反应制备低聚倍半硅氧烷支载的手性催化剂，进行不对称催化反应，具有良好的催化效果[83]。目前，作为催化剂的载体，主要研究了低聚倍半硅氧烷直接支载金属离子的制备和催化活性[84]，使用低聚倍半硅氧烷支载手性催化剂或手性配体进行不对称催化反应的报道很少，有学者便开始设计合成由 POSS 作载体，支载手性催化剂催化不对称合成，进一步拓展了不对称合成领域[85-86]。

与其他可溶性载体相比，低聚倍半硅氧烷简单易得，调节惰性有机基团，改善其物化性能；含有确定数目的有机活性基团，支载量大，催化中心密度大；结构稳定，具有刚性和柔韧性，调节载体与催化活性中心的“协同作用”，保证催化中心配位的不饱和，有效防止催化活性中心的失活，提高催化活性，备受青睐，成为近年支载手性催化剂的研究热点。

2005 年，Ionescu 等[87]合成了不完全缩合的二齿和三齿的倍半硅氧烷载体 52～53，用于支载磷酸酯磷配体与 Rh 形成金属催化剂，并使用该催化剂催化不饱和酯与 H_2 的不对称加成反应（见图 2.46），取得了高达 100％的转化率和 64％的 *ee* 值，并发现三齿型的金属催化剂催化效果较好。

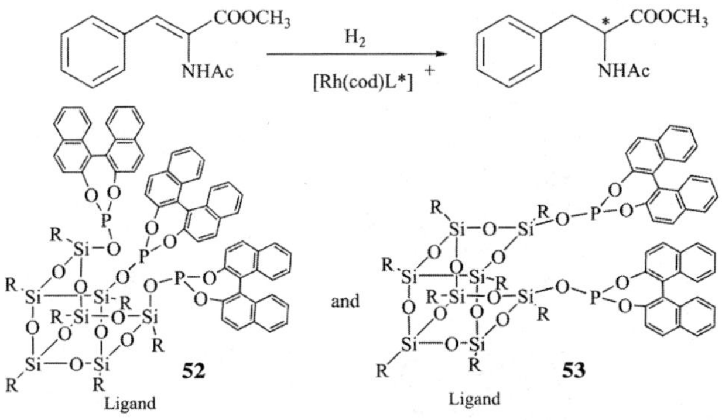

图 2.46　二齿和三齿 POSS 支载

2010 年，Michle 等[88]将 POSS 支载三苯基磷为配体 54 与金属铑配位得到一种低能量、高催化活性和高稳定性的金属催化剂，用于催化烯烃的羰基化反应（见图 2.47），取得优良的催化效果，反应结束后，该催化剂易于回收，有效减少了贵金属铑的损失。

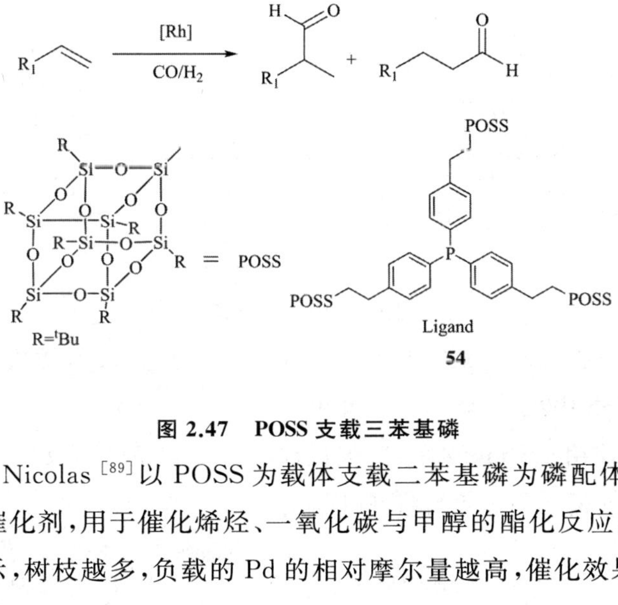

图 2.47　POSS 支载三苯基磷

2009 年，Nicolas [89]以 POSS 为载体支载二苯基磷为磷配体 55 与 Pd 配位形成金属催化剂，用于催化烯烃、一氧化碳与甲醇的酯化反应（见图 2.48），实验结果显示，树枝越多，负载的 Pd 的相对摩尔量越高，催化效果越好。

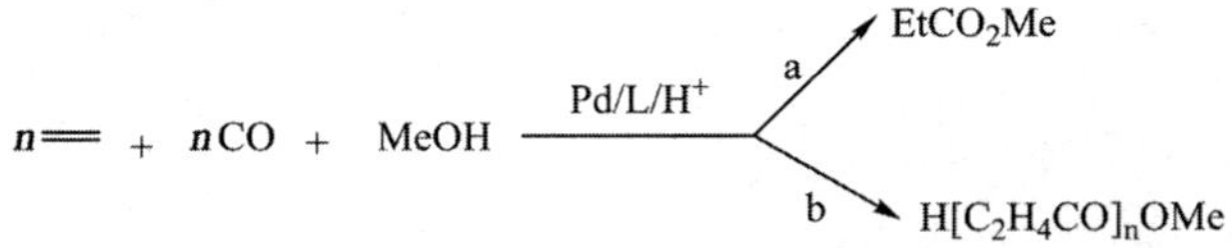

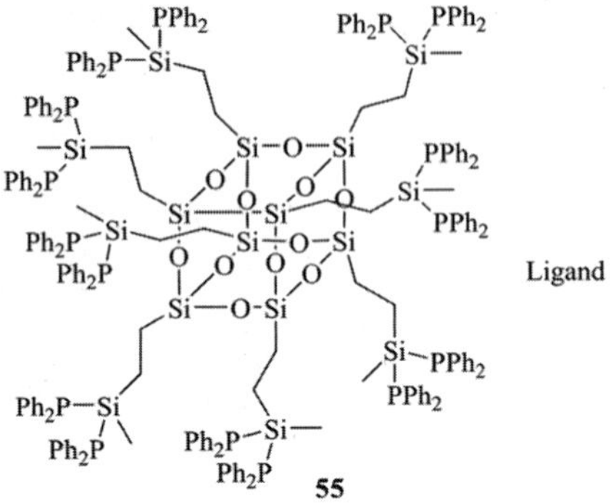

55

图 2.48　POSS 支载二苯基磷

2006 年，Wada 等[90]使用 POSS 作载体通过三键与吡啶相连形成配体，再与乙酸钯反应生成金属配合物 Pd 催化剂 56，用于催化醇氧化为醛的反应(见图 2.49)，该催化剂在反应中表现出优良的稳定性和催化效果，在空气中 80 ℃的条件下反应 20 h 取得高达 97%的催化产率。

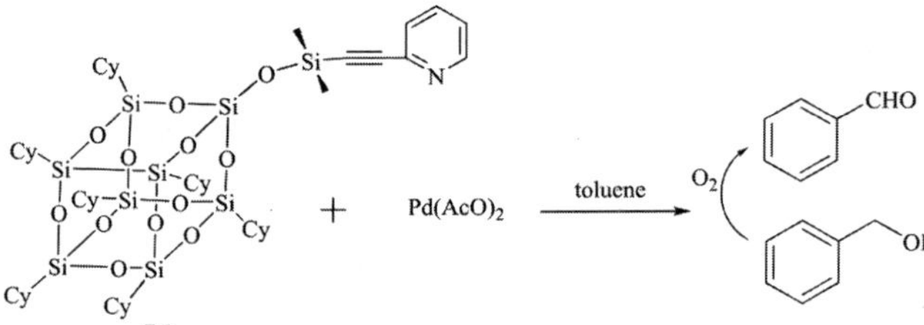

图 2.49　POSS 支载吡啶

2010 年，Sakugawa 等[91]将两分子的 POSS 通过 Ti 桥键连接，把金属 Ti 固定在两 POSS 中央，并将该金属催化剂 57 用于催化环辛烯的环氧化反应(见图 2.50)，使用 0.5 mol%的 Ti 催化剂，在 60 ℃条件下反应 4 h 得到高达 83%的产率，该催化剂有效地将 Ti 固定，避免了 Ti 的流失。

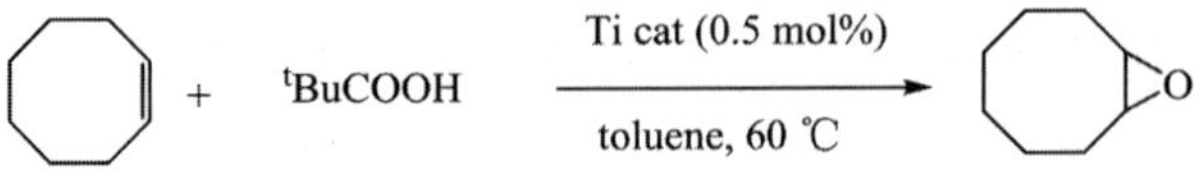

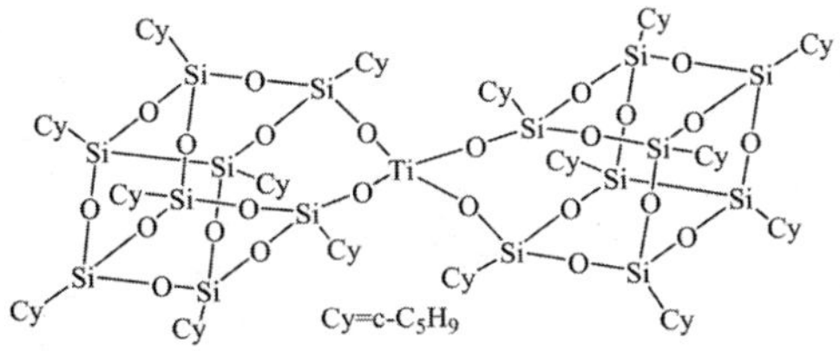

57

图 2.50 POSS 支载 Ti 催化剂

2010 年，Garcia 等[92]将 POSS 支载手性酒石酸二甲酯与 Ti 形成配合物催化剂 58，用于催化烯丙醇的不对称环氧化反应（见图 2.51），当使用 POSS 支载的催化剂时，产物出现了反向对应选择性，该催化剂具有良好的稳定性，非常容易回收使用，反应前后几乎零损失。

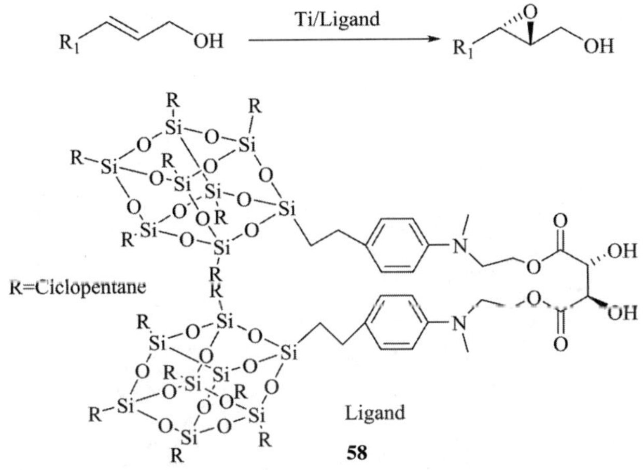

58

图 2.51 POSS 支载酒石酸

2006 年，Cho 等[93]将支载 Mo 催化剂 59 用于催化炔烃的复分解反应（见图 2.52），在此反应中，该催化剂表现出优良的催化活性和极高的稳定性，并且在 400 ℃以上可使炔烃发生聚合反应，而该催化剂依然可以稳定存在。

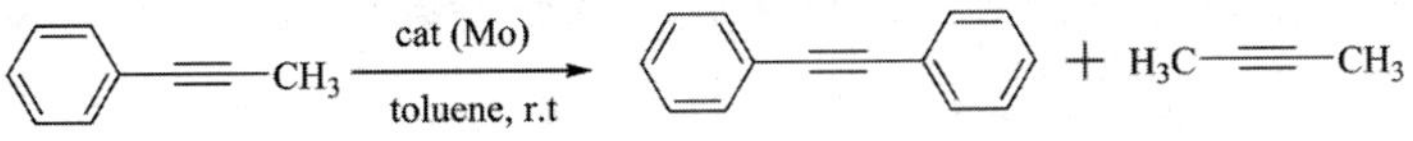

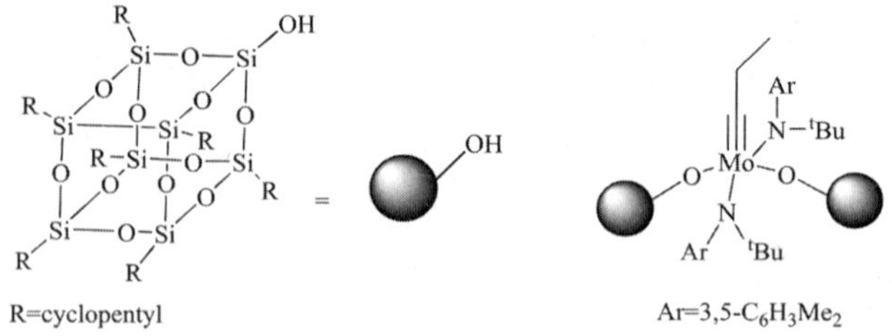

59

图 2.52　POSS 支载 Mo 催化剂

Ionescu 课题组[94]以 POSS 为载体支载手性亚磷酸酯得到具有二齿状的手性配体 60，与铑配位形成手性催化剂，用于催化醋酸乙烯酯的不对称氢甲酰化反应（见图 2.53）。

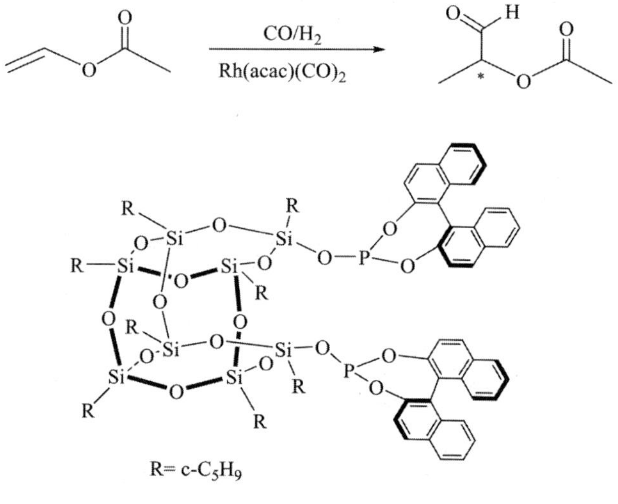

60

图 2.53　POSS 支载亚磷酸酯催化剂

Bivona 等[95]利用八角 POSS 支载甲基咪唑形成了支载化的咪唑氯盐 61，催化二氧化碳与环氧化合物转化成环状碳酸酯（见图 2.54），取得了不错的效果。由于倍半硅氧烷 POSS 的支载，咪唑形成了邻近效应，相较于没有支载的 1-丁基-3-甲基咪唑表现出更高的催化活性。

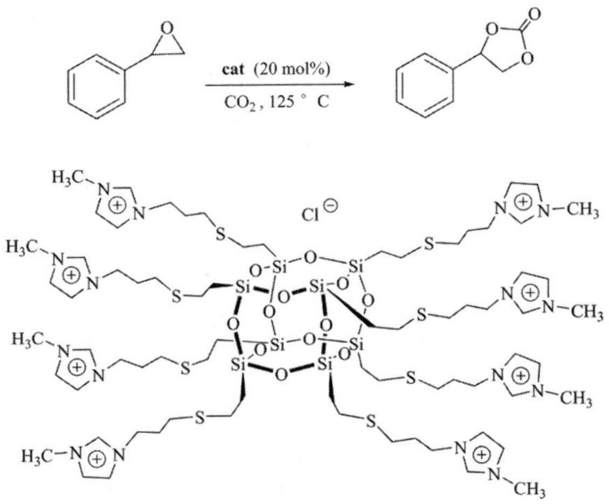

61

图 2.54　POSS 支载甲基咪唑盐催化剂

2016 年，Leng 课题组[96]探讨了 POSS 相关的催化反应，将八乙烯基 POSS 和苯乙烯磺酸钠通过自由基聚合形成了 POSS 衍生的固体酸催化剂 62，催化甘油与苯甲醛的缩醛反应(见图 2.55)。显出高的活性和选择性，重复使用 5 次后，催化剂依然维持较高的活性。

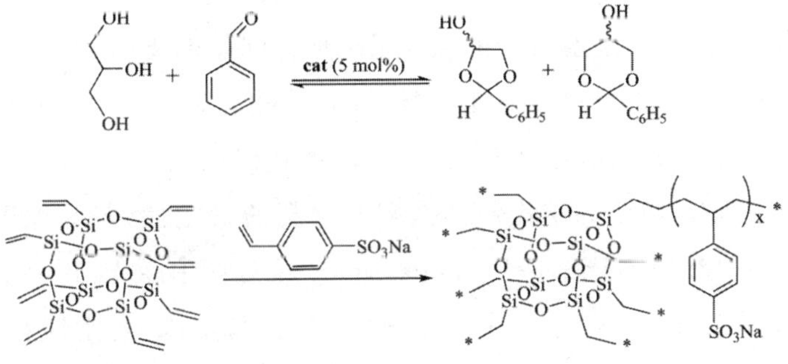

62

图 2.55　POSS 与苯乙烯磺酸钠混合支载

然而，仅有少量文献报道低聚倍半硅氧烷支载手性催化剂进行不对称催化反应。2015 年，以单角 POSS 为载体，支载手性脯氨醇硅醚催化剂 63(见图 2.56)，均相催化醛与硝基烯烃的不对称 Michael 加成反应，取得了良好的效果。反应结束后，利用甲基叔丁基醚实现了催化剂的回收利用，循环使用 8 次未见催化效果明显下降[97]。

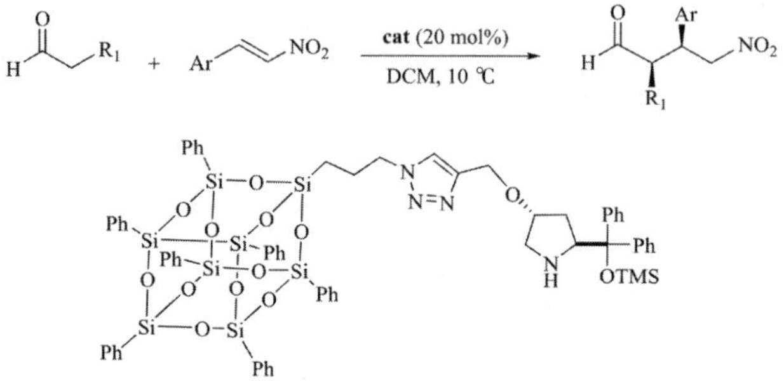

63

图 2.56 POSS 支载脯氨醇硅醚

综上所述，小分子手性催化在不对称合成中使用广泛，具有重要用途，特别是对于经典的 1,3-偶极环加成和 Diels-Alder 反应的催化研究从未停止，而手性脯氨酸及其衍生物则被广泛应用于催化不对称 Michael 加成的反应，都具有理想的催化效果。特别是脯氨醇硅醚催化剂被发现后，它几乎成为催化不对称 Michael 加成反应的首选催化剂。为了使反应结束后产物与催化剂容易分离，同时使催化剂能够回收重复使用，便将催化剂支载到不同的载体上。实验证明，支载化的催化剂使用更方便，而且催化效果并未受到任何影响。

而 POSS 是一种具有纳米尺寸结构的笼形有机硅分子，由于 Si－O－Si 的无机结构特征和规整的结构使其具有非常高的稳定性，与其他可溶性载体相比，POSS 简单易得，调节惰性有机基团，改善其物化性能；含有确定数目的有机活性基团，支载量大，催化中心密度大；结构稳定，具有刚性和柔韧性，调节载体与催化活性中心的“协同作用”，保证催化中心配位的不饱和，有效防止催化活性中心的失活，提高催化活性，因而备受青睐。并且它易溶于二氯甲烷、氯仿、四氢呋喃、乙酸乙酯的溶剂，不易溶于正戊烷、正己烷、乙醚、甲基叔丁基醚和高极性的甲醇、DMF 等溶剂，是一种很好的可溶性载体。

目前，POSS 作为催化剂的载体，除了研究其直接支载金属离子的制备和催化活性[43]，也有报道 POSS 支载手性催化剂或手性配体进行不对称催化反应[44]。接下来，本书将介绍设计合成绿色可循环手性催化剂支载到 POSS 上的典型结构，并详细介绍该支载化的催化剂在不对称合成中的催化性能和回收利用效果。

参考文献

[1]Trindade A F, Gois P M P, Afonso C A M. Recyclable stereoselective catalysts[J]. Chem Rev, 2009, 109:418-514.

[2] Xiong B, Shen L, Cong R, et al. Synthesis of Monodisperse Porous Crosslinked Polystyrene Chromatographic Packing[J]. Chin J Chromatogr, 1998, 16:492-494.

[3]Wang F, Xiong Y, Liu X, et al. Asymmetric Direct Aldol Reaction of α-Keto Esters and Acetone Catalyzed by Bifunctional Organocatalysts[J]. Adv Synth Catal, 2007, 349 (17/18): 2665-2668.

[4]Pu L. 1,1′-Binaphthyl dimers, oligomers and polymers: Molecular recognition, asymmetric catalysis and new materials[J]. Chem Rev, 1998, 98: 2405-2494.

[5]汪海明，王正，丁奎岭．手性自负载催化剂研究新进展[J].化学进展，2010，22:1472-1481.

[6]Yu C, Shahla Y, Andrei K Y. Modified BINOL ligands in asymmetric catalysis[J]. Chem Rev, 2003, 103: 3155-3211.

[7]Fan Q H, Wang R, Albert S C C. Polymer-supported chiral catalysts with positive support effects[J]. Bioorg & Med Chem Lett, 2002, 12: 1867-1871.

[8]Yang X W, Sheng J H, Da C S, et al. Polymer-supported BINOL ligand for the titanium-catalyzed diethylzinc addition to aldehydes: A remarkable positive influence of the support on the enantioselectivity of the catalyst[J]. J Org Chem, 2000, 65:295-296.

[9]Laura O P, Carles R E, Miquel A P. Enantioselective continuous-flow production of 3-indolylmethanamines mediated by an immobilized phosphoric

acid catalyst[J]. Chem Eur J, 2014, 20: 2367-2372.

[10]Kavita P, Irshad A, Sayed H R A, et al. The synthesis of silica-supported chiral BINOL: Application in Ti-catalyzed asymmetric addition of diethylzinc to aldehydes. Journal of Molecular Catalysis A: Chemica.l, 2008, 280:106-114.

[11]Bhalay G, Dunstan A, Glen A. Supported reagents: opportunities and limitations[J]. Synlett, 2000, 12: 1846-1859.

[12]Lu J, Toy P H. Organic polymer supports for synthesis and for reagent and catalyst immobilization[J]. Chem Rev, 2009, 109: 815-838.

[13]Hu X P, Huang J D, Zeng Q H, et al. Readily available, recoverable and soluble polymer- monophosphite ligands for highly enantioselective Rh-catalyzed hydrogenation[J]. Chem Commun, 2006, 293-295.

[14] Zhang A L, Yu Z D, Yang L W, et al. Synthesis of several polyethers derived from BINOL and their application in the asymmetric borane reduction of prochiral ketones[J]. Tetrahedron: Asymmetry, 2015, 26:173-179.

[15]Doss J, Hiroaki S. Synthesis and catalytic applications of soluble polymer-supported BINOL[J]. Tetrahedron: Asymmetry, 2001:2589-2595.

[16]刘国华，薛允宁，陈晓闽，等．含光学活性联二萘酚基团可溶性高分子手性配体的合成及其不对称加成反应[J]. 高分子学报，2006，371-376.

[17]Gadenne B, Hesemann P, Moreau J J E. Easily recoverable BINOL ligand with ionic tag for asymmetric catalysis[J]. Tetrahedron: Asymmetry, 2005, 16:2001-2006.

[18]Fan Q H, Liu G H, Chen X M, et al. The synthesis of dendritic BINOL ligands and their applications in the enantioselective Lewis acid catalyzed addition of diethylzinc to aldehydes[J]. Tetrahedron: Asymmetry, 2001, 12:1559-1565.

[19]David B C, Paul D L, Franck R. Recent developments in the chemistry of cubic polyhedral oligosilsesquioxanes[J]. Chem Rev, 2010, 110:

2081-2173.

[20]Selkala S A, Pihko P M, Koskinen A M P, et al. Asymmetric Organocatalytic Diels-Alder Reactions on Solid Support [J]. Adv Synth Catal, 2002, 344:941-945.

[21]Haraguchi N, Takemura Y, Itsuno S. Novel polymer-supported organocatalyst via ion exchange reaction: facile immobilization of chiral imidazolidin-4-one and its application to Diels-Alder reaction[J]. Tetrahedron Lett, 2010, 51, 1205-1208.

[22]Haraguchi N, Kiyono H, Takemura Y, et al. Design of main-chain polymers of chiral imidazolidinone for asymmetric organocatalysis application[J].Chem Commun, 2012, 48:4011-4013.

[23]Guizzetti S, Benaglia M, Siegel J S. Poly(methylhydrosiloxane)—supported chiral imidazolinones: new versatile, highly efficient and recyclable organocatalysts for stereoselective Diels-Alder cycloaddition reactions[J].Chem Commun, 2012, 48:3188-3190.

[24]Benaglia M, Celentano G, Puglisi A, et al. Poly(ethylene glycol)-Supported Chiral Imidazolidin-4-one: An Efficient Organic Catalyst for the Enantioselective Diels-Alder Cycloaddition [J].Adv Synth Catal, 2002, 344: 149-152.

[25]Puglisi A, Benaglia M, Cinquini M, et al. Enantioselective 1,3-Dipolar Cycloadditions of Unsaturated Aldehydes Promoted by A Poly (ethylene glycol)-Supported Organic Catalyst[J].Eur J Org Chem, 2004, 3: 567-573.

[26a]Shen Z L, Loo W Y, Loh T P, et al. Application of recyclable ionic liquid—supported imidazolidinone catalyst in enantioselective Diels-Alder reactions [J].Green Chem, 2012, 14: 2626-2630.

[26b]Shen Z L, Goh K K K, Loh T P, et al. Synthesis and application of a recyclable ionic liquid—supported imidazolidinone catalyst in enantioselective 1,3-dipolar cycloaddition [J].Chem Commun, 2012, 48: 5856-5858.

[27a] Chu Q, Zhang W, Curran D P. A recyclable fluorous organocatalyst for Diels-Alder reactions[J]. Tetrahedron Lett, 2006, 47(52): 9287-9290.

[27b]Albertazzi L, Mickler F M, Pavan G M, et al. Enhanced bioactivity of internally functionalized cationic dendrimers with PEG cores [J]. Biomacromolecules, 2012, 13(12): 4089-4097.

[28]Zhang Y, Zhao L, Lee S S, et al. Enantioselective catalysis over chiral imidazolidin-4-one immobilized on siliceous and polymer—coated mesocellular foams[J]. Adv Synth Catal, 2006, 348(15): 2027-2032.

[29] Hagiwara H, Kuroda T, Hoshi T, et al. Immobilization of MacMillan imidazolidinone as Mac-SILC and its catalytic performance on sustainable enantioselective Diels-Alder cycloaddition[J]. Adv Synth Catal, 2010, 352(5): 909-916.

[30]Shi J Y, Wang C A, Li Z J, et al. Heterogeneous organocatalysis at work: functionalization of hollow periodic mesoporous organosilica spheres with MacMillan catalyst[J]. Chem Eur J, 2011, 17(22): 6206-6213.

[31]Guizzetti S, Benaglia M, Siegel J S. Poly(methylhydrosiloxane)-supported chiral imidazolinones: new versatile, highly efficient and recyclable organo-catalysts for stereoselective Diels-Alder cycloaddition reactions[J]. Chem Commun, 2012, 48:3188-3190.

[32]Wang C A, Zhang Y, Shi J Y, et al. A self-supported polymeric MacMillan catalyst for homogeneous organocatalysis and heterogeneous recycling[J]. Chem Asian J, 2013, 8(6): 1110-1114.

[33] Chiroli V, Benaglia M, Cozzi F, et al. Continuous-flow stereoselective organo-catalyzed Diels-Alder reactions in a chiral catalytic "Homemade" HPLC column[J]. Org Let t, 2013, 15(14): 3590-3593.

[34]Haraguchi N, Takemura Y, Itsuno S. Novel polymer-supported organocatalyst via ion exchange reaction: facile immobilization of chiral imidazolidin-4-one and its application to Diels-Alder reaction[J]. Tetrahedron

Lett, 2010, 51(8): 1205-1208.

[35]Haraguchi N, Kiyono H, Takemura Y, et al. Design of main-chain polymers of chiral imidazolidinone for asymmetric organocatalysis application[J].Chem Commun, 2012, 48(33):4011-4013.

[36]Mitsudome T, Nose K, Mizugaki T, et al. Reusable montmorillonite-entrapped organocatalyst for asymmetric Diels-Alder reaction [J]. Tetrahedron Lett, 2008,49(38): 5464-5466.

[37]Benaglia M, Celentano G, Cinquini M, et al. Poly (ethylene glycol)-supported chiral imidazolidin-4-one: an efficient organic catalyst for the enantioselective Diels-Alder cycloaddition[J].Adv Synth Catal, 2002, 344(2): 149-152.

[38]Alessandra P, Maurizio B, Mauro C, et al. Enantioselective 1,3-dipolar cycloadditions of unsaturated aldehydes promoted by a poly (ethylene glycol)-supported organic catalyst[J]. Eur J Org Chem, 2004, 2004(3): 567-573.

[39]Shen Z L, Cheong H L, Lai Y C, et al. Application of recyclable ionic liquid-supported imidazolidinone catalyst in enantioselective Diels-Alder reactions[J].Green Chem, 2012, 14(9): 2626-2630.

[40]Shen Z L, Goh K K K, Wong C H A, et al. Synthesis and application of a recyclable ionic liquid-supported imidazolidinone catalyst in enantioselective 1, 3-dipolar cycloaddition [J]. Chem Commun, 2012, 48(47): 5856-5858.

[41]Chauhan M M S, Kumar P, Singh S. Synthesis of MacMillan catalyst modified with ionic liquid as a recoverable catalyst for asymmetric Diels-Alder reaction[J].RSC Advances, 2015, 5(65): 52636-52641.

[42]Lin Z, Yang G, et al. Recyclable tetraarylphosphonium supported chiral imidazolidin-4-one organocatalyst for Diels-Alder reactions [J].Catal Commun, 2013, 35: 1-5.

[43]Nie X, Lu C F, Yang G C, et al. Enantioselective 1,3-dipolar cy-

cloadditions of nitrones with unsaturated aldehydes promoted by a recyclable tetraarylphosphonium supported imidazolidinone catalyst [J].J Mol Catal A: Chem., 2014, 393:171-174.

[44]Pecinovsky C S, Nicodemus G D, Gin D L. Nanostructured, solid-state organic, chiral Diels-Alder catalysts via acid-induced liquid crystal assembly[J].Chem Mater, 2005, 17(20): 4889-4891.

[45]Liang C O, Fréchet J M J. Incorporation of functional guest molecules into an internally functionalizable dendrimer through olefin metathesis [J].Macromolecules, 2005, 38(15): 6276-6284.

[46]Chu Q, Zhang W, Curran D P. A recyclable fluorous organocatalyst for Diels-Alder reactions[J].Tetrahedron Lett, 2006, 47(52): 9287-9290.

[47]García J I, García J, Herrerías C I, et al. Polytopic bis(oxazoline)-based ligands for the development of recoverable Catalytic Systems Applied to the Cyclopropanation Reaction[J]. Eur J Org Chem, 2014, 2014(7): 1531-1540.

[48]Linz G, Weetman J, Hady A F A, et al. Asymmetric Diels-Alder reactions: EPC -synthesis of a stable sarkomycin precursor (cyclosarkomycin) [J].Tetrahedron Lett, 1989, 30(41): 5599-5602.

[49] Gu L, Wu Y, Zhang Y, et al. A new class of efficient poly (ethylene-glycol)-supported catalyst based on proline for the asymmetric Michael addition of ketones to nitrostyrenes[J]. J Mol Catal A: Chem., 2007, 263(1):186-194.

[50]Zhao Y B, Zhang L W, Wu L Y, et al. Silica-supported pyrrolidine-triazole, an insoluble, recyclable organocatalyst for the enantioselective Michael addition of ketones to nitroalkenes[J]. Tetrahedron: Asymmetry, 2008, 19(11):1352-1355.

[51]Chuan Y M, Chen G H, Peng Y G. Highly enantioselective Michael addition reactions in water catalyzed by insoluble MPS-supported 4-sulfonamidyl prolionltert-butyldiphenylsilyl ether[J]. Tetrahedron Lett, 2009,

(50):3054-3058.

[52]Ni B, Zhang Q, Headley A D. Pyrrolidine-based chiral pyridinium ionic liquids (ILs) as recyclable and highly efficient organocatalysts for the asymmetric Michael addition reactions[J]. Tetrahedron Lett, 2008, 49(7): 1249-1252.

[53]Zu L, Li H, Wang J, et al. Highly enantioselective aldehyde-nitroolefin Michael addition reactions catalyzed by recyclable fluorous (S) diphenylpyrrolinol silyl ether[J]. Tetrahedron Lett, 2006, 47(29):5131-5134.

[54]Alza E, Pericas M A A, Highly Selective, Polymer-Supported Organocatalyst for Michael Additions with Enzyme-Like Behavior [J]. Adv Synth Catal, 2009, 351(18): 3051-3056.

[55]Zheng Z, Perkins B L, Ni B. Diarylprolinol silyl ether salts as new, efficient, water-soluble, and recyclable organocatalysts for the asymmetric michael addition on water[J]. J Am Chem Soc, 2009, 132(1):50-51.

[56]Mager I, Zeitler K. Efficient. enantioselective iminium catalysis with an immobilized, recyclable diarylprolinol silyl ether catalyst[J]. Org Lett, 2010, 12(7):1480 1483.

[57]Alza E, Sayalero S, Kasaplar P, et al. Polystyrene-Supported Diarylprolinol Ethers as Highly Efficient Organocatalysts for Michael-Type Reactions[J]. Chem-A Eur J, 2011, 17(41):11585-11595.

[58]Riente P, Mendoza C, Pericás M A. Functionalization of Fe3O4 magnetic nanoparticles for organocatalytic Michael reactions[J]. J Mate Chem, 2011, 21(20):7350-7355.

[59]Ghosh S K, Qiao Y, Ni B, et al. Asymmetric Michael reactions catalyzed by a highly efficient and recyclable quaternary ammonium ionic liquid-supported organocatalyst in aqueous media[J]. Org Bio Chem, 2013, 11 (11): 1801-1804.

[60]Keller M, Perrier A, Linhardt R, et al. Dendrimers or nanoparticles as supports for the design of efficient and recoverable organocatalysts[J].

Adv Synth Catal, 2013, 355(9):1748-1754.

[61] Viózquez S F, Bañón-Caballero A, Guillena G, et al. Enantioselective direct aldol reaction of α-keto esters catalyzed by (S)-binam-d-prolinamide under solvent-free conditions [J]. Org Biomol Chem, 2012, 10:4029-4035.

[62]Delaney J P, Henderson L C. Direct asymmetric aldol reactions in water catalysed by a highly active C_2-symmetrical bisprolinamide organocatalyst[J].Adv Syn Catal, 2012, 354(1):197-204.

[63]Guillena G, Hita M C, Najera C, et al. A highly efficient solvent-free asymmetric direct aldol reaction organocatalyzed by recoverable (S)-binam-l-prolinamides ESI-MS evidence of the enamine-iminium formation[J].J Org Chem, 2008, 73(15):5933-5943.

[64]Kumar T P, Manjula N, Katragunta K. Asymmetric aldol reactions of isatins catalyzed by phthalimido-prolinamide [J]. Tetrahedron: Asymmetry, 2015, 26(21):1281-1284.

[65]Kucherenko A S, Siyutkin D E, Muraviev V O, et al. 1 (R), 2 (R)-Bis [(S)-prolinamido] cyclohexane/[bmim][BF4] ionic liquid as an efficient catalytic system for direct asymmetric aldol reactions[J]. Mendeleev Commun, 2007, 17(5):277-278.

[66]Samanta S, Liu J, Dodda R, et al. C_2-symmetric bisprolinamide as a highly efficient catalyst for direct aldol reaction[J]. Org Lett, 2005, 7(23): 5321-5323.

[67]Wang F, Xiong Y, Liu X, et al. Asymmetric direct aldol reaction of α-keto esters and acetone catalyzed by bifunctional organocatalysts [J]. Adv Syn Catal, 2007, 349(17/18):2665-2668.

[68]Xiong Y, Wang F, Dong S, et al. Asymmetric bisprolinamide-catalyzed cross-Aldol reaction of aldehydes[J].Synlett, 2008, 1:73-76.

[69]Guillena G, Hita M, Nájera C. BINAM-prolinamides as recoverable catalysts in the direct aldol condensation [J]. Tetrahedron: Asymmetry,

2006,17:729-733.

[70]Delaney J P, Henderson L C. Direct asymmetric aldol reactions in water catalysed by a highly active C_2-symmetrical bisprolinamide organocatalyst[J].Adv Syn Catal, 2012, 354:197-204.

[71]Kochetkov S V, Kucherenko A S, Zlotin S G. (1R, 2R)-Bis [(S)-prolinamido] cyclohexane modified with ionic groups: The first C_2-symmetric immobilized organocatalyst for asymmetric aldol reactions in aqueous media[J].Eur J Org Chem, 2011, 30:6128-6133.

[72]Kochetkov S V, Kucherenko A S, Zlotin S G. Asymmetric aldol reactions in ketone/ketone systems catalyzed by ionic liquid-supported C_2-symmetrical organocatalyst[J].Mendeleev Commun, 2015, 25(3):168-170.

[73]Kochetkov S V, Kucherenko A S, Kryshtal G V, et al. Simple ionic liquid supported C_2-symmetric bisprolinamides as recoverable organocatalysts for the asymmetric aldol reaction in the presence of water [J].Eur J Org Chem, 2012, 36:7129-7134.

[74]Cordes D B, Lickiss P D, Rataboul F. Recent developments in the chemistry of cubic polyhedral oligosilsesquioxanes[J].Chem Rev, 2010, 110 (4):2081-2173.

[75]Laine R M, Roll M F. Polyhedral phenylsilsesquioxanes [J].Macromolecules, 2011, 44(5):1073-1109.

[76]Kuo S W, Chang F C. POSS related polymer nanocomposites [J]. Prog Polym Sci, 2011, 36(12):1649-1696.

[77]Liang L, Astruc D. The copper (I)-catalyzed alkyne-Azide cycloaddition (CuAAC) "click" reaction and its applications. An overview [J].Coord Chem Rev, 2011, 255(23):2933-2945.

[78]David B C, Paul D L, Franck R. Recent developments in the chemistry of cubic polyhedral oligosilsesquioxanes [J]. Chem Rev, 2010, 110: 2081-2173.

[79]Mark Y, Richard A E. The use of polyhedral oligomeric silsesquiox-

ane (POSS) as a soluble support for organic synthesis: A case study with a POSS-bound isocyanate scavenger reagent[J]. Tetrahedron Lett, 2010, 51: 4677-4680.

[80]Hendrikus C L A. Advances in homogeneous and heterogeneous catalysis with metal- containing silsesquioxanes[J]. Chem Eur J, 2000:25-31.

[81]Liu H Z, Michael P, Ulrich S. A Facile route to difunctionalized monosubstituted octasilsesquioxanes[J]. Chem Eur J, 2011, 17:5019-5023.

[82]Nicolas R V, David J. Cole-Hamilton diphenylphosphine containing macromolecules in the methoxycarbonylation of ethene: the effect of macromolecular architecture on the selectivity of the reaction[J]. Dalton Trans, 2009:2130-2134.

[83] Wei K, Wang L, Zheng S X. Organic-Inorganic copolymers with double-decker silsesquioxane in the main chains by polymerization via click chemistry[J]. Joural of Polymer Science, Part A: Polymer Chemistry, 2013, 51:4221-4232.

[84] Beatriz T, Eugenia M P O, Roberto S, et al. Octakis (3-Azidopropyl) octasilsesquioxane: A versatile nanobuilding block for the efficient preparation of highly functionalized cube-octameric polyhedral oligosilsesquioxane frameworks through click assembly[J]. Chem Eur J, 2010, 16: 3833-3841.

[85]Michle J, Jos W, Christian M, et al. Continuous rhodium-catalyzed hydroformylation of 1-octene with polyhedral oligomeric silsesquioxanes (POSS) enlarged triphenylphosphine[J]. Angew Chem Int Ed, 2010, 49: 7738-7741.

[86]Gabriela I, Jarl I V, Hendrikus C L A, et al. Synthesis and applications of chiral phosphite ligands derived from incompletely condensed silsesquioxane backbones[J]. Tetrahedron: Asymmetry, 2005, 16: 3970-3975.

[87]Ionescu G, Vlugt J I, Hendrikus C L, et al. Synthesis and applications of chiral phosphite ligands derived from incompletely condensed sils-

esquioxane backbones [J]. Tetrahedron: Asymmetry, 2005, (16): 3970-3975.

[88]Michle J, Jos W, Christian M, et al. Continuous Rhodium-catalyzed hydroformylation of 1-octene with polyhedral oligomeric silsesquioxanes (POSS) enlarged triphenylphosphine [J]. Angew Chem Int Ed, 2010, 49: 7738-7741.

[89]Nicolas R, Vautravers David J. Cole-Hamilton. Diphenylphosphine containing mac romolecules in the methoxycarbonylation of ethene: the effect of macromol eculara rchitecture on the selectivity of the reaction [J]. Dalton Trans, 2009:2130-2134.

[90]Wada K, Yano K, Kondo T, et al. Preparation and the catalytic activity of novel Pd nanocluster catalysts utilizing an oligosilsesquioxane ligand [J]. Catal Lett, 2006:112, 1-2.

[91]Sakugawa S, Wada K, Inoue M. Ti-bridged silsesquioxanes as precursors of silica-supported titanium oxide catalysts for the epoxidation of cyclooctene [J]. J Catal, 2010, 275:280-287.

[92]García R A, Van Grieken R, Iglesias J, et al. Modification of chiral dimethyl tartrate through transesterification: Immobilization on POSS and enantioselectivity reversal in sharpless asymmetric epoxidation [J]. Chirality, 2010, 22(7):675-683.

[93]Cho H M, Weissman H, Wilson S R, et al. A Mo(VI) alkylidyne complex with polyhedral oligomeric silsesquioxane ligands: homogeneous analogue of a silica-supported alkyne metathesis catalyst [J]. J Am Chem Soc, 2006, 128: 14742-14743.

[94]Ionescu G, Vlugt J I, Abbenhuis H C L, et al. Synthesis and applications of chiral phosphite ligands derived from incompletely condensed silsesquioxane backbones [J]. Tetrahedron: Asymmetry, 2005, 16(24): 3970-3975.

[95]Bivona L A, Fichera O, Fusaro L, et al. A polyhedral oligomeric

silsesquioxane-based catalyst for the efficient synthesis of cyclic carbonates [J].Catal Sci Technol，2015，5(11)：5000-5007.

[96]Leng Y，Zhao J，Jiang P，et al. POSS-derived solid acid catalysts with excellent hydrophobicity for highly efficient transformations of glycerol [J].Catal. Sci. Technol.，2016，6：875-881.

[97]Zheng W，Lu C，Yang G，et al. POSS supported diarylprolinol silyl ether as an efficient and recyclable organocatalyst for asymmetric Michael addition reactions[J].Catal Commun，2015，62：34-38.

第三章　POSS 支载手性咪唑啉酮的设计合成

小分子手性咪唑啉酮具有优良的催化性能，本章设计合成 POSS 对其支载，拟解决其回收问题。首先，以酪氨酸甲酯盐酸盐为原料合成小分子手性咪唑啉酮 1，其次，以氯丙基三甲氧基硅烷为原料通过水解缩合、亲核取代等反应合成了八角 POSS-N_3 4，同时以苯基三甲氧基硅烷为原料通过水解缩合、"顶角盖帽"、亲核取代等反应合成了单角 POSS-N_3 8，最后通过 Click 反应将小分子手性咪唑啉酮分别与八角 POSS-N_3和单角 POSS-N_3进行对连接，得到 POSS 支载的手性催化剂 5 和 9，合成路线分别如图 3.1 和图 3.2 所示。

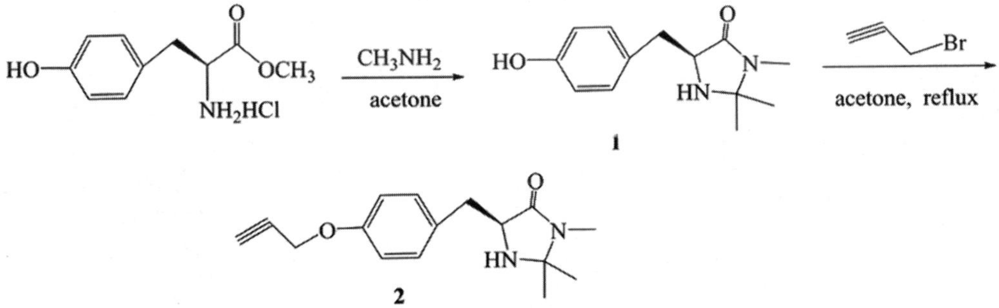

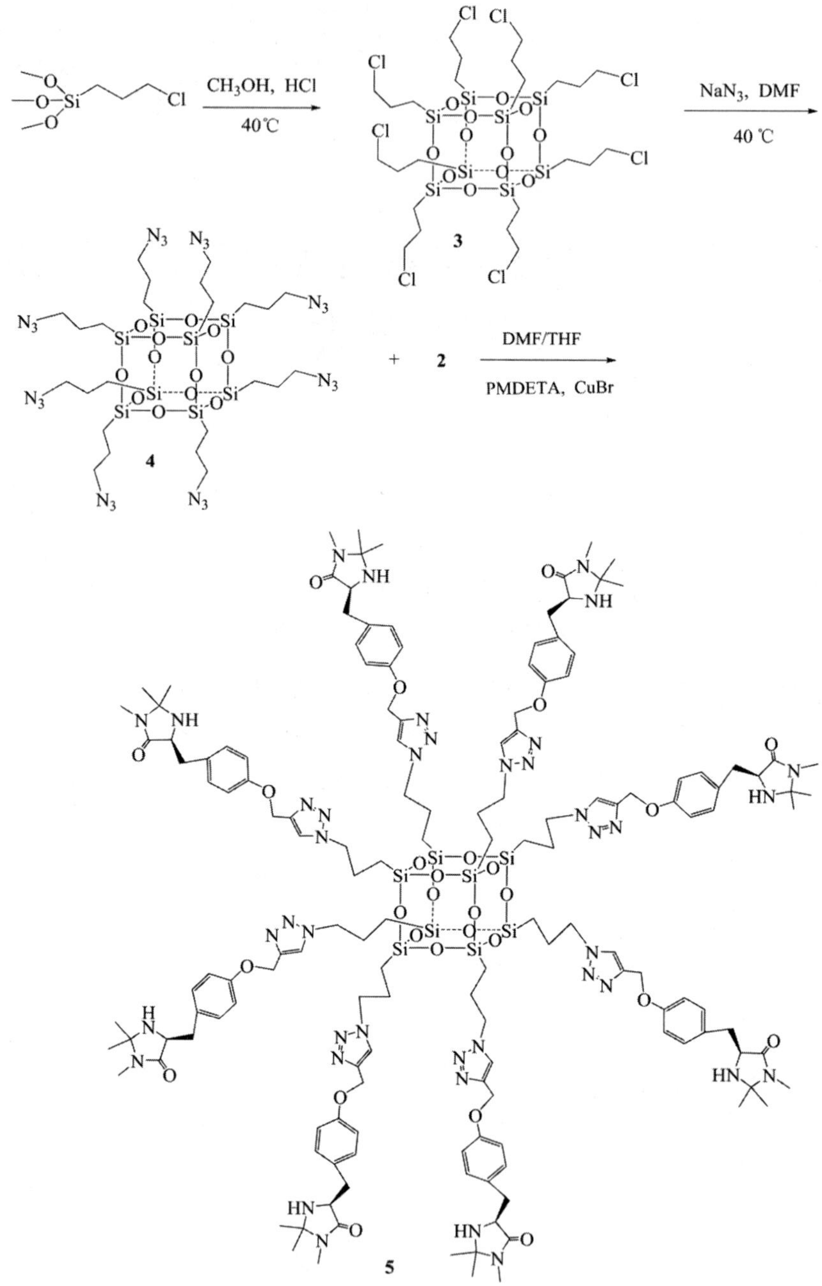

图 3.1

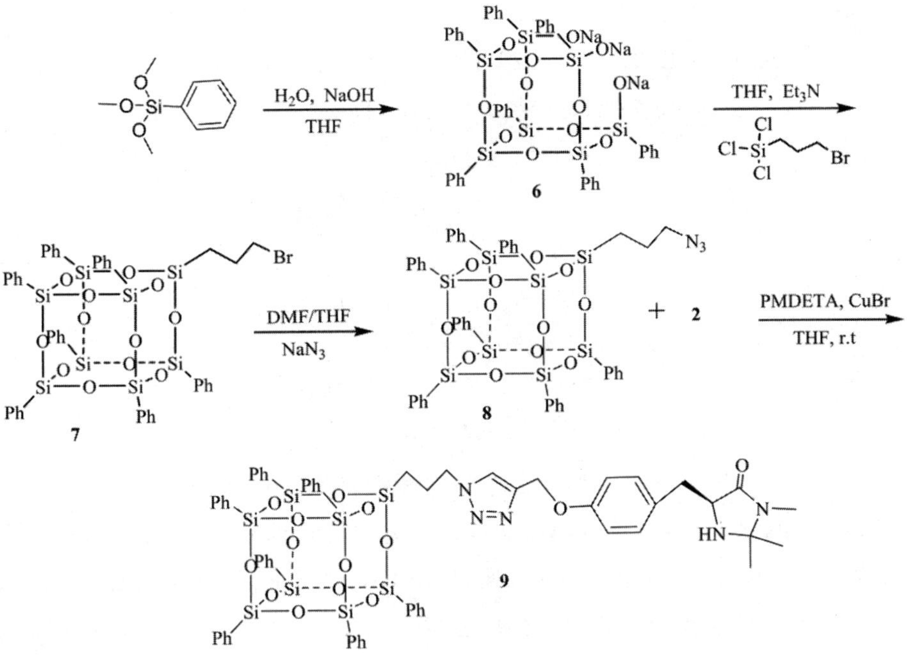

图 3.2

一、实验过程

1.实验步骤

(1)(S)-5-(4-羟基苄基)-2，2，3-三甲基-4-咪唑啉酮 1 的合成

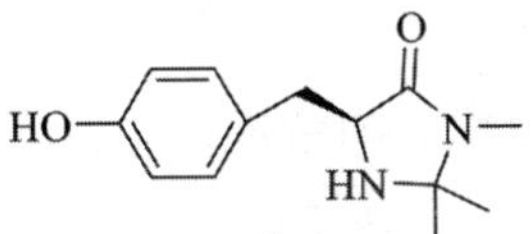

1

在 250 mL 单颈烧瓶中加入将 L-酪氨酸甲酯盐酸盐(11.58 g，50 mmol)和 25%～30%的甲胺醇溶液(70 mL)，30 ℃下搅拌 24 h，反应完毕，旋出过量的甲胺，得到淡黄色油状物(S)-2-氨基-3-对羟基苯基-N-甲基-丙酰胺。

将上一步制得的(S)-2-氨基-3-对羟基苯基-N-甲基-丙酰胺加入 250 mL 单颈烧瓶中，加入丙酮(40 mL，500 mmol)、甲醇(60 mL)及对甲苯磺酸(1.19 g，6.25 mmol)，回流 24 h，旋干溶剂，柱层析分离(甲醇∶二氯甲烷)＝1∶30，得淡黄色固体 1(6.83 g，两步产率 58%)。

Mp:97～102 ℃; IR (NaCl): υ = 3271, 1673, 1622, 1485 cm^{-1}; ^{1}H NMR (600 MHz, $CDCl_3$): δ = 7.03 (d, J = 8.3 Hz, 2H), 6.78 (d, J = 8.3 Hz, 2H), 3.79～3.78 (t, J = 5.2 Hz, 1H), 3.05～2.99 (m, 2H), 2.75 (s, 3H), 1.28 (s, 3H), 1.17 (s, 3H).

(2)(S)-2, 2, 3-三甲基-5-(4-(丙-2-炔-1-基氧基) 苄基) -4-咪唑啉酮 2 的合成

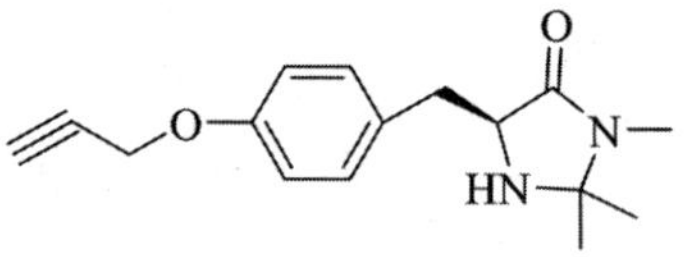

2

在 250 mL 单颈烧瓶中加入手性咪唑咪唑啉酮 1 (5 g, 21.37 mmol),加(80 mL)丙酮溶解,再加入 3-溴丙炔(3.028 g, 25.6 mmol)、碳酸钾 8.82 g 及少量的 18-冠醚-6。在回流 5 h 后,通过 TLC 监测反应完毕后,过滤,得到滤液旋蒸后通过柱色谱分离提纯(乙酸乙酯 : 油醚 = 1 : 1),得到黄色固体 2 (4.8 g,产率 82.6%)。

Mp: 86～87 ℃; ^{1}H NMR (600 MHz, $CDCl_3$): δ = 7.03 (d, J = 8.0 Hz, 2H), 6.78 (d, J = 8.0 Hz, 2H), 4.66(s, 2H), 3.76～3.77 (t, J = 4.0 Hz, 1H), 2.97～3.10 (m, 2H), 2.75 (s, 3H), 2.51 (s, 1H), 1.27 (s, 3H), 1.18 (s, 3H); ^{13}C NMR (100 MHz, $CDCl_3$): δ =173.3, 156.6, 130.6, 130.3, 115.2, 78.6, 75.6, 75. 4, 59.3, 56.0, 36.4, 27.3, 25.4, 25.2.

(3)八氯丙基 POSS 化合物 3 的合成

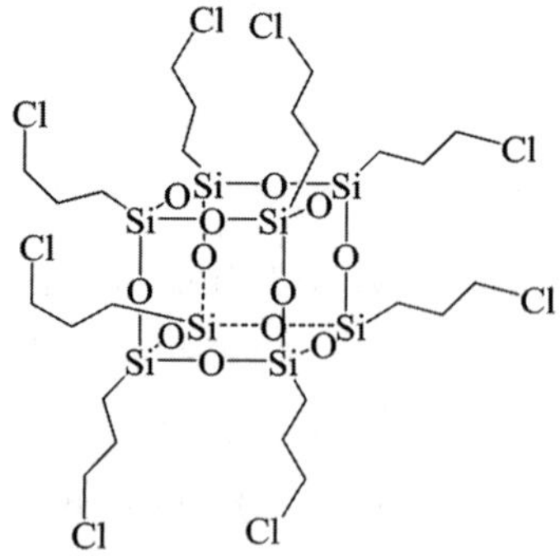

3

在500 mL单颈烧瓶中加入3-氯丙基三甲氧基(20.4 g，96.2 mmol)、(400 mL)甲醇溶剂，缓慢加入浓盐酸(4 mL)，在40 ℃条件下反应20天后过滤得到白色固体，用甲醇洗涤3次，放入50 ℃真空干燥箱中干燥24 h后得到5.1 g产物，产率39.8％。

^{1}H NMR (400 MHz, $CDCl_3$)：δ = 3.46～3.50 (t, J = 12.0 Hz, 2H), 1.78～1.84 (m, 2H), 0.72～0.76(t, J = 8.0 Hz, 2H).

(4)八(N_3-丙基)POSS化合物4的合成

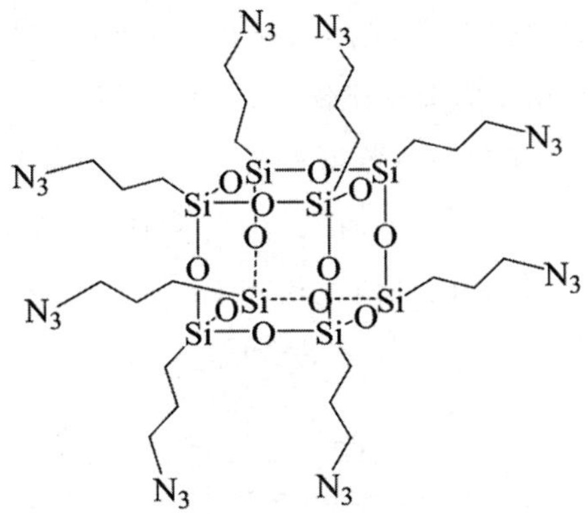

4

在50 mL单颈烧瓶中加入八氯丙基POSS 3 (1.2 g，1.16 mmol)、(8 mL) DMF溶剂，缓慢加入NaN_3(0.9 g, 13.6 mmol)，在80 ℃条件下反应20 h后(TLC监测)用50 mL乙酸乙酯萃取，用(5 × 20 mL)的饱和食盐水洗涤、合并有机相、干燥、过滤旋蒸，乙酸乙酯：石油醚 =1：8柱色谱分离得到无色油状液体4，(0.9 g，产率72％)。

^{1}H NMR (400 MHz, $CDCl_3$)：δ = 3.20～3.23(t, J = 8.0 Hz, 2H), 1.58～1.66 (m, 2H), 0.63～0.67(t, J = 8.0 Hz, 2H).

(5)七苯基POSS-钠盐化合物6的合成

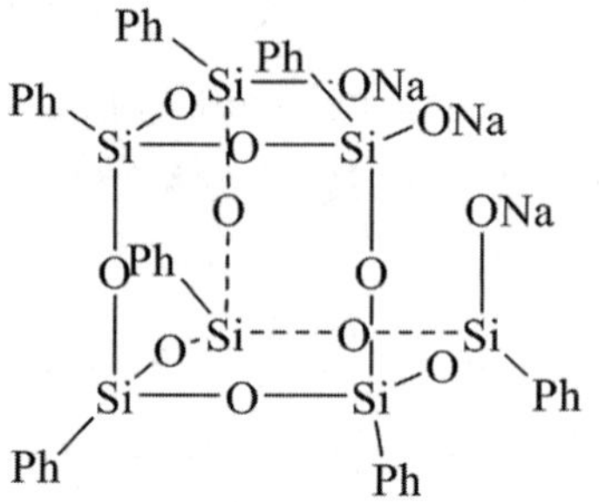

6

将苯基三甲氧基硅烷(35.258 g，178.1 mmol)、THF (200 mL)、去离子水(4.064 g，225.8 mmol)及氢氧化钠(3.080 g，77.0 mmol)置于500 mL的单颈瓶中，回流6 h后，有少许白色粉末析出，再将反应温度慢慢降至室温，在室温下反应24 h后，旋蒸出THF，得到白色固体，将白色固体置于真空干燥箱内在60 ℃下干燥24 h后得到白色粉末6(32.262 g，产率98.1%)。

(6)单角溴丙基POSS化合物7的合成

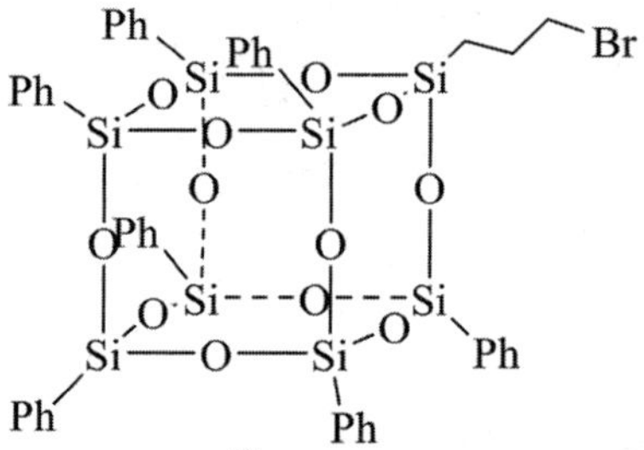

7

氮气保护下，将化合物七角苯基POSS钠盐6(10 g，10.01 mmol)置于500 mL的三颈瓶中，温度0 ℃，将250 mL干燥的THF注入三颈瓶内，搅拌数分钟后将三乙胺(1.3 mL，8.8 mmol)缓慢注入瓶中，该温度下反应1 h后，再将3-溴丙基三氯硅烷(1.93 mL，12.12 mmol)溶于干燥的THF 30 mL中通过恒压滴液漏斗在30 min内慢慢滴加完毕。该反应混合液继续维持在0 ℃下反应3 h，再升至室温反应24 h，反应结束后抽滤掉不溶性的盐，将滤液旋干后柱色谱分离二氯甲烷：石油醚 =1：4得到白色固体7(7.22 g，产率65.1%)。

IR (NaCl)：υ = 2923，1594，1431，1135，1107，498 cm^{-1}；^{1}H NMR

(400 MHz, $CDCl_3$)：δ = 7.75～7.78 (m, 14H), 7.36～7.51 (m, 21H), 3.40～3.43(t, J = 8.0 Hz, 2H), 2.04～2.11 (m, 2H), 1.00～1.04(t, J = 8.0 Hz, 2H); ^{13}C NMR (100 MHz, $CDCl_3$)：δ = 134.3, 130.9, 130.3, 130.2, 128.0, 36.3, 29.8, 26.6; ^{29}Si NMR ($CDCl_3$)：δ = −65.93, 78.31, 78.64。

(7)单角叠氮丙基POSS化合物8的合成

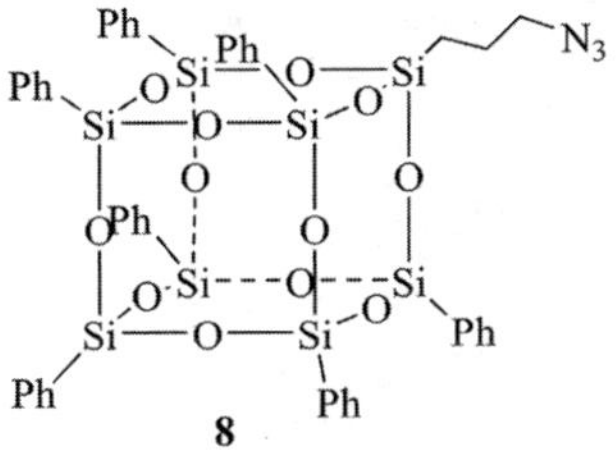

8

将化合物单角POSS-Br 7(3.11 g, 2.78 mmol)和NaN_3(0.21 g, 3.23 mmol)置于50 mL的单颈瓶烧中，加入干燥的DMF：THF=1：1的混合溶剂20 mL，在室温下反应24 h后，通过TLC监测反应结束后，用50 mL的乙酸乙酯将反应混合液稀释，将稀释后的混合液通过一小段硅胶柱后收集滤液，用(3× 20 mL)的饱和食盐水洗涤，过滤、干燥后得到白色固体8，固体50 ℃真空干燥(2.3 g，产率77.1%)。

IR(NaCl)：υ = 2923, 1594, 1431, 1135, 1107, 498 cm^{-1}; ^{1}H NMR (400 MHz, $CDCl_3$)：δ = 7.75～7.79 (m, 14H), 7.37～7.52 (m, 21H), 3.24～3.28(t, J = 8.0 Hz, 2H), 1.78～1.86 (m,2H), 0.91～0.95(t, J = 8.0 Hz, 2H); ^{13}C NMR (100 MHz, $CDCl_3$)：δ = 135.0, 134.7, 133.9, 130.2, 128.8, 127.6, 53.5, 29.8, 22.6; ^{29}Si NMR ($CDCl_3$)：δ = −62.01, −74.61, −74.94。

(8)POSS支载手性咪唑啉酮9的合成

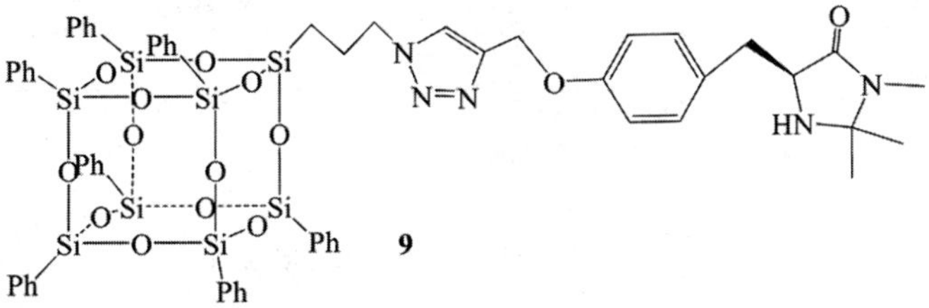

9

将单角 POSS-N_3 8(1 g, 1.0 mmol)、溴化亚铜(14.3 mg, 0.1 mmol)及小分子手性咪唑咪唑啉酮 2 加入 50 mL 的三颈瓶中,无水无氧氮气保护下,注入 20 mL 干燥的 THF,室温下搅拌 40 min 后,将 PMDETA(20.8 μL, 0.1 mmol)迅速注入反应体系中,在室温下反应 24 h,通过 TLC 监测反应结束以后,将 THF 旋蒸发后,20 mL 二氯甲烷溶解后转入分液漏斗中,用质量分数为 1%的盐酸溶液(3 × 20 mL)洗涤。合并有机相,干燥,过滤、旋蒸后柱色谱分离乙酸乙酯 : 二氯甲烷 = 3 : 2,得到白色固体 9(1.1 g,产率 88%)。

^{1}H NMR (400 MHz, DMSO): δ = 8.12 (s, 1H), 7.69～7.74 (m, 14H), 7.42～7.65(m, 21H), 7.17～7.19 (d, J = 8.0 Hz, 2H), 6.92～6.94 (d, J = 8.0 Hz, 2H), 5.06 (s, 2H), 4.37～4.40(t, J = 8.0 Hz , 2H), 3.55 (br, 1H), 3.35 (s, 2H), 2.93～2.97 (m, 1H), 2.64 (s, 3H), 1.99～2.05 (m, 2H), 1.16～1.18 (d, J = 8.0 Hz, 6H), 0.88～0.92(t, J = 8.0 Hz, 2H) ; ^{13}C NMR (100 MHz, DMSO): δ = 173.3, 156.6, 130.6, 130.3, 115.2, 78.6, 75.6, 75.4, 59.3, 56.0, 36.4, 27.3, 25.4, 25.2。

2.化合物结构图谱分析

(1)(S)-5-(4-羟基苄基)-2, 2, 3-三甲基-4-咪唑啉酮 1 结构分析:

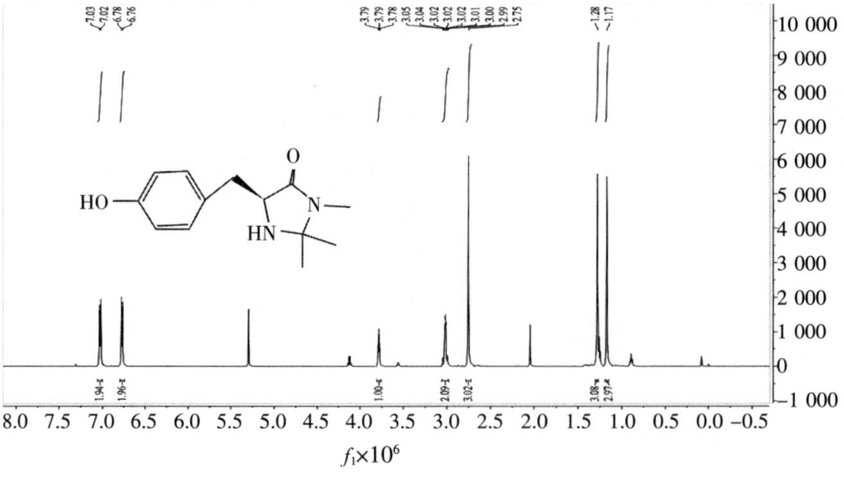

图 3.3 化合物 1 的^{1}H NMR 图谱

如图 3.3 所示,化学位移 δ 在 7.03 和 6.78 均为 d 峰,为苯环上的 4 个 H,δ 在 3.79～3.78 的 m 峰为与羰基碳相连的手性碳上的一个 H,δ 在3.05～2.99 的 m 峰,为与苯环相连的亚甲基上的 2 个 H,δ 在 2.75 的 s 峰为与 N 相连的甲基上的 3 个 H,δ 在 1.28 和 1.17 的 s 峰为与季碳相连的两个甲基上的 6 个 H。

(2)(S)-2,2,3-三甲基-5-(4-(丙-2-炔-1-基氧基)苄基)-4-咪唑啉酮 2 结构分析

如图 3.4 所示,化学位移 δ 在 7.16 和 6.92 均为 d 峰,为苯环上的 4 个 H,δ 在 4.66 的 s 峰为炔丙基上与 O 原子相连的亚甲基上的 2 个 H,δ 在2.51的 s 峰为炔丙基末端上的 1 个 H。

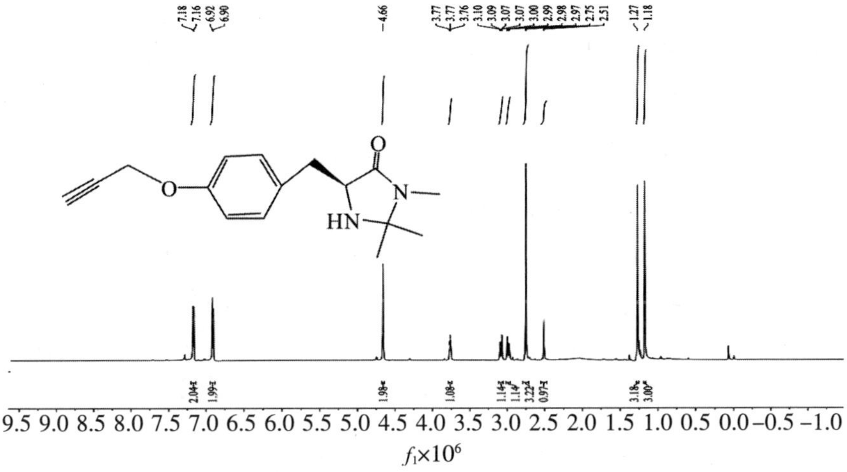

图 3.4 化合物 2 的 ^{1}H NMR 图谱

如图 3.5 所示,化学位移 δ 在 173.33 为羰基上的 C,δ 在 156.67 为苯环与 O 原子相连的 C,δ 在 78.76、75.65 为炔丙基上三键两端的 C,δ 在 36.48 为与苯环相连的亚甲基上的 C,δ 在 27.33 为与 N 相连的甲基上的 C,δ 在 25.26、25.46 为与季碳相连的两个甲基上的 C。

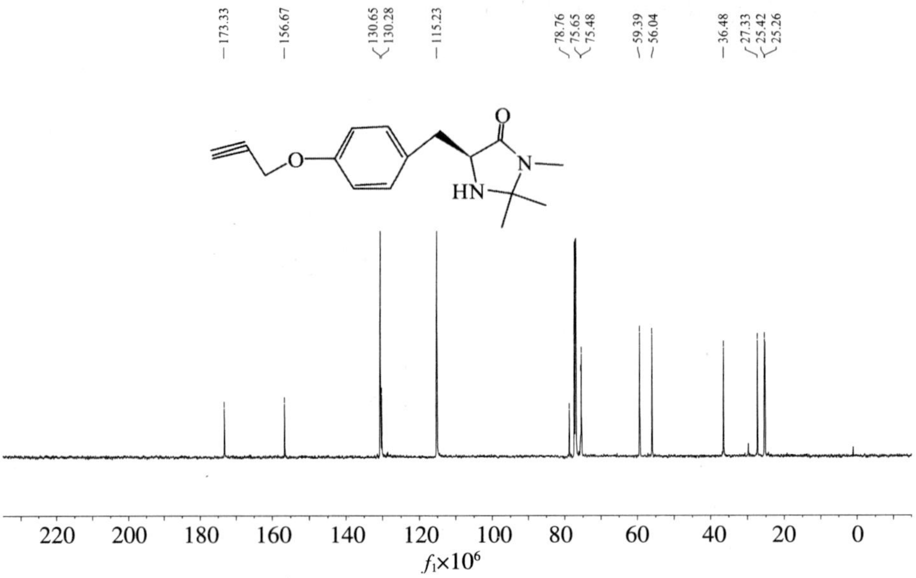

图 3.5 化合物 2 的 ^{13}C NMR 图谱

(3)八角 POSS-Cl 3 的图谱分析：

如图 3.6 所示，化学位移 δ 在 3.46～3.50 的 t 峰，为氯丙基上与氯原子相连的亚甲基上的 H，而 δ 在 0.72～0.76 的 t 峰氯丙基上与硅原子相连的亚甲基上的 H。

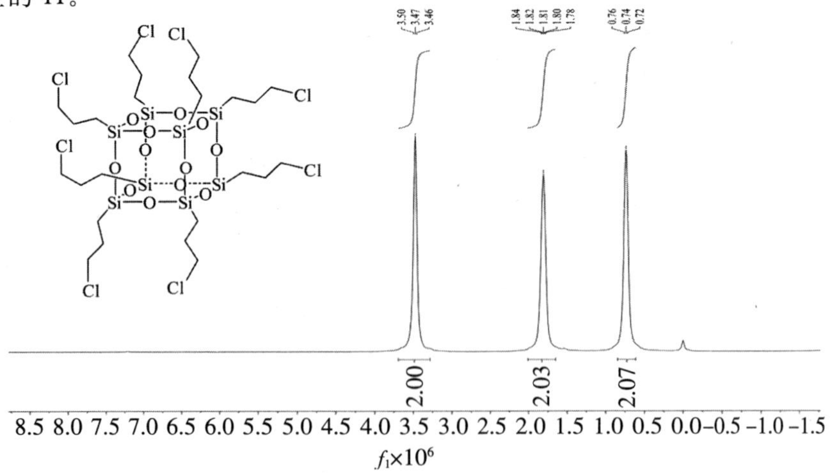

图 3.6 化合物 3 的 ^{1}H NMR 图谱

(4)八角 POSS-N_3 4 的图谱分析：

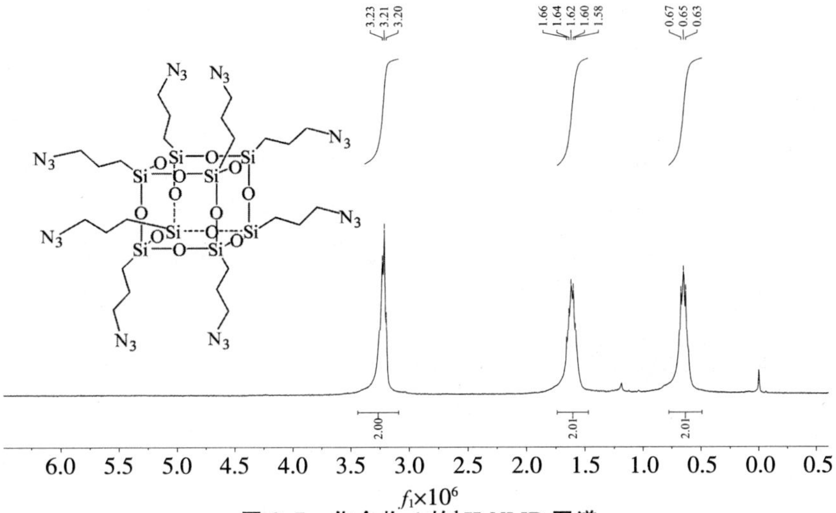

图 3.7 化合物 4 的 ^{1}H NMR 图谱

如图 3.7 所示，化学位移 δ 在 3.20～3.23 的 t 峰，为叠氮丙基上与叠氮基子相连的亚甲基上的 H，而 δ 在 0.63～0.67 的 t 峰叠氮丙基上与硅原子相连的亚甲基上的 H。

(5)单角 POSS～Br 7 的结构图谱分析

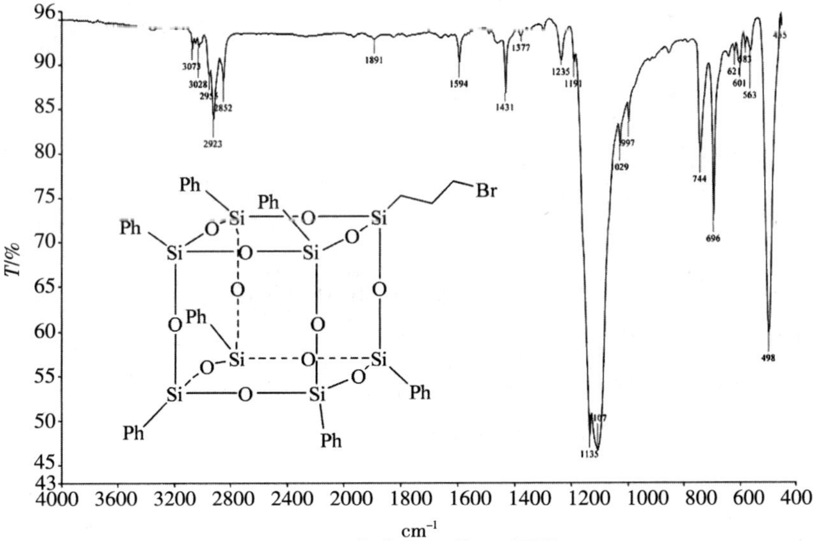

图 3.8 化合物 7 的 IR 图谱

如图 3.8 所示，2923 cm^{-1} 为亚甲基上 C—H 键的伸缩振动吸收峰，1431～1594 cm^{-1} 苯环上骨架伸缩振动吸收峰，1135 cm^{-1} 和 1107 cm^{-1} 为 POSS 上 Si—O 键的吸收峰。

如图 3.9 所示，化学位移 δ 在 7.75～7.78 为苯基上与 Si 相连的 C 的邻位 C 上的 14 个 H，而化学位移 δ 在 7.36～7.51 的 21 个 H 则为苯基上剩余的 H 的总个数；化学位移 δ 在 3.40～3.43 的三重峰为溴丙基上与溴相连的亚甲基的 2 个 H，化学位移 δ 在 1.00～1.04 的三重峰则为溴丙基上与 Si 相连的亚甲基的 2 个 H。

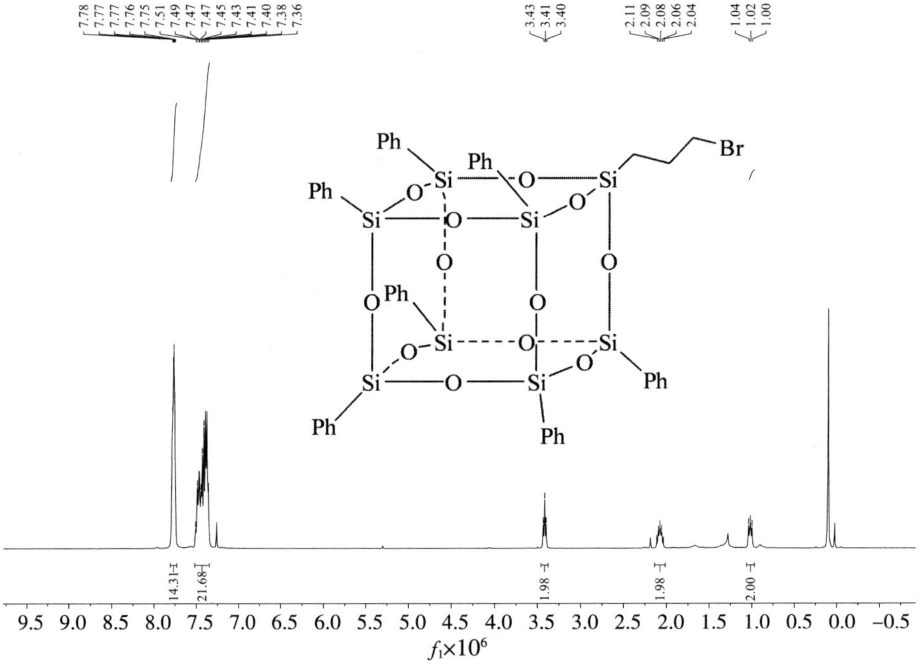

图 3.9　化合物 7 的 ^{1}H NMR 图谱

如图 3.10 所示化学位移 δ 在 128.03～134.31 为苯基上的 C 位移，δ 在 36.37 为溴丙基上与溴相连的亚甲基上的 C 化学位移值，δ 在 26.61 为溴丙基上与 Si 相连的亚甲基上的 C 化学位移值。

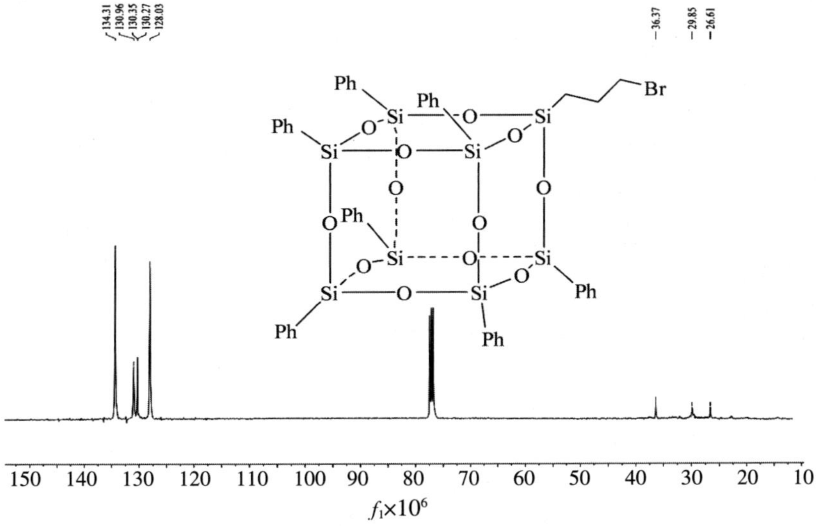

图 3.10　化合物 7 的^{13}C NMR 图谱

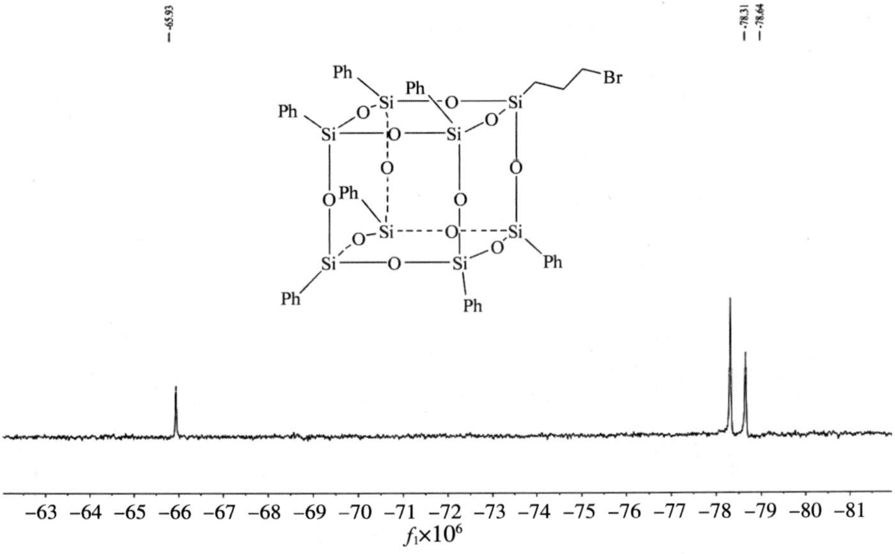

图 3.11　化合物 7 的^{29}Si NMR 图谱

如图 3.11 所示，所示化学位移 δ 在－65.93、－78.31、－78.64 正好对应单角 POSS-Br 上的 3 个 Si 原子的环境。

(6)单角 POSS-N_3 8 的结构分析

如图 3.12 所示，2101 cm^{-1} 为 N_3 的红外特征吸收峰，其他的吸收峰与化合物 7 的 IR 图谱相似。

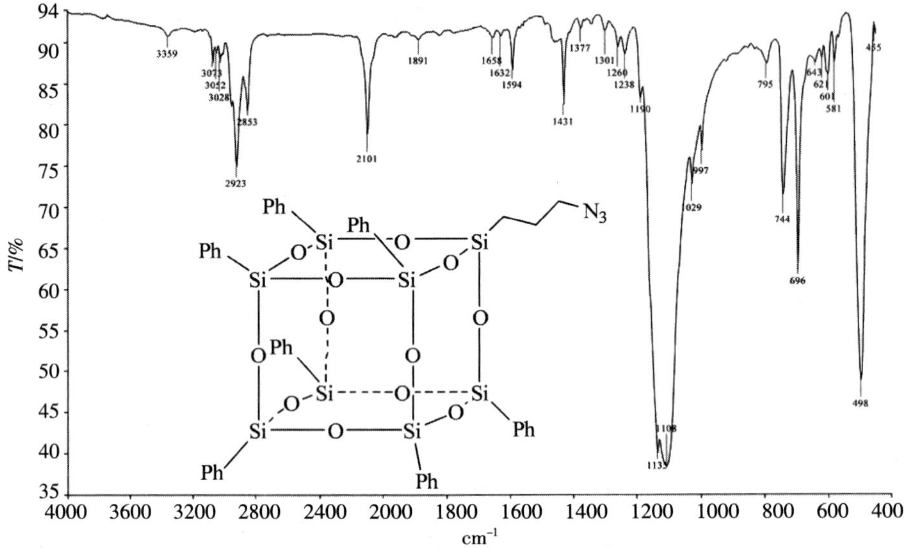

图 3.12　化合物 8 的 IR 图谱

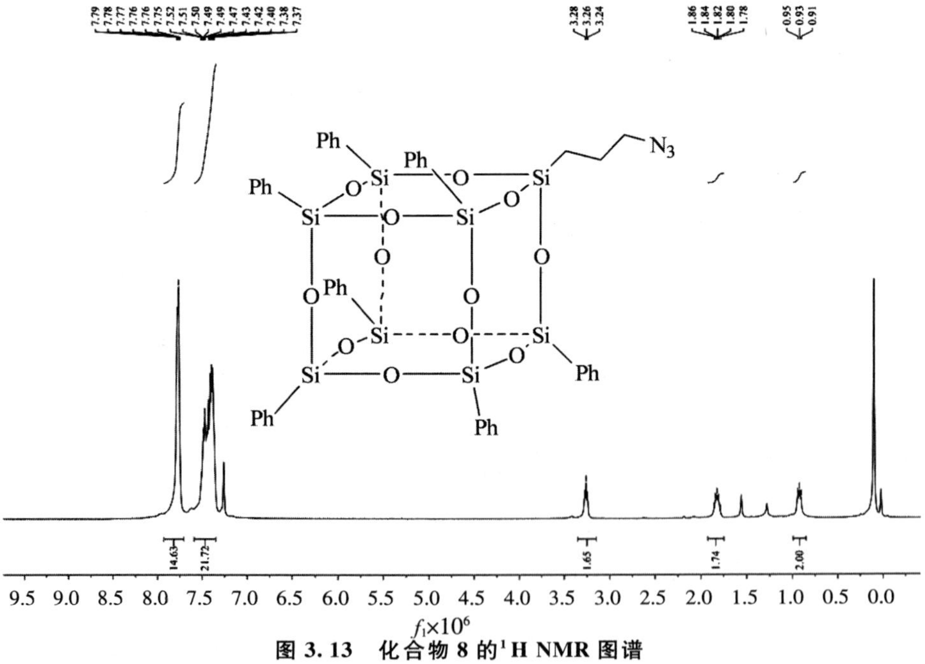

图 3.13　化合物 8 的 ^{1}H NMR 图谱

如图 3.13 所示，化学位移 δ 在 3.24～3.28 的三重峰为 N_3 丙基上与 N_3 相连的亚甲基上的 2 个 H，化学位移 δ 在 0.91～0.95 的三重峰则为 N_3 丙基上与 Si 相连的亚甲基的 2 个 H。

如图 3.14 所示，化学位移 δ 在 127.62～135.00 为苯基上的 C，化学位移 δ 在 53.57 为 N_3 丙基上与 N_3 相连的亚甲基上的 C，化学位移 δ 在 22.60 为 N_3 丙基上与 Si 相连的亚甲基上的 C。

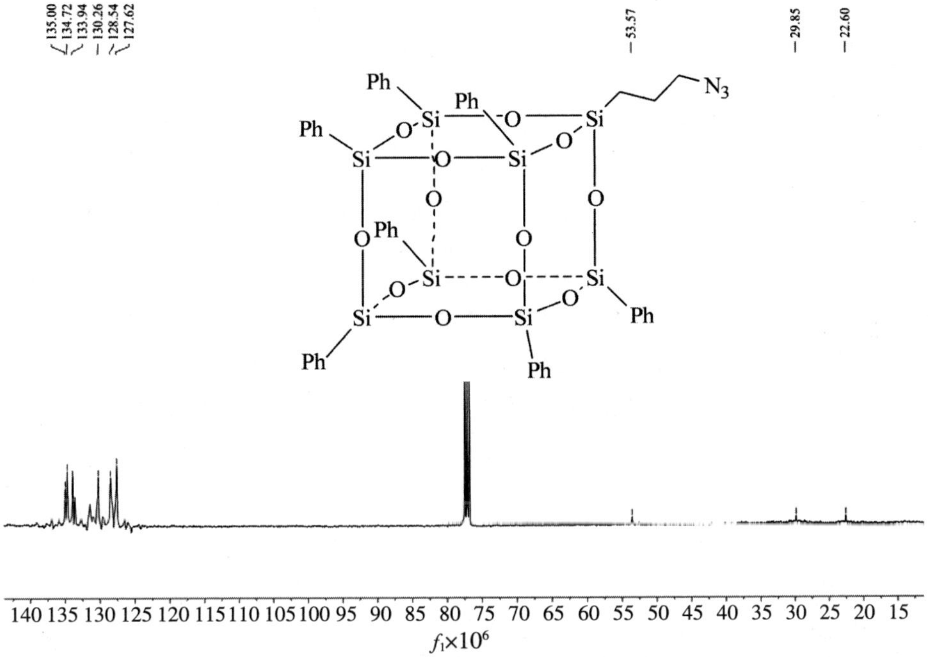

图 3.14　化合物 8 的 ^{13}C NMR 图谱

如图 3.15 所示，化学位移 δ 在 －62.01、－74.61、－74.94 正好对应 POSS-N_3 上的 3 个 Si 原子的环境。

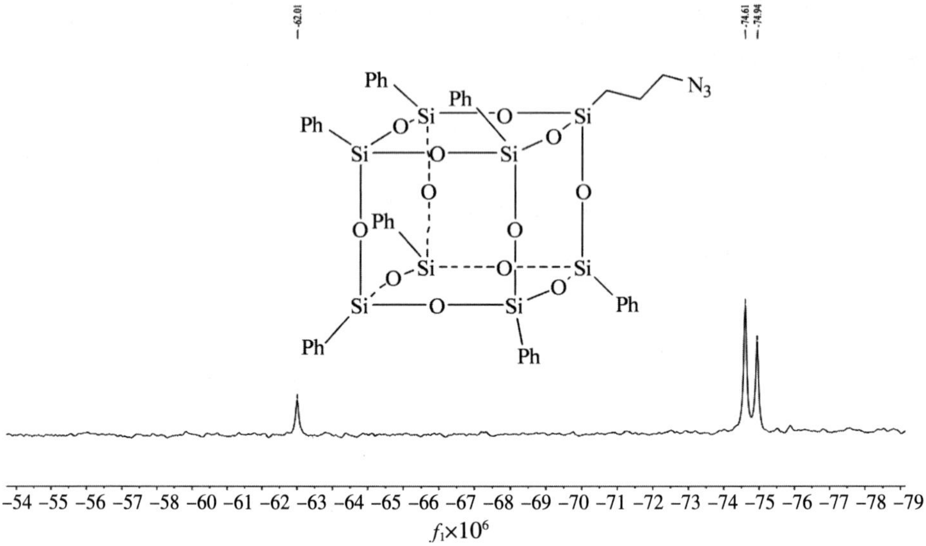

图 3.15 化合物 8 的 ^{29}Si NMR 图谱

(7)POSS 支载的手性咪唑啉酮 9 的结构分析

如图 3.16 所示，化学位移 δ 在 8.12 处的 s 峰为三氮唑五元环上的 1 个

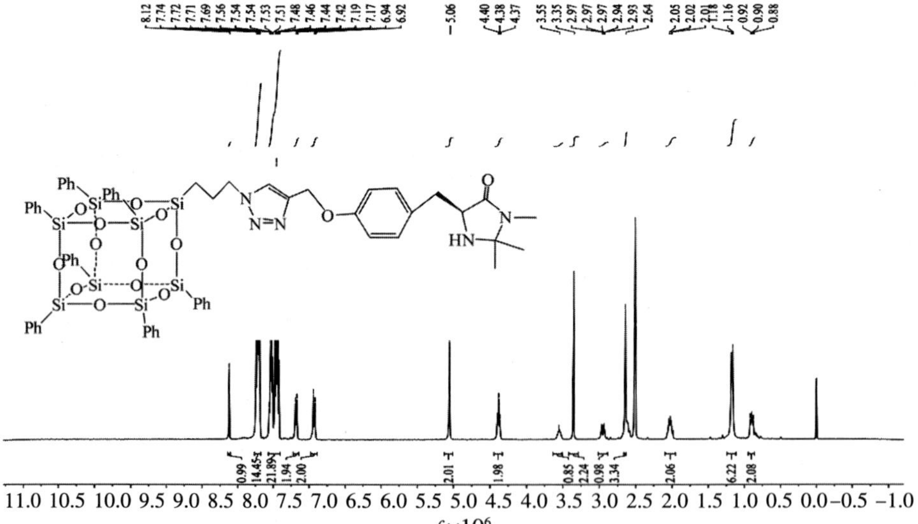

图 3.16 化合物 9 的 ^{1}H NMR 图谱

H，δ 在 7.69～7.74 的 m 峰为 POSS 的苯基上与 Si 相连的 C 的邻位 C 上的 14 个 H，而 δ 在 7.42～7.56 的 m 峰的 21 个 H 则为 POSS 的苯基上剩余的 H 的总个数；δ 在 7.19 和 6.94 的两个 d 峰为咪唑啉酮一端苯环上的 4 个 H，δ 在 5.06 的 s 峰为与三氮唑五元环和 O 原子相连的亚甲基上的 2 个 H，δ 在 4.37～4.40 的 t 峰为 POSS 的丙基上与三氮唑五元环直接相连的亚甲基上的 2 个 H，δ 在 0.88～0.92 的 t 峰为 POSS 的丙基上与 Si 直接相连的亚甲基上的 2 个 H。

在本章中，首先按照设计思路，以酪氨酸甲酯盐酸盐为原料合成了小分子的手性咪唑啉酮，并在咪唑啉酮上成功引入了炔丙基得到产物 2；同时，以氯丙基三甲氧基硅烷为原料，经过水解缩合、亲核取代的过程成功合成了八角 POSS-N_3 4；并通过 Click 反应将产物 2 和产物 4 进行对接，希望得到预定的目标产物 5，但是经过反复实验仍未成功。推测认为，八角 POSS 较大的空间位阻阻碍了八个反应位点的进行。因此，进一步设计了合成思路，以苯基三甲氧基为原料，通过水解缩合、顶角盖帽、亲核取代等过程成功合成了单反应活性位点的 POSS 8，通过 Click 反应将产物 2 和产物 8 进行对接并成功合成了路线中的预定目标产物 9，但是，经过实验发现，POSS 支载的手性咪唑啉酮催化剂 9 在大部分溶剂（二氯甲烷、乙酸乙酯、丙酮、硝基甲烷、氯仿、氘代氯仿）中易分解，因此，无法验证该催化剂的使用效果。通过以上设计合成，想告诫读者，科学探究本就是一个艰难的过程，面对未知的事物，一定要做好最充分的准备，也要做好最坏的打算，也许经过一年、两年甚至更长时间的探究仍然得到不满意的结果，也要坦然面对，如果轻易就取得成功那便不是科研，科研的道路上贵在坚持，不如意之事十有八九，只有不断探索，不断积累，在失败中前行，最终才可能得到意想不到的收获。

参考文献

[1]Nie X，Lu C，Chen Z，et al. Enantioselective 1，3-dipolar cycloadditions of nitrones with unsaturated aldehydes promoted by a recyclable tetraarylphosphonium supported imidazolidinone catalyst[J]. J Mol Catal A：Chem，2014，393：171-174.

[2] 于海波，梅雨艳，王丹，等．八叠氮基聚倍半硅氧烷的合成及表征[J].有机硅材料，2012，26(1)：1-5.

[3] 刘雪英，王斌，马家举，等．八氯丙基笼型倍半硅氧烷的合成工艺研究[J].化工时刊，2011，(1)：22-24.

[4] Ervithayasuporn V，Wang X，Kawakami Y. Synthesis and characterization of highly pure azido-functionalized polyhedral oligomeric silsesquioxanes(POSS)[J].Chem Commun，2009，(34)：5130-5132.

[5]Ge Z，Wang D，Zhou Y，et al. Synthesis of organic/inorganic hybrid quatrefoil-shaped star-cyclic polymer containing a polyhedral oligomeric silsesquioxane core[J].Macromolecules，2009，42(8)：2903-2910.

[6]Vlugt J I，Ackerstaff J，Dijkstra T W，et al.Versatile phosphite ligands based on silsesquioxane backbones[J].Adv Synth Catal，2004，346(4)：399-412.

[7]Blanc F，Copéret C，Thivolle Cazat J，et al. Surface versus Molecular Siloxy Ligands in Well-Defined Olefin Metathesis Catalysts：[{$(RO)_3$SiO}Mo(NAr)(CHtBu)(CH_2tBu)][J]. Angew Chem Int Ed，2006，45(8)：1216-1220.

第四章　POSS 支载手性脯氨醇硅醚的设计及应用

不对称 Michael 加成反应是构建具有立体选择性的 C-C 键的一种重要手段[1]，广泛应用于各种手性药物的开发和天然产物的合成中，在现代有机合成中具有举足轻重的地位，同时也是有机合成研究的热点。

在硝基烯烃中，由于硝基的存在，无论是在共轭效应还是诱导效应上都有很强的拉电子性，因此，在不对称 Michael 加成反应中，硝基烯烃可作为一种理想的 Michael 受体，而且，在生成 Michael 加成产物后，硝基官能团还可以进行各种反应或者转化，所以，硝基烯烃被广泛应用于 Michael 加成反应的研究中[2]。

在本章中选用硝基烯烃作为 Michael 加成的受体与醛类进行反应，来探究 POSS 支载 Jørgensen-Hayashi 催化剂的催化效果。

Riente 等[3]以脯氨酸为原料制备 Jørgensen-Hayashi 催化剂，再以无机磁性材料 Fe_3O_4@SiO_2 纳米粒子通过 Click 反应进行支载，用于催化醛与硝基烯烃的不对称 Michael 加成反应，取得良好的效果，如图 4.1 所示。

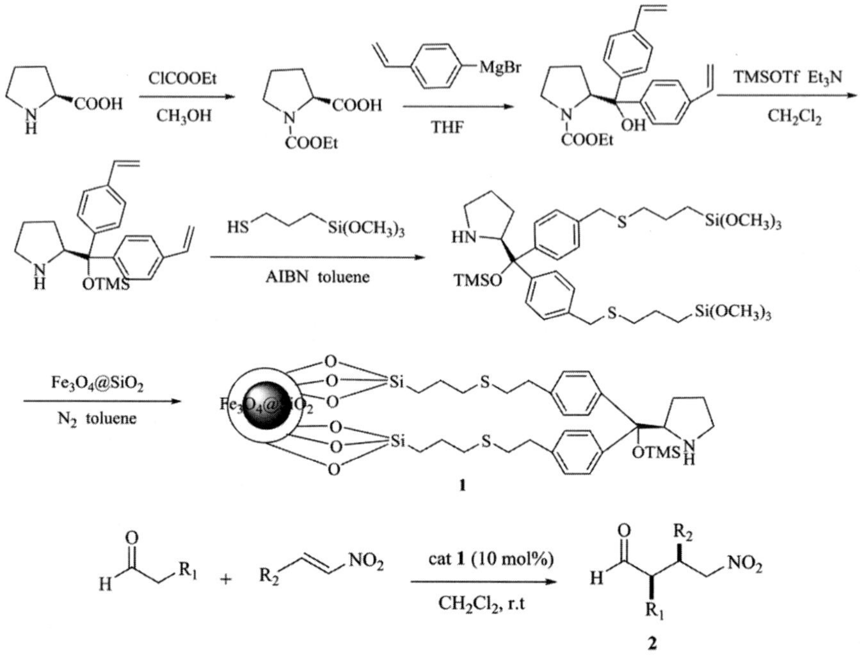

图 4.1

同年，Alza 等[4]以丙炔化的 Boc 基团保护的脯氨酸甲酯为原料，通过格式化、脱 Boc 基团、上 TMS 等步骤制备 Jørgensen-Hayashi 催化剂，最后以 TTM-Cu 聚合物支载后用于催化醛与反式硝基苯乙烯的反应，取得良好的效果，如图 4.2 所示。

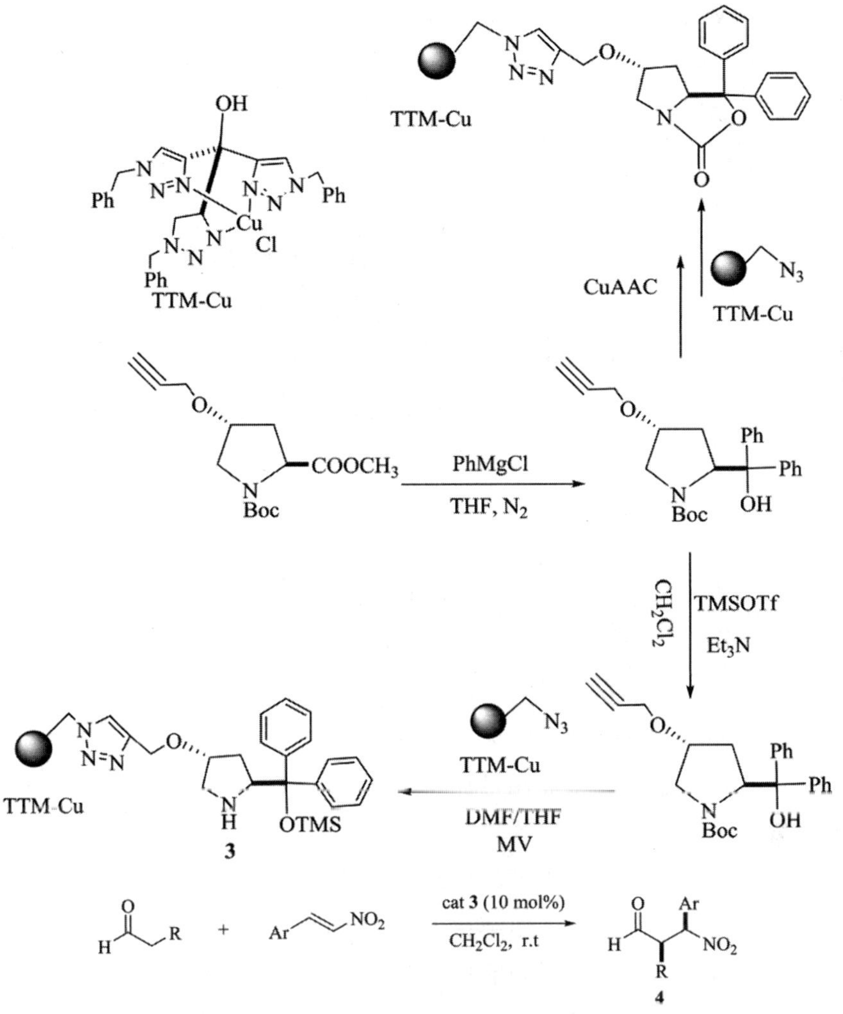

图 4.2

一、实验部分

1. 测试仪器

核磁共振仪：WIPM 400 MHz（中科开物公司），Varian Unity INOVA 600 (600MHz)，氘代氯仿为溶剂，TMS 为内标；

红外光谱仪：PE-Spectrum One 型红外光谱仪，NaCl 单晶片涂片；

熔点仪：WRS-1A 型数字熔点仪测定，温度未矫正；

紫外灯检测仪：河南予华仪器有限公司，214 nm 和 254 nm 紫外光照射；

高效液相色谱仪 HPLC：UltiMate3000；检测柱：Chiralcel OD-H，Chiralcel AD-H。

2. 原料，试剂及处理

三甲硅基三氟甲磺酸酯（TMSOTf）：A.R.，百灵威试剂有限责任公司；

五甲基二乙烯三胺：A.R.，Aladdin Chemistry Co. Ltd；

溴化亚铜：A.R.，国药集团化学试剂有限公司；

氢氧化钠：A.R.，国药集团化学试剂有限公司；

三乙胺：A.R.，天津富宇精细化工有限公司；

苯基三甲氧基硅烷：A.R.，百灵威科技有限公司；

叠氮化钠：A.R.，Aladdin Chemistry Co. Ltd；

氢化钠：A.R.，ABO Switzerland Co. Ltd；

四氢呋喃：C.P.，国药集团化学试剂有限公司；

N，N-二甲基甲酰胺：A.R.，国药集团化学试剂有限公司；

无水硫酸镁：A.R.，江苏强盛化工有限公司；

氯化铵：A.R.，天津市光复科技发展有限公司；

碳酸氢钠：A.R.，国药集团化学试剂有限公司；

氯化钠：A.R.，天津市光复科技发展有限公司；

甲醇：A.R.，天津市富宇精细化工有限公司；

石油醚：A.R.，江苏强盛功能化学股份有限公司；

乙酸乙酯：A.R.，江苏强盛功能化学股份有限公司；

分子筛的活化：用自来水洗涤，浸泡 3 h 后晾干，500 ℃烘烤 6 h；

异戊醛：A.R.，上海达瑞精细化学品有限公司，未经处理直接使用；

四氟硼酸钾：A.R.，西亚化学试剂有限公司，未经处理直接使用；

无水四氢呋喃（THF）：A.R.，国药集团化学试剂有限公司，四氢呋喃中加入无水硫酸镁干燥，静置过夜，过滤，滤液中加入钠丝，指示剂二苯甲酮，回流至溶液变为蓝色，现蒸现用；

无水二氯甲烷（DCM）：A.R.，国药集团化学试剂有限公司，二氯甲烷中加入五氧化二磷，加热回流 24 h，常压蒸馏后加入分子筛密封保存；

甲基叔丁基醚(MTBE)：A.R.，国药集团化学试剂有限公司，未经处理直接使用；

苯甲醛：A.R，百灵威试剂有限责任公司；

硝基甲烷：C.P.，国药集团化学试剂有限公司，常压蒸馏；

氯化铵：纯度>99%，天津博迪化学股份有限公司，未经处理直接使用；

对氯苯甲醛：A.R.，百灵威试剂有限责任公司；

邻氯苯甲醛：A.R.，百灵威试剂有限责任公司；

对甲氧基苯甲醛(茴香醛)：A.R.，阿拉丁化学试剂有限公司，未经处理直接使用；

1-萘甲醛：A.R.，阿拉丁化学试剂有限公司，未经处理直接使用。

在上一章中虽然设计合成的最终产物不稳定，结果不满意，但是成功合成八角 POSS-N_3和单角 POSS-N_3，与单角 POSS 则反应成功。因此，在本章中重新设计合成另一种催化剂手性脯氨醇硅醚，再通过 Click 反应[5-14]将其与单角 POSS-N_3进行对接，实验设计路线如图 4.3 所示，并将支载化的手性脯氨醇硅醚用于催化醛与硝基烯烃不对称 Michael 加成的反应，以此来探索该新颖催化剂的实用性能和催化效果。

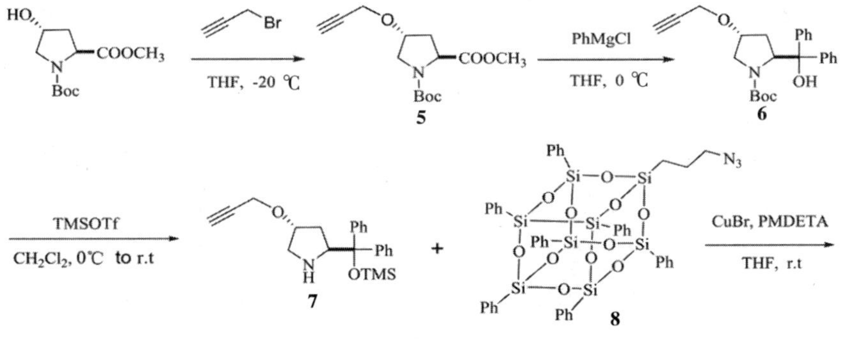

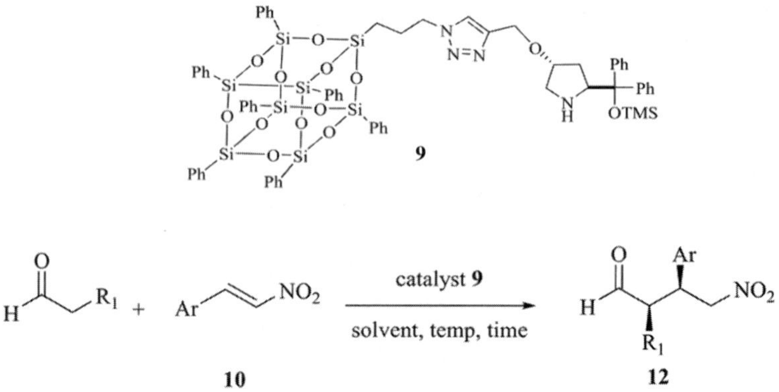

图 4.3

3. 实验步骤

(1)POSS 支载的 Jørgensen-Hayashi 催化剂的合成

①1-(叔丁基) 2-甲基(2S, 4R)-4-(丙-2-炔-1-基氧基) 吡咯烷-1, 2-二羧酸 5 的合成(见图 4.4)

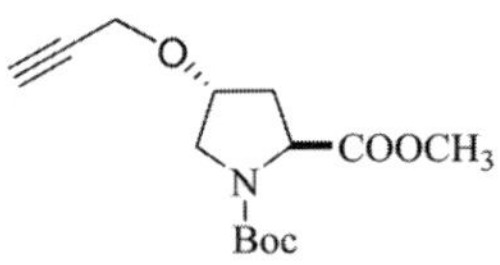

5

图 4.4

在无水无氧氮气保护下,将 NaH(950 mg, 23.6 mmol)加入 100 mL 的三颈瓶中,反应温度控制在 −20 ℃,再将 *L*-Boc-4-羟基脯氨酸甲酯 (4.0 g, 15.8 mmol)溶于干燥的 THF(40 mL)并注入恒压滴液漏斗中,缓慢滴加。此反应混合液搅拌 20 min 后,将 3-溴丙炔(2.6 mL, 23.6 mmol)溶于 10 mL 干燥的 THF 中迅速加入反应体系,维持反应温度−20 ℃下搅拌 1 h 后再升至室温反应过夜,通过 TLC 监测反应结束后,加入 20 mL 甲醇淬灭反应,旋蒸出混合溶剂,用 100 mL 二氯甲烷溶解后饱和食盐水洗涤(3 × 100 mL),无水硫酸镁干燥,过滤、旋蒸后用乙酸乙酯∶石油醚 = 1∶5 过柱分离得到无色油状液体 5(3.8 g,产率 81.3%)。

IR (NaCl): υ = 3508, 3263, 2977, 2116, 1746, 1704 cm^{-1}; ^1H NMR (400 MHz, $CDCl_3$): δ = 4.27～4.38 (m, 2H), 4.07～4.13 (m, 2H), 3.68

～3.72 (brs，3H)，3.44～3.65 (m，2H)，2.25～2.44 (m，2H)，2.02～2.08 (m，1H)，1.37 (s，9H)；^{13}C NMR (CDCl3，328 K)：δ = 173.4，153.6，80.2，79.2，75.7，74.8，57.8，56.2，52.0，51.0，36.4，28.4。

②叔丁基 (2S，4R)-2-((S)-1-羟基-1-苯乙基)苯-4-(丙-2-炔-1-基氧基)吡咯烷-1-羧酸酯化合物 6 的合成

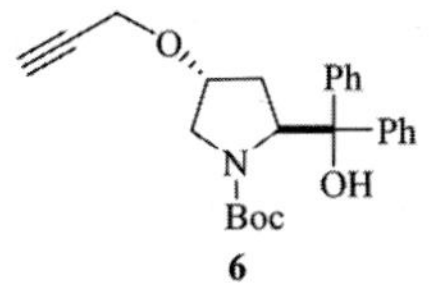

6

图 4.5

在氮气保护下，反应温度 0 ℃，将溶于 THF 的 2M 的 PhMgCl(11.5 mL，22.9 mmol)注入 50 mL 的三颈瓶中，后将化合物 5(1.3 g，4.6 mmol)溶于 20 mL THF 中，用恒压滴液漏斗逐滴加入三颈瓶中，滴加完毕后，反应混合液在 0 ℃下反应 6 h，通过 TLC 监测反应结束，用 10 mL 饱和的氯化铵溶液淬灭，100 mL 乙酸乙酯稀释，合并有机相后，用饱和的氯化铵(3 × 100 mL)洗涤。无水硫酸镁干燥，过滤、旋蒸后色谱柱分离(乙酸乙酯：石油醚 = 1：8)后得到无色油状液体 6(768 mg，产率 69.2%)。

IR (NaCl)：υ = 3426，3295，1682，1599，1491，1404，1168 cm^{-1}；^{1}H NMR (400 MHz，$CDCl_3$)：δ = 7.15～7.57 (m，10H)，4.93～5.03 (m，1H)，3.96～4.30 (3H)，3.56 (br，2H)，2.91 (br，OH)，2.28～2.38 (m，1H)，1.94～2.51 (m，2H)，1.28 (s，9H)；^{13}C NMR ($CDCl_3$)：δ = 28.2，28.5，35.9，36.5，53.1，53.2，56.3，57.1，65.3，65.4，74.5，75.2，76.7，79.1，79.8，80.2，80.9，81.2，81.8，126.9 ～128. 1，143.8，145.4，145.9，157.3。

③(2S，4R)-2-(二苯基(三甲基甲硅烷氧基)甲基)-4-丙-2-炔基氧)吡咯烷化合物 7 的合成

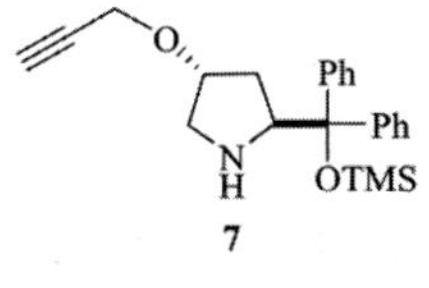

7

图 4.6

在氮气保护下，反应温度－15 ℃，将化合物 6(1.84 g, 4.52 mmol)溶于 100 mL 干燥的二氯甲烷中注入 150 mL 的三颈瓶中，后迅速将干燥的三乙胺(1.24 mL,8.6 mmol)、三氟甲烷磺酸三甲基硅酯(1.56 mL, 8.6 mmol)注入三颈瓶内，完毕后将温度缓慢升至 0 ℃反应 3 h 后，通过 TLC 监测反应结束，用 40 mL 饱和的食盐水淬灭，再用 CH_2Cl_2(3 × 70 mL) 萃取，合并有机相，无水硫酸镁干燥，过滤、旋蒸后柱色谱分离(乙酸乙酯：石油醚＝1：10)后得到浅黄色油状液体 7(1.15 mg, 产率 68%)。

IR (NaCl): υ = 3303, 2951, 1594, 1491, 1446, 1249,1073 cm^{-1}; ^1H NMR (400 MHz, $CDCl_3$): δ = 7.18～7.47 (m, 10H), 4.32～4.36(t, J = 8.0 Hz, 1H), 4.05 (s, 2H), 3.93～3.96 (dd, J = 4.0, 8.0 Hz, 1H), 2.95～2.99 (dd, J = 4.0, 12.0 Hz, 1H), 2.77～2.81(dd, J = 4.0, 12 Hz, 1H), 2.37 (s, 1H), 1.71 (br, NH), 1.26 ～ 1.33 (m, 2H), －0.11 (s, 9H); ^{13}C NMR ($CDCl_3$): δ = 146.3, 145.2, 115.1～129.6, 82.9, 80.0, 79.0, 74.2, 63.7, 56.0, 52.6, 34.3, 2.5。

④POSS 支载的(S)-α,α-脯氨醇三甲基甲硅烷基醚催化剂 9 的合成

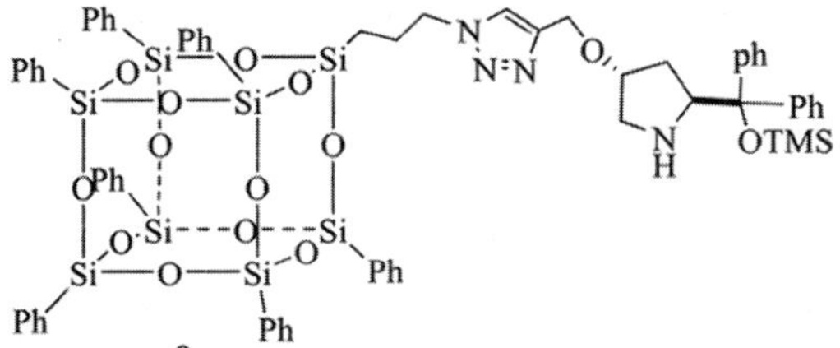

9

图 4.7

在无水无氧氮气保护下，将单角 POSS-N_3 8(3.0 g, 2.9 mmol)、溴化亚铜(14.3 mg, 0.1 mmol)及手性脯氨酸硅醚 7(1.6 g, 4.3 mmol)加入 100 mL 的三颈瓶中，后注入 50 mL 干燥的 THF 溶剂，该反应混合液在室温下搅拌 40 min 后，再将 N, N, N′, N″, N‴-五甲基二乙烯基三胺(PMDETA, 60.3 uL, 0.29 mmol)迅速注入反应体系中，在室温下反应 30 h，通过 TLC 监测反应结束后，将 30 mL 1 wt%的盐酸溶液滴加进反应混合液，搅拌数分钟后用(3 × 50 mL)的二氯甲烷萃取，合并有机相，无水硫酸镁干燥，过滤、旋蒸后得到浅黄色固体，该固体用 50 mL 甲基叔丁基醚洗涤后得到产物白色固体 9 (3.62

g,产率 88%)。

IR (NaCl): υ = 3358, 3198, 2933, 1659, 1594, 1459, 1134, 1106, 1028 cm^{-1}; ^{1}H NMR (400 MHz, DMSO-d_6): δ = −0.09 (s, 9H), 0.85 (t, J = 8.0 Hz, 2H), 1.85～1.90 (m, 2H), 1.98 (br, 1H), 2.02～2.15 (m, 2H), 2.76 (dd, J = 12.0, 4.0 Hz, 1H), 3.21 (dd, J = 16.0, 4.0 Hz, 1H), 3.95 (dd, J = 16.0, 8.0 Hz, 1H), 4.27(t, J = 8.0 Hz, 2H), 4.48 (dd, J = 12.0, 4.0 Hz, 1H), 4.53 (s, 2H), 7.31～7.46 (m, 31H), 7.61 (s, 1H), 7.74～7.76 (m, 14H); ^{13}C NMR (100 MHz, DMSO-d_6): δ = 143.8, 133.6, 131.4, 129.1, 129.0, 128.3, 128.1, 127.9, 127.5, 81.3, 76.3, 60.9, 50.5, 33.0, 28.3, 23.1, 13.4, 7.5, 2.3; ^{29}Si NMR (79.5 MHz, DMSO-d_6): δ = −56.43, −69.63, −69.95; HRMS (ESI) calcd for $[C_{68}H_{70}N_4O_{14}Si_9]^+$: 1 419.2885, found 1 419.296 0。

(2)中间体硝基烯烃 10a～10h 的合成

合成硝基烯烃的基本方法:将芳香醛类物质(30 mmol, 3.2 g)、硝基甲烷 CH_3NO_2(60 mmol, 3.66 g)溶于 30 mL 的甲醇中,在低于 15 ℃不断搅拌的条件下滴加 30%的 NaOH 溶液(60 mmol, 2.4 g 溶于 5 mL 水),反应约 1 h 后向反应混合液中缓慢滴加 5%的盐酸溶液 50 mL,搅拌 15 min 后用(3 × 40 mL)的二氯甲烷萃取,合并有机相,用无水硫酸镁干燥,过滤、旋蒸至剩余 5 mL 二氯甲烷,在搅拌条件下将其缓慢滴加到 200 mL 的乙醇中,放入冰箱过夜待固体物质析出后过滤,干燥,得到不同的固体物质 10a～10h,产率 68%～80%,以下物质 10a～10h 均以基本方法为例合成。

(E)-(2-消极乙烯基)苯 10a:

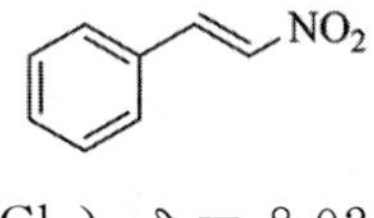

^{1}H NMR (400 MHz, $CDCl_3$): δ = 8.02～8.06 (2H), 7.48～7.65 (m, 5H); ^{13}C NMR ($CDCl_3$): δ = 139.1, 137.3, 132.3, 130.3, 129.5, 129.3; 产率 80%; Mp 54～56 ℃。

形态:浅黄色固体

(E)-1-硝基-2-(2-硝基乙烯基)苯 10b：

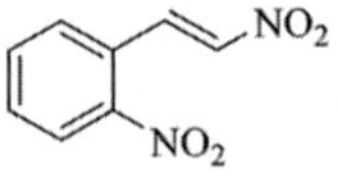

^{1}H NMR (400 MHz, $CDCl_3$)：δ = 8.42 (1H), 8.21 (1H), 8.17 (1H), 8.0 (1H), 7.92 (1H), 7.73 (1H)；^{13}C NMR (CDCl3)：δ = 147.7, 139.7, 135.5, 134.7, 128.8, 127.3, 123.7；产率 80%；Mp 127～128 ℃。

形态：棕色固体

(E)-1-甲氧基-4-(2-硝基乙烯基)苯 10c：

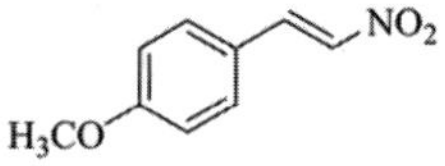

^{1}H NMR (400 MHz, $CDCl_3$)：δ = 7.96 (2H), 7.62 (2H), 7.09 (2H), 3.80 (2H)；^{13}C NMR (CDCl3)：δ = 159.8, 138.6, 137.2, 130.2, 123.3, 114.2, 55.8；产率 75%；Mp 91～93 ℃。

形态：浅黄色固体

(E)-1-氯-4-(2-硝基乙烯基)苯 10d：

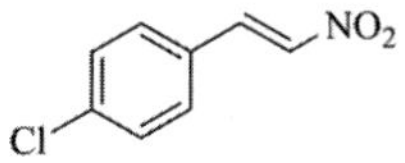

^{1}H NMR (400 MHz, $CDCl_3$)：δ = 7.96 (2H), 7.68 (2H) 7.62 (2H)；^{13}C NMR (CDCl3)：δ = 138.6, 137.2, 133.5, 129.0, 128.7；产率 76%；Mp 109～111 ℃。

形态：浅黄色固体

(E)-1-氯-2-(2-硝基乙烯基)苯 10e：

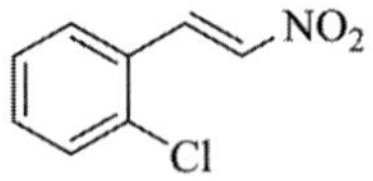

^{1}H NMR (400 MHz, $CDCl_3$)：δ = 7.97～8.13 (2H), 7.06～7.28 (3H), 7.53 (1H)；^{13}C NMR ($CDCl_3$)：δ = 138.6, 137.2, 134.0, 133.0, 129.9, 129.3, 127.8, 126.7；产率 68%；Mp 107～108 ℃。

形态：浅黄色固体

(E)-1-(2-硝基乙烯基)萘 10f：

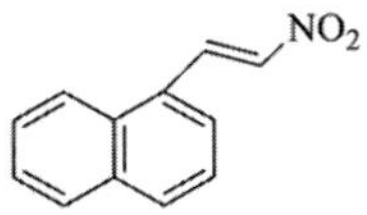

^1H NMR (400 MHz, $CDCl_3$)：δ = 7.86～8.13 (2H), 7.91～8.0(3H), 7.69～7.71 (2H), 7.45 (1H)；^{13}C NMR (CDCl3)：δ = 138.6, 137.2,135.6, 133.5, 132.0, 128.8, 126.5；产率 68%；Mp 92～94 ℃。

形态：深黄色固体

(E)-2-(2-硝基乙烯基)呋喃 10g：

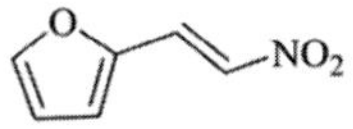

^1H NMR (400 MHz, $CDCl_3$)：δ = 7.93～8.13 (2H), 7.74 (1H), 7.74 (1H), 6.95 (1H), 6.5 (1H)；^{13}C NMR (CDCl3)：δ = 151.5, 143.7, 143.2, 134.9, 112.7, 109.5；产率 76%；Mp 70～71 ℃。

形态：棕色固体

(E)-2-(2-硝基乙烯基)噻吩 10h：

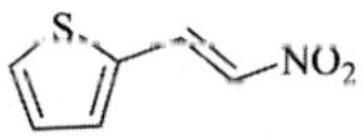

^1H NMR (400 MHz, $CDCl_3$)：δ = 7.93～8.14(2H), 7.67(1H)6.97～7.04(3H)；^{13}C NMR ($CDCl_3$)：δ =143.2, 137.8, 134.9,130.5, 129.1, 128.8；产率 74%；Mp 76～78 ℃。

形态：黑棕色固体

(3)外消旋体 11a～11l (见图 4.4)的合成

合成外消旋体 11a～11l 的基本方法：将硝基烯烃类物质(1.5 mmol)、醛类物质 (3 mmol)溶于 4 mL 的二氯甲烷中，在低于 10 ℃、不断搅拌的条件下用微量进样器注入四氢吡咯烷(0.3 mmol)，反应约 3 h 通过并 TLC 监测后，向反应混合液中缓慢滴加 1 mol/L 的盐酸溶液 5 mL，搅拌 5 min 后用(2 × 10 mL)的二氯甲烷萃取，合并有机相，无水硫酸镁干燥，过滤、旋蒸后通过柱色谱分离(乙酸乙酯：石油醚=1：2～1：10)得到不同的油状液体 11a～11l，密封放入冰箱中待用，产率 70%～85%。

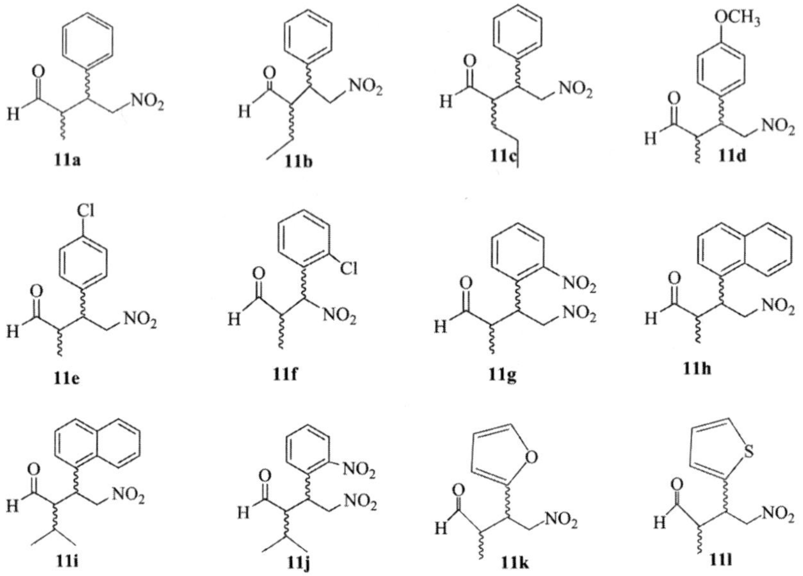

在前文中，通过 Click 反应成功将 Jørgensen-Hayashi 催化剂支载到 POSS 上，得到的新的催化剂，将此催化剂应用于催化醛与硝基烯烃的不对称 Michael 加成反应，以丙醛和反式硝基苯乙烯的 Michael 加成反应作为模板，对一系列反应条件进行探究并选择出一组在化学产率和光学产率方面都是最好的条件，并将此反应条件应用于不同底物以验证 POSS 支 Jørgensen-Hayashi 催化剂适用性[15]。

实验证明，POSS 支载 Jørgensen-Hayashi 催化剂在二氯甲烷、三氯甲烷、四氯化碳、四氢呋喃、乙腈、甲苯等溶剂中有很好的溶解性，而在乙醚、甲基叔丁基醚、石油醚的溶剂中不溶。因此，催化反应完成后可以采用重结晶的方法来实现催化剂与产物的分离。

讨论不同的溶剂对该模板反应的影响，将 0.2 mmol 的反式硝基苯乙烯和 0.3 mmol 的丙醛置于 1 mL 的溶剂中，室温下反应 24 h，结果如表 4.1 所示：在乙腈、甲苯和乙醇中，24 h 后几乎没有产物，而在四氯化碳和氯仿中，虽然有 70%和 68%的 *ee* 值，但是 *dr* 值和产率都很低，只有在 THF 和二氯甲烷中，结果较为理想，相比于THF，在二氯甲烷中 *ee* 值可高达96%。因此，选择二氯甲烷作为理想溶剂进行后续的反应。

表 4.1　溶剂对丙醛与硝基烯烃进行 Michael 的影响[a]

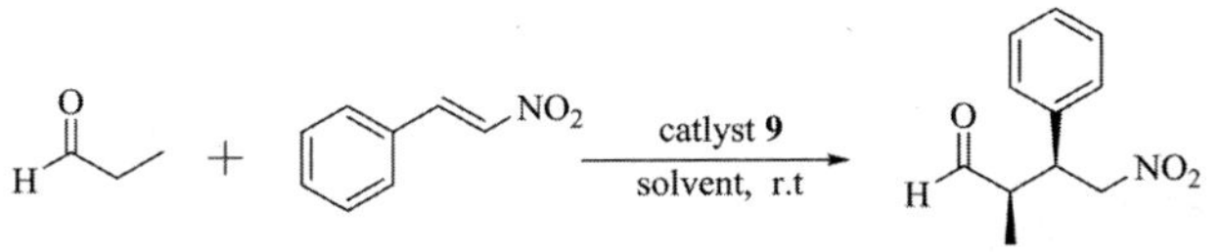

组数	催化剂当量/mol%	溶剂	温度/℃	时间/h	产率[b]/%	*dr*[c] (syn∶anti)	*ee*[d]/%
1	10	CH_2Cl_2	25	24	69	82∶28	96
2	10	$CHCl_3$	25	24	26	97∶3	68
3	10	THF	25	24	67	68∶32	83
4	10	CCl_4	25	24	30	76∶24	70
5	10	CH_3CN	25	24	trace	n.d.	n.d.
6	10	EtOH	25	24	trace	n.d.	n.d.
7	10	Toluene	25	24	trace	n.d.	n.d.

[a] 反应条件：硝基烯烃(0.2 mmol)，丙醛(0.3 mmol)；
[b] 产率通过柱层析分分离；
[c] *dr* 值通过核磁共振 H 谱计算；
[d] *ee* 值通过 HPLC(手性 OD-H 柱)分析计算。

对催化剂使用当量进行探讨，其结果如表4.2所示：在已经选出的理想溶剂二氯甲烷中，当只使用5%的催化剂当量时，24 h后几乎没出现产物，可能是因为催化剂太少，在24 h内还不能够很好地活化底物，随着催化剂的增加，产率在不断升高，但是 *dr* 值和 *ee* 值变化却不大，当使用的催化剂当量从20%增加到30%的时候，产率却降低了一个百分点。因此，为了节约使用催化剂的方面考虑，选择20%的催化剂当量为宜，参与后续的反应。

表 4.2　催化剂当量对丙醛与硝基烯烃进行迈克尔加成反应的影响[a]

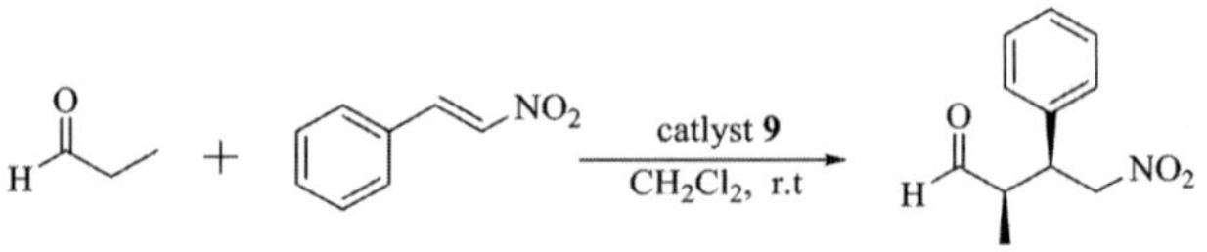

组数	催化剂当量/mol%	溶剂	温度/℃	时间/h	产率[b]/%	dr[c] (syn : anti)	ee[d]/%
1	5	CH_2Cl_2	25	24	trace	n.d.	n.d.
2	15	CH_2Cl_2	25	24	75	78 : 22	92
3	20	CH_2Cl_2	25	24	78	86 : 14	97
4	30	CH_2Cl_2	25	24	77	84 : 16	96

[a] 反应条件：硝基烯烃(0.2 mmol)，丙醛(0.3 mmol)

[b] 产率通过柱层析分分离

[c] *dr* 值通过核磁共振 H 谱计算

[d] *ee* 值通过 HPLC(手性 OD-H 柱)分析计算

在得出理想的反应溶剂和最佳的催化剂当量后，继续探索了下一个重要因素温度对反应的影响，结果如表 4.3 所示：在 0 ℃和 10 ℃的条件下，*dr* 值和 *ee* 值很相近，当温度升至室温时，虽然产率有所升高，但 *dr* 值和 *ee* 值两者都有明显下降，综合产率、*dr* 值和 *ee* 值的变化，我选择 10 ℃为该反应的温度，并应用于后续的反应。

表 4.3　温度对丙醛与硝基烯烃进行迈克尔加成反应的影响[a]

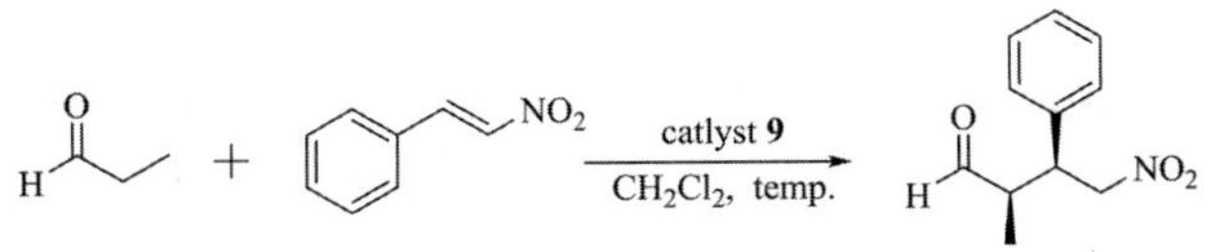

组数	催化剂当量/mol%	溶剂	温度/℃	时间/h	产率[b]/%	*dr*[c] (syn : anti)	*ee*[d]/%
1	20	CH_2Cl_2	0	24	58	89 : 11	98
2	20	CH_2Cl_2	10	24	65	90 : 10	99
3	20	CH_2Cl_2	25	24	78	82 : 18	96

[a] 反应条件：硝基烯烃(0.2 mmol)，丙醛(0.3 mmol)；
[b] 产率通过柱层析分分离；
[c] *dr* 值通过核磁共振 H 谱计算；
[d] *ee* 值通过 HPLC(手性 OD-H 柱)分析计算。

最后，探讨反应时间对催化反应的影响，结果如表 4.4 所示：在 20%的催化剂当量、10 ℃和溶剂二氯甲烷的条件下，随着反应时间的延长产率在不断升高，而 *dr* 值和 *ee* 值只有微小的变动，当反应时间由 48 h 延长到 96 h 的过程中，产率变化已经不大，甚至出现了平衡点。因此，选择了 48 h 作为反应的参考时间，进行后续的反应。

表 4.4　反应时间对丙醛与硝基烯烃进行迈克尔加成反应的影响[a]

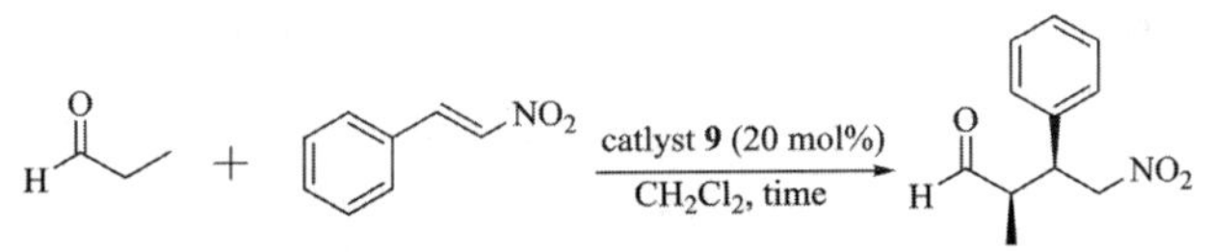

组数	催化剂当量/mol%	溶剂	温度/℃	时间/h	产率[b]/%	*dr*[c] (syn : anti)	*ee*[d]/%
1	20	CH_2Cl_2	10	24	65	90 : 10	99
2	20	CH_2Cl_2	10	48	80	92 : 8	99
3	20	CH_2Cl_2	10	72	82	92 : 8	99
4	20	CH_2Cl_2	10	96	82	91 : 9	99

[a] 反应条件：硝基烯烃(0.2 mmol)，丙醛(0.3 mmol)；
[b] 产率通过柱层析分分离；
[c] *dr* 值通过核磁共振 H 谱计算；
[d] *ee* 值通过 HPLC(手性 OD-H 柱)分析计算。

以丙醛和反式硝基苯乙烯作为模板反应，探究了溶剂、催化剂当量、温度和反应时间对该模板反应的影响，最终筛选出二氯甲烷为溶剂、催化剂当量为20%，反应温度为10 ℃，48 h为参考时间，在此条件模板反应的最佳效果为：产率80%，*dr* 值92∶8，*ee* 值99%。在这个最优条件下催化不同的醛与芳香族硝基烯烃的反应，进行底物拓展探究。

催化合成不对称Michael加成反应的基本方法如图4.5所示：将醛（0.3 mmol）、硝基烯烃（10a～10h，0.2 mmol）和POSS支载的Jørgensen-Hayashi催化剂（57 mg，0.04 mmol）加入1 mL的 CH_2Cl_2 中，在10 ℃的条件下反应，48 h为参考时间，通过TLC监测直到反应完全后，将10 mL的甲基叔丁醚（MTBE）加入反应混合液，待固体（催化剂）完全析出后将其过滤、回收使用。再将反应混合液通过柱色谱分离后得到Michael加成产物（12a～12l），产率80%～90%，产物的 *dr* 值通过 ^{1}H NMR测定，*ee* 值通过高效液相色谱HPLC测定（手性OD-H柱或手性AD-H柱）。

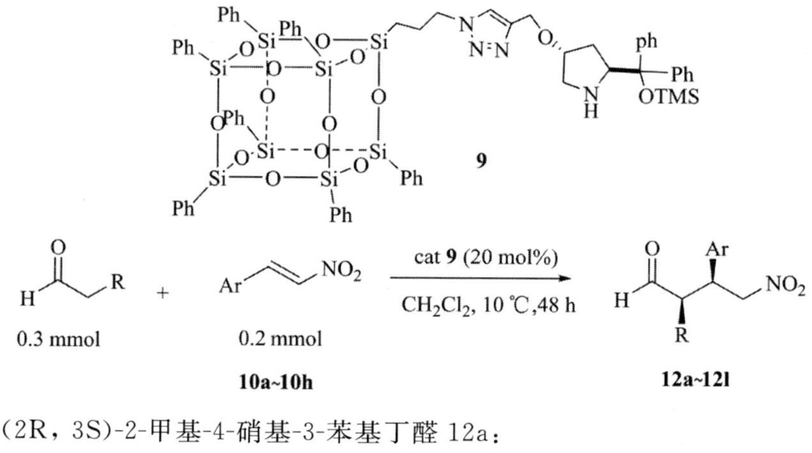

（2R，3S）-2-甲基-4-硝基-3-苯基丁醛12a：

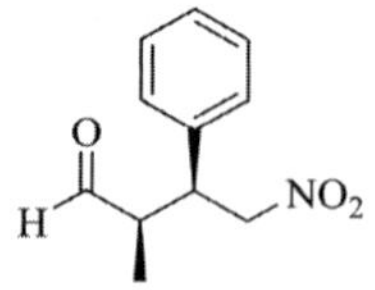

产率80%，*ee* 值99%，*dr* 值92∶8

dr 值：通过核磁共振H谱计算。

非对映异构体H谱：^{1}H NMR（400 MHz，$CDCl_3$）：δ = 9.67（s，1H），

7.21～7.34（m，3H），7.15～7.17（d，J = 8.0 Hz，2H），4.46～4.81（m，2H），3.78～3.84（m，1H），2.71～2.79（m，1H），0.95～0.97（d，J = 8.0 Hz，3H）；^{13}C NMR（CDCl3）：δ = 202.5，136.7，129.1，129.0，128.2，128.1，78.2，48.6，44.1，12.2。

dr 值：通过核磁共振 H 谱计算。

ee 值测定条件：手性柱，Chiralcel OD-H；流动相：异丙醇：正己烷＝20：80；流速：1 mL/min；检测波长：214 nm；柱温：30 ℃。保留时间：18.1 min（主），13.7 min（次）。

(2R，3S)-2-乙基-4-硝基-3-苯基丁醛 12b：

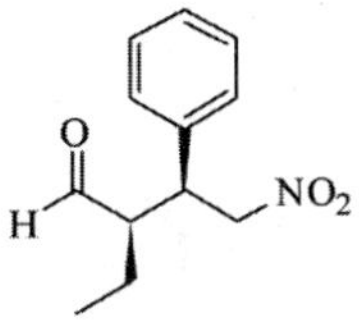

产率 86%，*ee* 值 >99%，*dr* 值 98：11

非对映异构体 H 谱：^{1}H NMR（400 MHz，$CDCl_3$）：δ = 9.72（s，1H），7.31～7.36（m，3H），7.17～7.20（d，J = 8.0 Hz，2H），4.6～4.78（m，2H），3.74～3.85（m，1H），2.64～2.71（m，1H），1.47～1.54（m，3H），0.81～83（t，J = 8.0 Hz，3H）；^{13}C NMR（$CDCl_3$）：δ ＝203.3，136.9，129.2，128.3，128.2，128.1，78.6，55.2，44.3，42.8，20.7，10.75。

dr 值：通过核磁共振 H 谱计算。

ee 值测定条件：手性柱，Chiralcel OD-H；流动相：异丙醇：正己烷＝1：99；流速：1 mL/min；检测波长：214 nm；柱温：30 ℃。保留时间：38.7 min（主）。

(R)-2-((S)-2-硝基-1-苯乙基) 戊 12c：

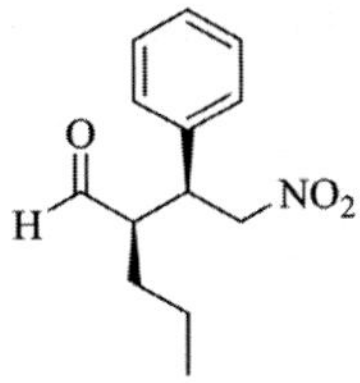

产率 81%，*ee* 值 98%，*dr* 值 92：8

非对映异构体 H 谱：^{1}H NMR（400 MHz，$CDCl_3$）：δ = 9.71（s，1H），

7.26～7.36 (m, 3H), 7.167～7.18(d, J = 8.0 Hz, 2H)4.62～4.71 (m, 2H), 3.74～3.80(m, 1H), 2.67～2.73 (m, 1H), 1.22～1.35 (m, 2H), 0.79～0.82(t, J = 8.0 Hz, 4.0 Hz, 3H); ^{13}C NMR (CDCl3): δ = 203.5, 136.3, 129.2, 129.1, 128.3, 128.1, 78.0, 53.6, 44.5, 29.7, 20.4,14.7。

dr 值:通过核磁共振 H 谱计算。

ee 值测定条件:手性柱,Chiralcel OD-H;流动相:异丙醇∶正己烷=10∶90;流速:1 mL/min;检测波长:214 nm;柱温:30 ℃。保留时间:18.1 min(主),15.3 min(次)。

(2R, 3S)-3-(4-甲氧基苯基)-2-甲基-4-硝基丁醛 12d:

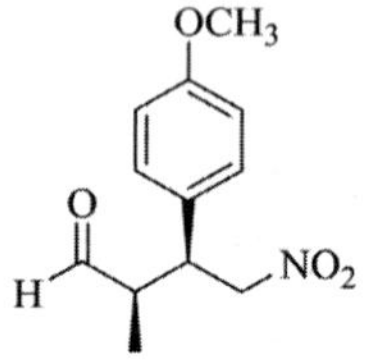

产率 88%,*ee* 值 97%,*dr* 值 84∶16

非对映异构体 H 谱: ^{1}H NMR (400 MHz, $CDCl_3$): δ = 9.70 (s, 1H), 7.08～7.10 (d, J = 8.0 Hz, 2H), 6.86～6.88 (d, J = 8.0 Hz, 2H), 4.61～4.79 (m, 2H), 3.79 (s, 3H), 2.70～2.80 (m, 1H) 0.99～1.01 (d, J = 8.0 Hz, 3H); ^{13}C NMR (CDCl3): δ =202.6,159.3, 129.2, 128.4, 114.5, 78.4, 55.4, 48.9, 12.0。

dr 值:通过核磁共振 H 谱计算。

ee 值测定条件:手性柱,Chiralcel OD-H;流动相:异丙醇∶正己烷=20∶80;流速:1 mL/min;检测波长:214 nm;柱温:30 ℃。保留时间:16.5 min(主),15.6 min(次)。

(2R, 3S)-3-(4-氯苯基)-2-甲基-4-硝基丁醛 12e:

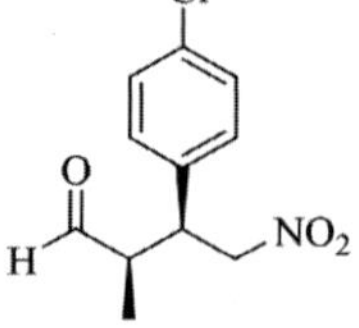

产率 80%,*ee* 值 96%,*dr* 值 82∶18

非对映异构体 H 谱：^1H NMR (400 MHz, $CDCl_3$)：δ = 9.73 (s, 1H), 7.35～7.37 (d, J = 8.0 Hz, 2H), 7.15～7.17 (d, J = 8.0 Hz, 2H), 4.79～4.84 (m, 2H), 3.81～3.87 (m, 1H), 2.75～2.86 (m, 1H) 1.03～1.05 (d, J = 8.0 Hz, 3H); ^{13}C NMR ($CDCl_3$)：δ = 201.9, 135.6, 129.2, 134.1, 129.5, 129.4, 78.0, 48.2, 43.5, 12.3。

dr 值：通过核磁共振 H 谱计算。

ee 值测定条件：手性柱，Chiralcel AD-H；流动相：异丙醇：正己烷=5：95；流速：1 mL/min；检测波长：214 nm；柱温：30 ℃。保留时间：13.0 min(主)，17.2 min(次)

(2R, 3S)-3-(2-氯苯基)-2-甲基-4-硝基丁醛 12f：

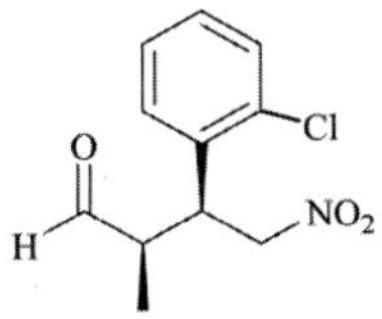

产率 88%，*ee* 值 98%，*dr* 值 83：17

非对映异构体 H 谱：^1H NMR (400 MHz, $CDCl_3$)：δ = 9.75 (s, 1H), 7.41～7.43 (d, J = 8.0 Hz, 2H), 7.19～7.24(t, J = 8.0 Hz, 2H), 4.75～4.90 (m, 2H), 4.28～4.37 (m, 1H), 2.95～3.05 (m, 1H) 1.03～1.05(d, J = 8.0 Hz, 3H); ^{13}C NMR ($CDCl_3$)：δ = 202.0, 134.6, 130.7, 129.3, 127.4, 47.9, 40.8, 39.9, 29.8, 12.3。

dr 值：通过核磁共振 H 谱计算。

ee 值测定条件：手性柱，Chiralcel AD-H；流动相：异丙醇：正己烷=5：95；流速：1 mL/min；检测波长：214 nm；柱温：30 ℃。保留时间：10.2 min(主)，13.1 min(次)。

(2R, 3S)-2-甲基-4-硝基-3-(2-硝基苯基)丁醛 12g：

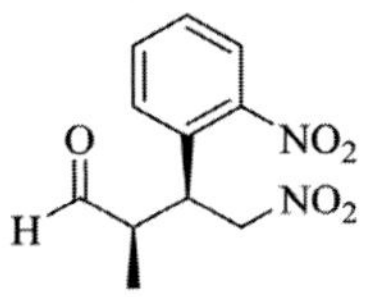

产率 90%，*ee* 值 96%，*dr* 值 84：16

非对映异构体 H 谱：^{1}H NMR (400 MHz, $CDCl_3$)：δ = 9.72 (s, 1H), 8.09～8.17(t, J = 12.0 Hz, 2H), 7.55～7.56 (d, J = 4.0 Hz, 2H), 4.71～4.89 (m, 2H), 3.93～3.99 (m, 1H), 2.83～2.89 (m, 1H) 1.03～1.05 (d, J = 8.0 Hz, 3H); ^{13}C NMR ($CDCl_3$)：δ = 203.5, 148.7, 139.6, 134.5, 130.3, 123.3, 122.8, 78.4, 58.3, 41.6, 28.2, 21.7, 17.1。

dr 值：通过核磁共振 H 谱计算。

ee 值测定条件：手性柱，Chiralcel AD-H；流动相：异丙醇：正己烷=5：95；流速：1 mL/min；检测波长：214 nm；柱温：30 ℃。保留时间：29.6 min（主），33.7 min（次）。

(2R, 3S)-2-甲基-3-(萘-1-基)-4-硝基丁醛 12h：

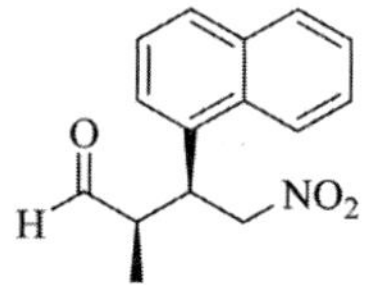

产率 85%，*ee* 值 > 99%，*dr* 值 83：17

非对映异构体 H 谱：^{1}H NMR (400 MHz, $CDCl_3$)：δ = 9.77 (s, 1H), 8.10～8.12 (d, J = 8.0 Hz, 1H), 7.58～7.89 (m, 2H), 7.35～7.57 (m, 4H), 4.85～4.94 (m, 2H), 4.72～4.84 (m, 1H), 2.95～3.07(m, 1H), 0.98～1.00 (d, J = 8.0 Hz, 3H); ^{13}C NMR ($CDCl_3$)：δ =202.6, 134.2, 133.5, 129.4, 128.8, 127.0, 126.2, 125.4, 124.1, 122.6, 122.3, 78.0, 49.3, 37.7, 12.6。

dr 值：通过核磁共振 H 谱计算。

ee 值测定条件：手性柱，Chiralcel OD-H；流动相：异丙醇：正己烷=10：90；流速：1 mL/min；检测波长：214 nm；柱温：30 ℃。保留时间：41.4 min(主)。

(2R, 3S)-2-(甲基乙基)-3-萘-2-基-4-硝基丁醛 12i：

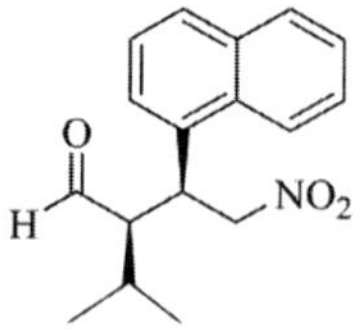

产率 80%，*ee* 值 > 99%，*dr* 值 98：2

非对映异构体 H 谱：^{1}H NMR (400 MHz, $CDCl_3$)：δ = 9.97 (s, 1H), 8.17～8.19 (d, J = 8.0 Hz, 1H), 7.60～7.90 (m, 2H), 7.26～7.58 (m, 4H), 4.84～4.91 (m, 2H), 4.79～4.84 (m, 1H), 3.05～3.11(m, 1H), 1.78 (br, 1H), 1.14～1.15 (d, J = 4.0 Hz, 3H) 0.83～0.85 (d, J = 8.0 Hz, 3H)；^{13}C NMR ($CDCl_3$)：δ = 203.6, 134.8, 133.7, 129.9, 128.9, 127.6, 126.6, 125.5, 124.4, 122.9, 122.7, 78.4, 49.8, 37.9, 28.8, 21.9, 17.5。

dr 值：通过核磁共振 H 谱计算。

ee 值测定条件：手性柱，Chiralcel OD-H；流动相：异丙醇∶正己烷＝10∶90；流速：1 mL/min；检测波长：214 nm；柱温：30 ℃。保留时间：41.4 min（主）。

(2R, 3S)-2-异丙基-4-硝基-3-(2-硝基苯基) 丁醛 12j：

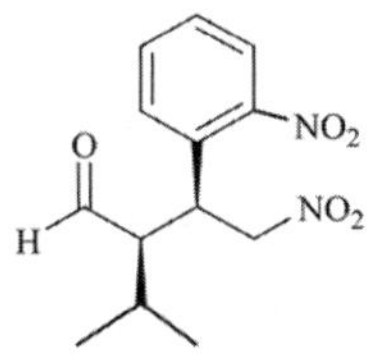

产率 85%，*ee* 值 ＞ 99%，*dr* 值 98∶2

IR(NaCl)：ν = 3358, 3198, 2933, 1659, 1594, 1459, 1134, 1106, 1028 cm^{-1}；非对映异构体 H 谱：^{1}H NMR($CDCl_3$)：δ = 9.93 (s, 1H), 8.17 (d, J = 8.0 Hz, 1H), 8.10(t, J = 4.0 Hz, 1H), 7.56(t, J = 4.0 Hz, 1H), 7.54 (d, J = 4.0 Hz, 1H), 4.60～4.78 (m, 2H), 4.01～4.08 (m, 1H), 2.86～2.29 (dd, J = 8.0, 4.0 Hz, 1H), 1.62～1.71 (m, 1H), 1.15 (d, J = 8.0, 3H), 0.87 (d, J = 8.0 3H)；^{13}C NMR($CDCl_3$)：δ = 203.4, 148.7, 139.6, 134.5, 130.3, 123.3, 122.8, 78.4, 58.3, 41.6, 28.2, 21.7, 17.1. HRMS (ESI^+)：m/z = 281.113 2, Calcd for $C_{13}H_{16}N_2O_5$ 281.113 2$[M+H]^+$

dr 值：通过核磁共振 H 谱计算。

ee 值测定条件：手性柱，Chiralcel AD-H；流动相：异丙醇∶正己烷＝5∶95；流速：0.5 mL/min；检测波长：254 nm；柱温：30 ℃。保留时间：41.6 min

（主）。53.0 min（次）。

（2R，3R）-3-（呋喃-2-基）-2-甲基-4-硝基丁醛 12k：

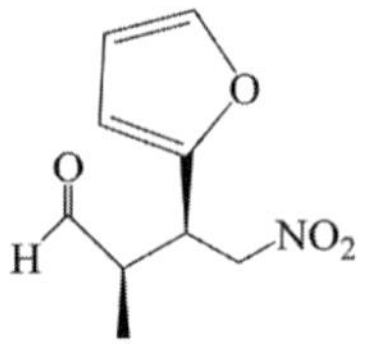

产率 86%，*ee* 值 ＞ 99%，*dr* 值 86∶14

非对映异构体 H 谱：^{1}H NMR（400 MHz，$CDCl_3$）：δ = 9.74（s，1H），7.39（s，1H），6.33～6.34（d，J = 4.0 Hz，1H），6.21～6.22（d，J = 4.0 Hz，1H），4.71～4.79（m，2H），4.10～4.15（m，1H）2.80～2.87（m，1H），1.09～1.11（d，J = 8.0 Hz，3H）；^{13}C NMR（$CDCl_3$）：δ = 201.4，149.7，142.4，110.2，108.3，77.3，47.4，36.9，11.5

dr 值：通过核磁共振 H 谱计算。

ee 值测定条件：手性柱，Chiralcel OD-H；流动相：异丙醇∶正己烷＝1∶99；流速：0.7 mL/min；检测波长：214 nm；柱温：30 ℃。保留时间：25.3 min（主）。

（2R，3R）-2-甲基-4-硝基-3-（噻吩-2-基）丁醛 12l：

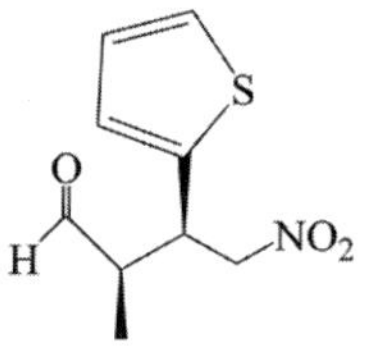

产率 88%，*ee* 值 ＞ 99%，*dr* 值 89∶11

非对映异构体 H 谱：^{1}H NMR（400 MHz，$CDCl_3$）：δ = 9.68（s，1H），7.23～7.24（d，J = 4.0 Hz， 1H），6.94～6.96（t，J = 4.0 Hz 1H），6.89（s，1H），4.68～4.77（m，2H），4.21～4.26（m，1H），2.78～2.82（m，1H），1.11～1.13（d，J = 8.0 Hz，3H）；^{13}C NMR（$CDCl_3$）：δ = 2081.8，138.9，127.2，126.8，125.4，78.5，48.9，39.5，11.6。

dr 值：通过核磁共振 H 谱计算。

ee 值测定条件：手性柱，Chiralcel OD-H；流动相：异丙醇∶正己烷＝1∶99；流速：0.7 mL/min；检测波长：214 nm；柱温：30 ℃。保留时间：4.5 min（主）。

二、催化剂回收利用实验

将醛(1.5 mmol)、硝基烯烃(1.0 mmol)和 POSS 支载的 Jørgensen-Hayashi 催化剂(285 mg, 0.2 mmol)加入 CH_2Cl_2(5 mL)中,在 10 ℃的条件下反应,通过 TLC 检测直到反应完全后,将 25 mL 的甲基叔丁醚(MTBE)加入反应混合液,待固体(催化剂)完全析出后将其过滤、回收使用。再将反应混合液通过柱色谱分离后得到 Michael 加成产物,结果如表 4.5 所示,经过至少 8 次回收后,产率略有所下降,而 *dr* 值和 *ee* 值变化不大,该催化剂的回收利用率约为 85%。

表 4.5　探究催化剂的回收循环利用率

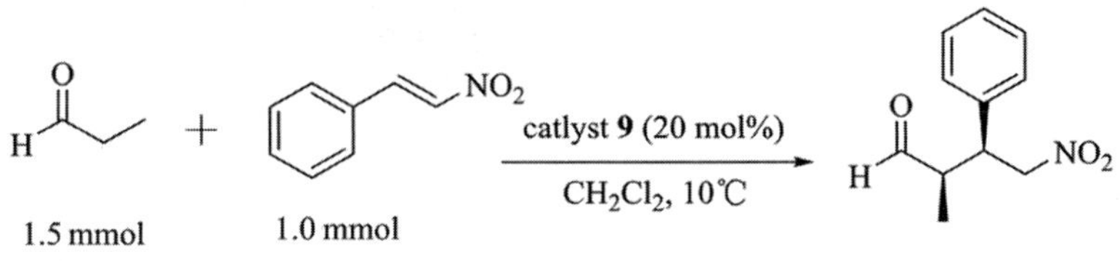

循环次数	产率[a]/%	*dr*[b]	*ee*[c]/%
1	78	92∶8	99
2	75	90∶10	97
3	78	88∶12	98
4	71	86∶14	96
5	72	87∶13	98
6	72	87∶13	96
7	71	88∶12	97
8	70	87∶13	97

[a] 产率通过柱层析分离;

[b] *dr* 值通过核磁共振 H 谱计算;

[c] *ee* 值通过 HPLC(Chiralcel OD-H 柱)分析计算。

特别说明:使用该催化剂催化一下几种类型的产物 13a～13d,并未取得理想的效果,结果如下所示:

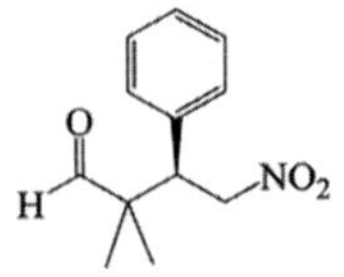

13a

转化率太低，产率 < 5%，120 h。

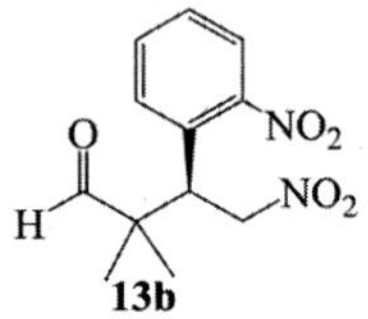

13b

转化率太低，产率 < 10%，120 h；

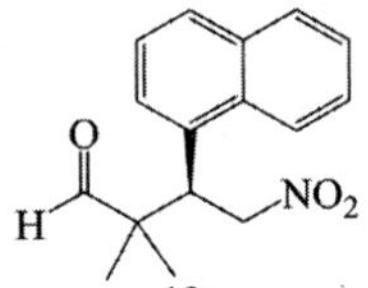

13c

转化率太低，产率 < 5%，120 h；

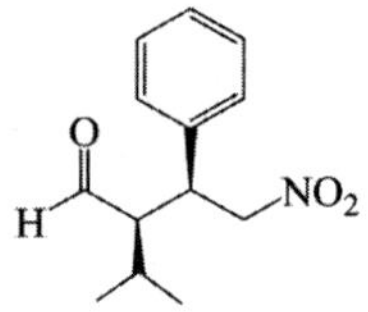

13d

转化率太低，产率 < 10%，120 h。

三、化合物结构图谱分析

合成 POSS 支载的催化剂的相关物质 5～9 结构图谱分析

(1)1-(叔丁基) 2-甲基(2S，4R)-4-羟基吡咯烷-1，2-二羧酸 5 的结构分析如图 4.8 所示，3263 cm^{-1} 为炔基上 C—H 键的伸缩振动吸收峰，2953 cm^{-1} 和 2977 cm^{-1} 为甲基和亚甲基上 C—H 键的伸缩振动吸收峰，2116 cm^{-1} 为炔的碳碳三键的伸缩振动吸收峰，1746 cm^{-1} 和 1695 cm^{-1} 为甲酯与 Boc 基团上的羰基吸收峰。

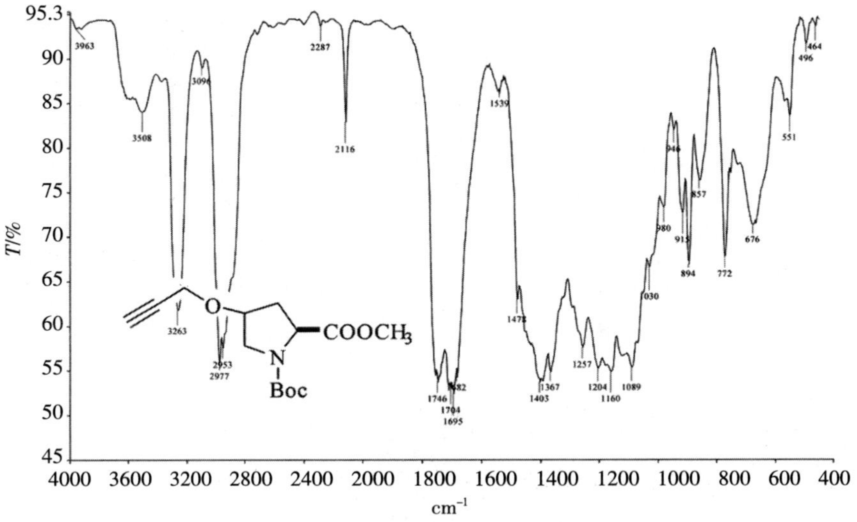

图 4.8　化合物 5 的 IR 图谱

如图 4.9 所示，化学位移 δ 在 1.37 为 Boc 基团的 3 个甲基上的 9 个 H，δ 在 2.02～2.38 为吡咯烷上 N 的间位上亚甲基的 2 个 H，δ 在 2.44 为炔基上的 1 个 H，δ 在 3.61 为甲酯上甲基的 3 个 H，δ 在 4.38 为炔丙基上亚甲基的 2 个 H。

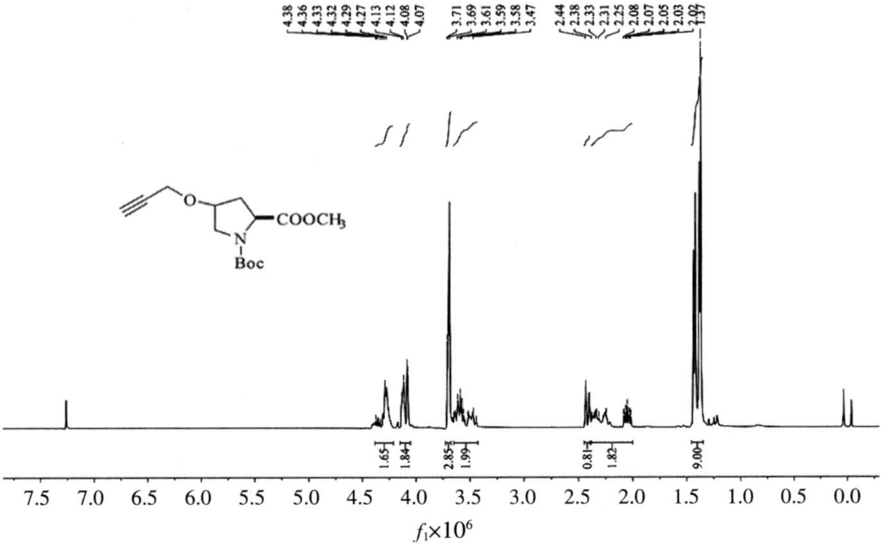

图 4.9 化合物 5 的 ^{1}H NMR 图谱

如图 4.10 所示，化学位移 δ 在 173.49 为甲酯上羰基 C 的吸收峰，δ 在 153.64 为 Boc 基团上羰基 C 的吸收峰，δ 在 75.72 和 74.89 为炔基上两个 C 的吸收峰，δ 在 57.89 为吡咯烷上手性碳的吸收峰，δ 在 28.27 为 Boc 基团上 3 个甲基上 C 的吸收峰。

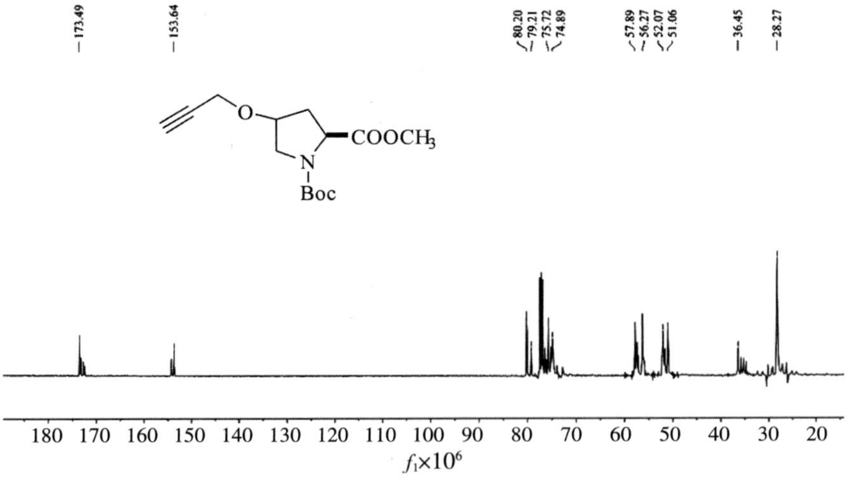

图 4.10 化合物 5 的^{13}C NMR 图谱

(2)叔丁基(2S，4R)-2-((S)-1-羟基-1-苯乙基)苯-4-(丙-2-炔-1-基氧基)吡咯烷-1-羧酸酯化合物6的结构分析

如图4.11所示，3426 cm^{-1}为羟基上O—H键的伸缩振动吸收峰，2976 cm^{-1}为亚甲基上C—H键的伸缩振动吸收峰，1682 cm^{-1}为Boc基团上羰基的吸收峰，1404～1491 cm^{-1}为苯环上骨架伸缩振动吸收峰，其他的与图4.10类似。

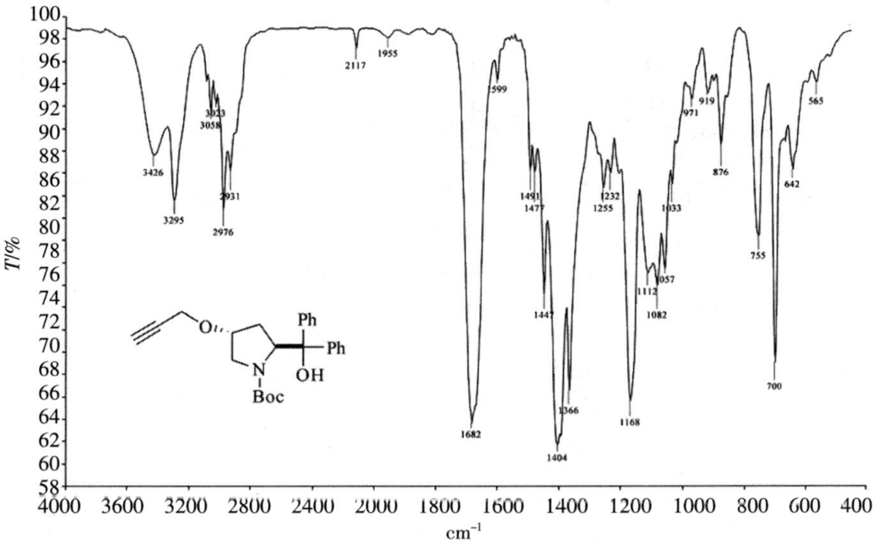

图4.11　化合物6的IR图谱

如图4.12所示，化学位移δ在7.22～7.62为苯环上的10个H，δ在2.98的br峰为羟基上的1个H，δ在1.42为Boc基团上的9个H。

如图4.13所示，化学位移δ在126.56～127.81为苯环上碳的吸收峰，δ在81.47为与苯基和羟基相连的C的吸收峰，δ在28.15为Boc基团上甲基的吸收峰，其他的与图12类似。

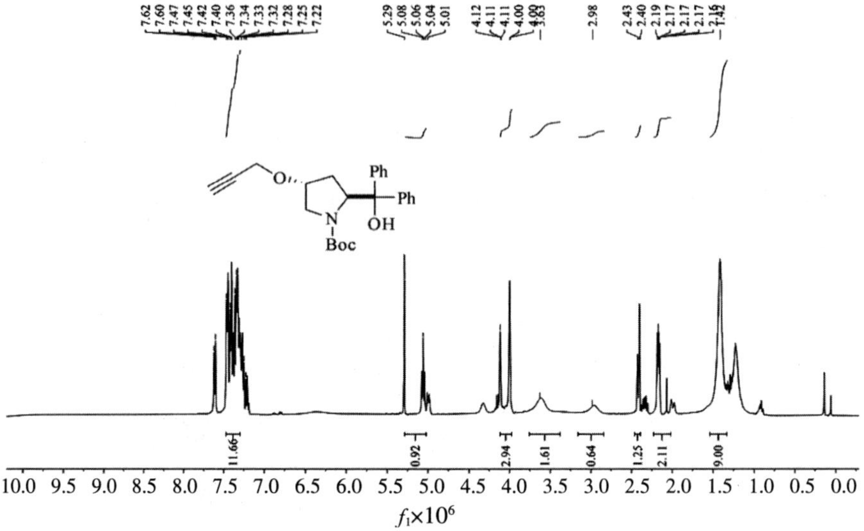

图 4.12　化合物 6 的 ^{1}H NMR 图谱

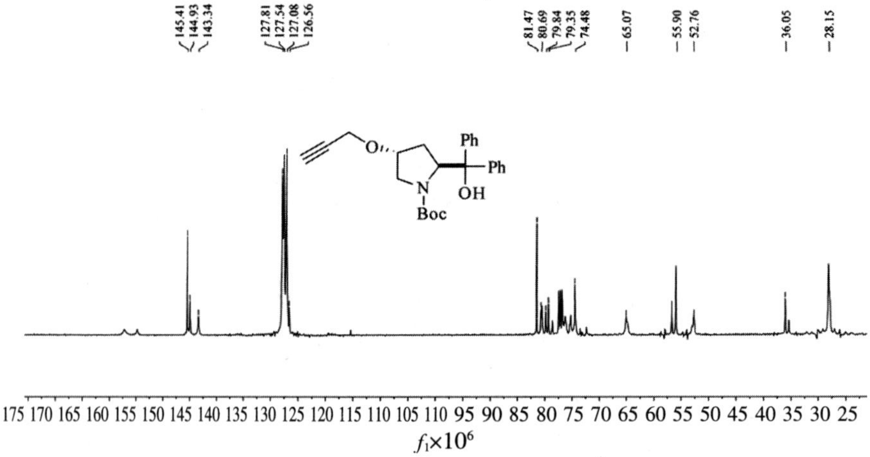

图 4.13　化合物 6 的 ^{13}C NMR 图谱

(3)(2S，4R)-2-(二苯基(三甲基甲硅烷氧基) 甲基)-4-丙-2-炔基氧) 吡咯烷 7 的结构分析

如图 4.14 所示，3303 cm^{-1}为 N—H 键的伸缩振动吸收峰，2951 cm^{-1}为

亚甲基上 C—H 键的伸缩振动吸收峰，1407～1594 cm^{-1} 为苯环上骨架伸缩振动吸收峰，1249 cm^{-1} 为 C—N 键的吸收峰，1073 cm^{-1} 为 Si—O 键的吸收峰。

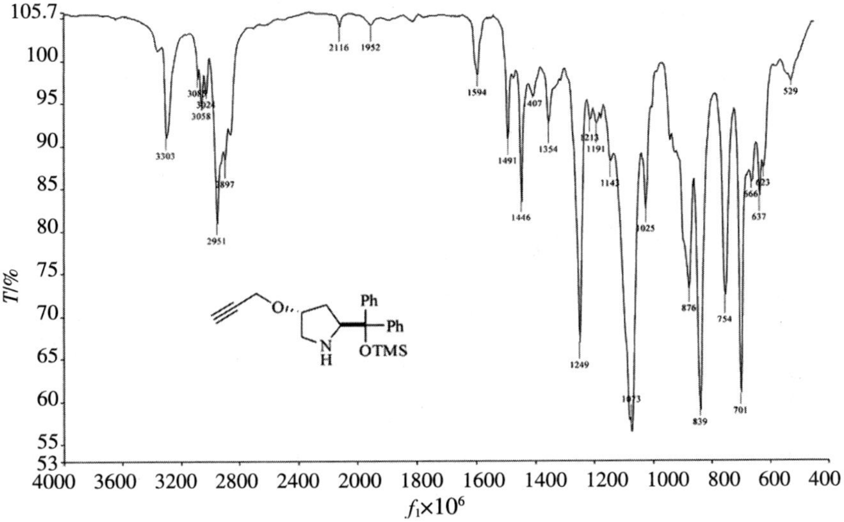

图 4.14 化合物 7 的 IR 图谱

如图 4.15 所示，化学位移 δ 在 7.18～7.47 为苯环上的 10 个 H，化学位移 δ 在 4.05 为炔丙基上亚甲基的 2 个 H，化学位移 δ 在 2.77 为炔基上的 1 个 H，化学位移 δ 在 1.33 的 br 峰为 NH 的峰，化学位移 δ 在 −0.11 处的单峰为 TMS 基团上的 9 个 H。

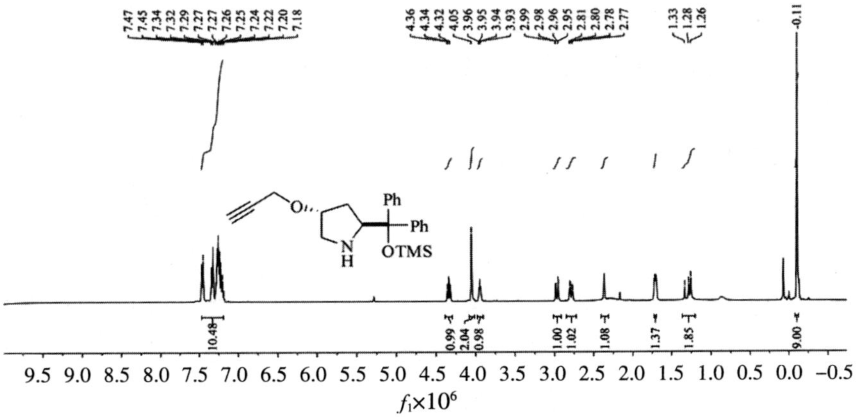

图 4.15 化合物 7 的 ^1H NMR 图谱

如图 4.16 所示，化学位移 δ 在 146.33 和 145.19 为苯基上与季碳相连的碳的位移值，δ 在 2.54 为 OTMS 基团上甲基 C 的位移值，与图 4.13 比较，没有了 δ 在 28.15 的 Boc 基团上的甲基 C，而其他的则相似。

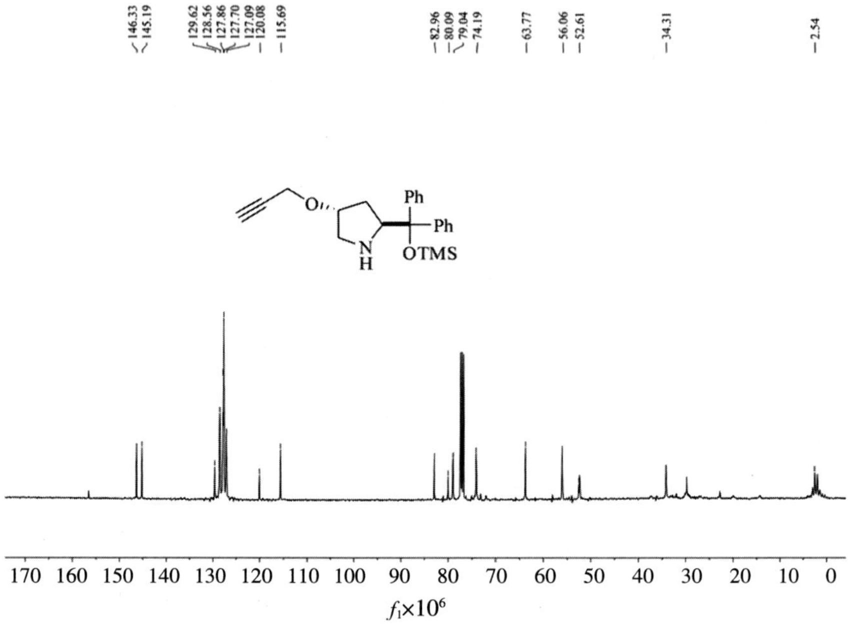

图 4.16　化合物 7 的^{13}C NMR 图谱

(4)POSS 支载的(S)-α，α-脯氨醇三甲基甲硅烷基醚催化剂 9 的结构分析

如图 4.17 所示，3358 cm^{-1} 为 N—H 键的伸缩振动吸收峰，2853～2951 cm^{-1}为甲基、亚甲基上 C—H 键的伸缩振动吸收峰，1659 cm^{-1}为三氮唑五元环特征吸收峰，1430～1594 cm^{-1}为苯环上骨架伸缩振动吸收峰，1248 cm^{-1}为 C—N 键的吸收峰，1106 cm^{-1}和 1134 cm^{-1}为 Si—O 键的吸收峰。

如图 4.18 所示，化学位移 δ 在 7.73～7.76 和 7.28～7.46 的多重峰为苯基上的 H，共 45 个 H，δ 在 7.61 的单峰为三氮唑五元环上的 1 个 H，δ 在 4.53 的单峰为连接三氮唑五元环和 O 原子的亚甲基上的 2 个 H，δ 在 4.25～4.29 的三重峰为与三氮唑直接相连的 POSS 提供的亚甲基上的 2 个 H，δ 在 −0.09的单峰为 OTMS 基团上 3 个甲基的 9 个 H。

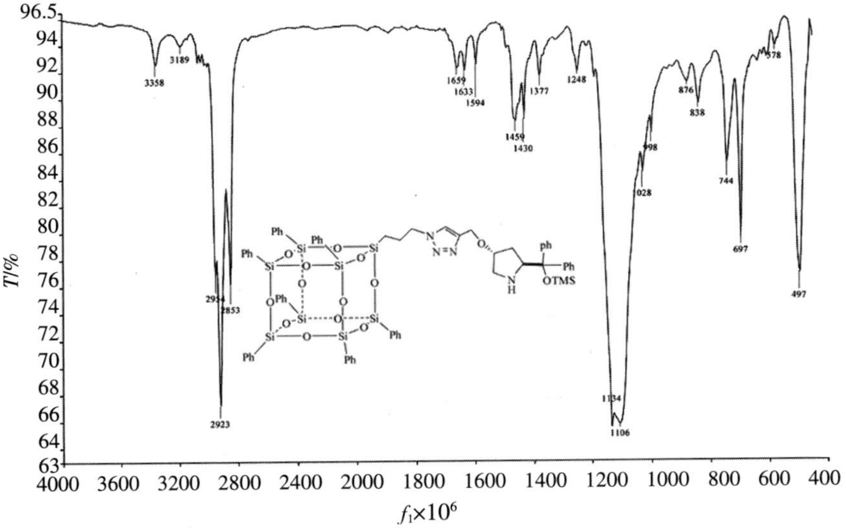

图 4.17　化合物 9 的 IR 图谱

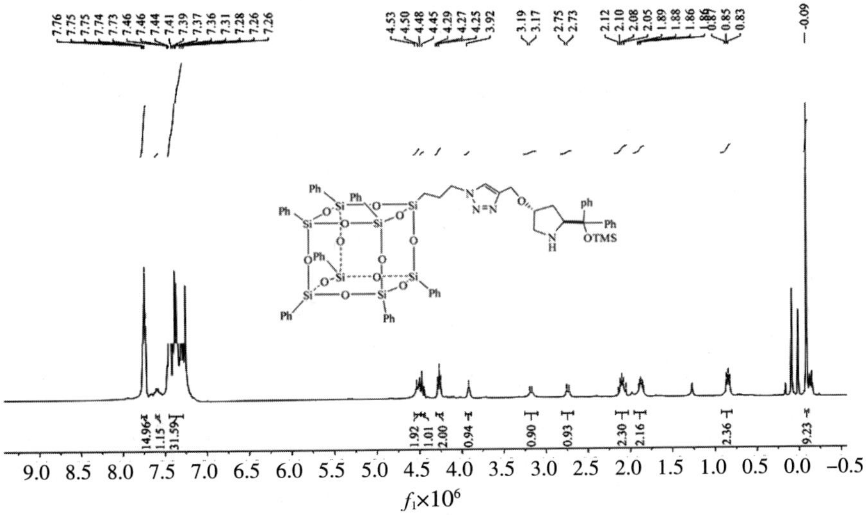

图 4.18　化合物 9 的^{1}H NMR 图谱

如图 4.19 所示，化学位移 δ 在 143.82 为三氮唑五元环上 O 原子的间位上的 C，δ 在 127.74～133.86 为苯环上的 C，δ 在 2.31 处为 OTMS 基团上甲基的 C。

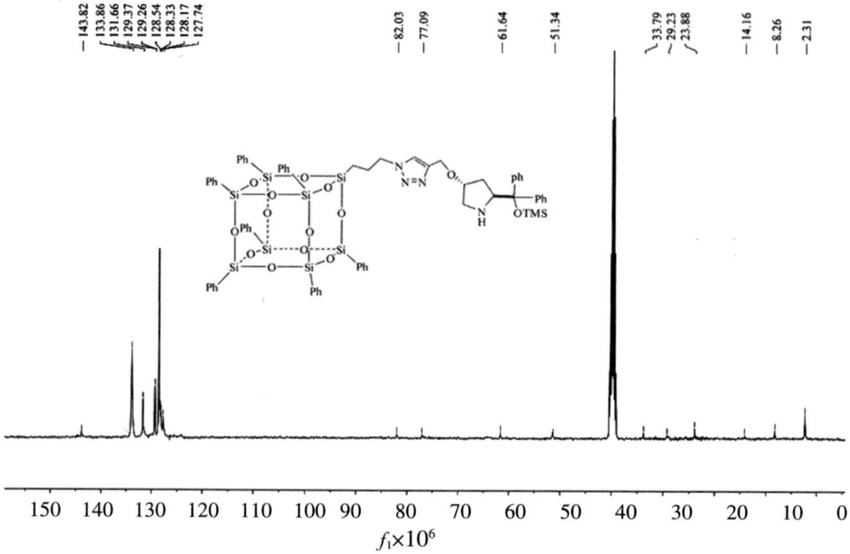

图 4.19　化合物 9 的 ^{13}C NMR 图谱

如图 4.20 所示，所示化学位移 −56.43、−69.63、−69.95 对应 POSS 上的 3 个 Si 原子的环境。

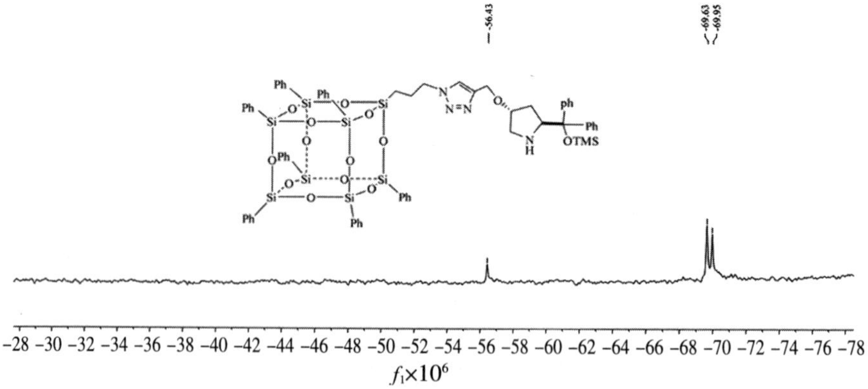

图 4.20　化合物 9 的 ^{29}Si NMR 图谱

四、催化效果数据分析

dr 值的分析计算：采用[1]H NMR 谱测定混合物的醛基氢的面积之比来确定非对映异构体的比例。

ee 值的分析计算：合成相关催化产物的外消旋体，通过 HPLC 检测后，并参考相关文献对照，确定对映异构体的保留时间，在同一条件下测定并计算出 Michael 加成产物对映异构体的百分含量，即 *ee* 值。

以下是所有的 Michael 加成产物 12a～12k 的 *dr* 值和 *ee* 值数据分析。

(1)催化产物 12a 的 *dr* 值和 *ee* 值数据分析

如图 4.21 所示，化学位移 δ 在 9.67 和 9.51 的醛基 H 的峰面积之比 $dr=1.00/0.09\approx 92:8$。

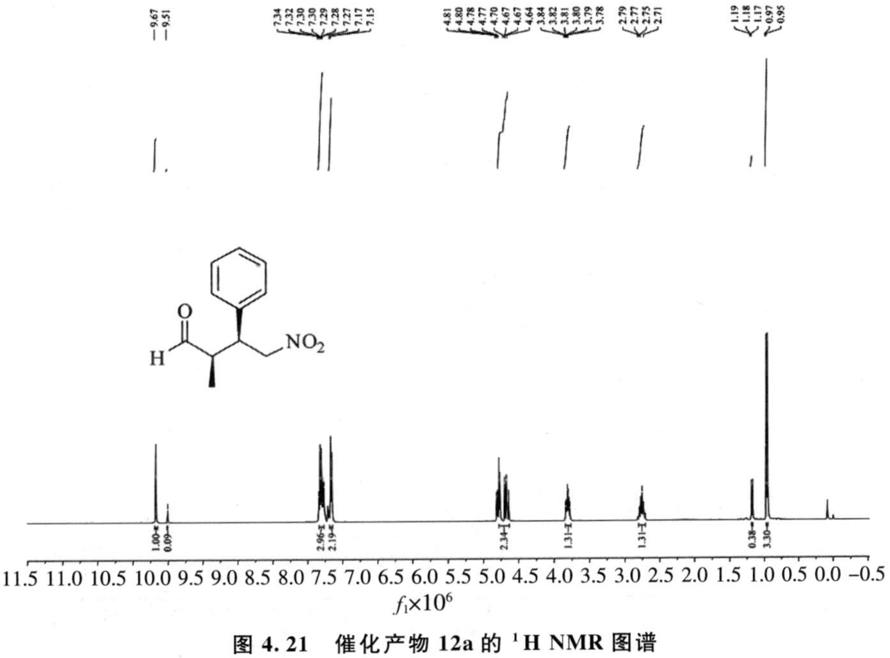

图 4.21　催化产物 12a 的 ^{1}H NMR 图谱

图 4.22 和图 4.23 分别为消旋体 11a 和催化产物 12a 的 HPLC 图谱。

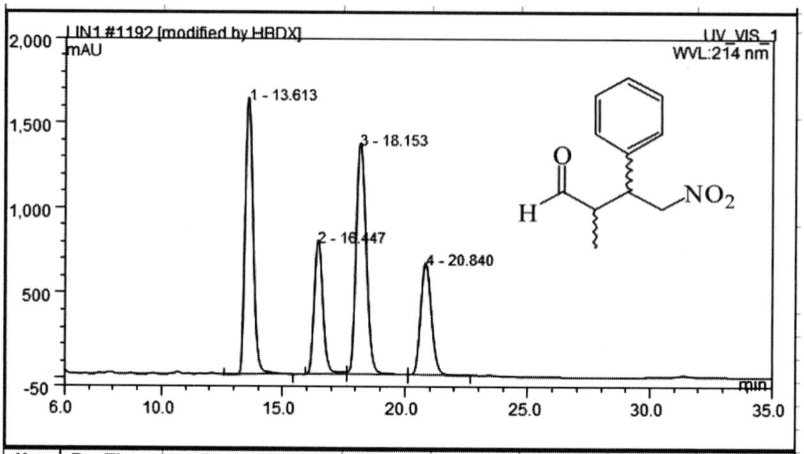

No.	Ret.Time min	Peak Name	Height mAU	Area mAU*min	Rel.Area %	Amount	Type
1	13.61	n.a.	1624.922	612.917	31.69	n.a.	BMB*
2	16.45	n.a.	789.678	331.043	17.11	n.a.	BM *
3	18.15	n.a.	1365.020	652.523	33.73	n.a.	Mb*
4	20.84	n.a.	664.718	337.904	17.47	n.a.	bMB
Total:			4444.338	1934.388	100.00	0.000	

图 4.22　消旋体 11a 的 HPLC 图谱

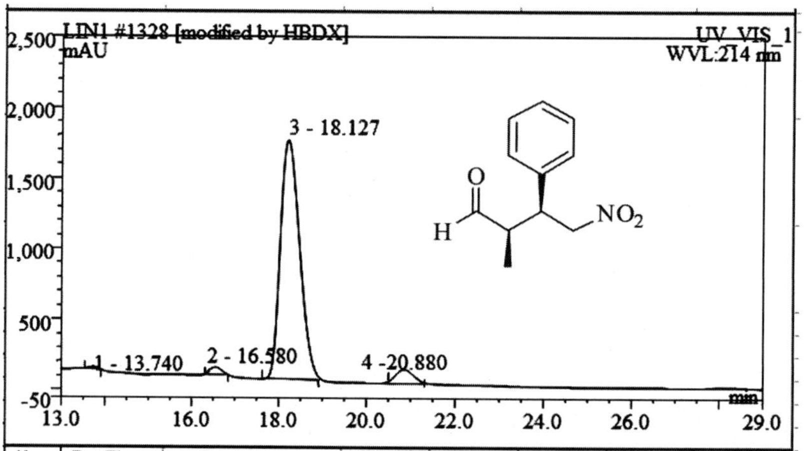

No.	Ret.Time min	Peak Name	Height mAU	Area mAU*min	Rel.Area %	Amount	Type
1	13.74	n.a.	17.856	3.837	0.51	n.a.	BMB*
2	16.58	n.a.	41.180	12.164	1.63	n.a.	BMB*
3	18.13	n.a.	1388.881	665.625	89.10	n.a.	BMB*
4	20.88	n.a.	153.279	65.420	8.76	n.a.	BMB*
Total:			1601.196	747.045	100.00	0.000	

图 4.23　催化产物 12a 的 HPLC 图谱

经催化结果与外消旋体对比所示，峰1和峰3为一对对映异构体：$ee=(89.10-0.51)/(89.10+0.51)100\%\approx99\%$。

(2)催化产物12b的dr值和ee值数据分析

如图4.24所示,化学位移δ在9.71和9.49的醛基H的峰面积之比$dr=1.00/0.08\approx92:8$。

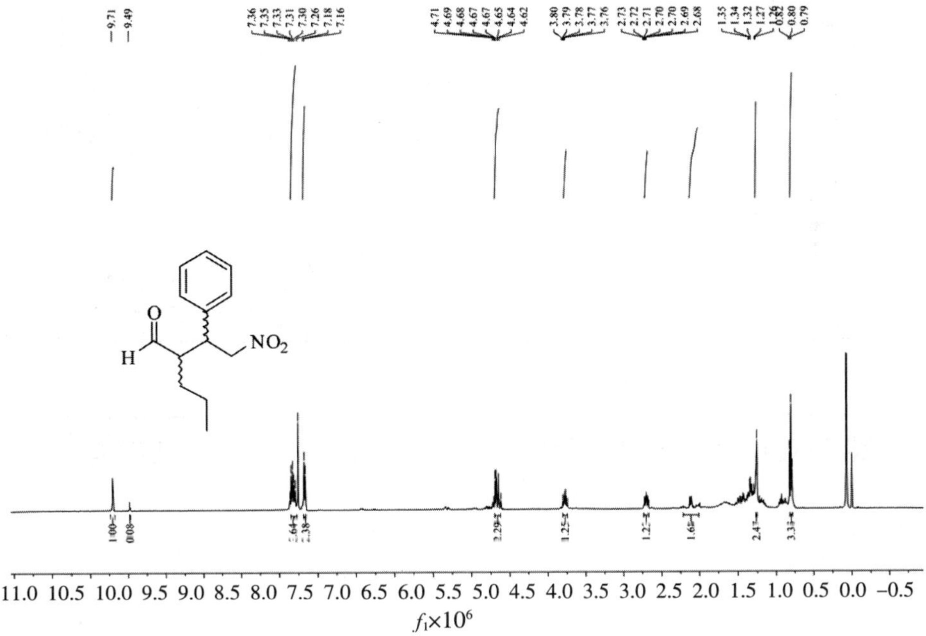

图4.24　催化产物12b的^1H NMR图谱

图4.25和图4.26分别为消旋体11b和催化产物12b的HPLC图谱。

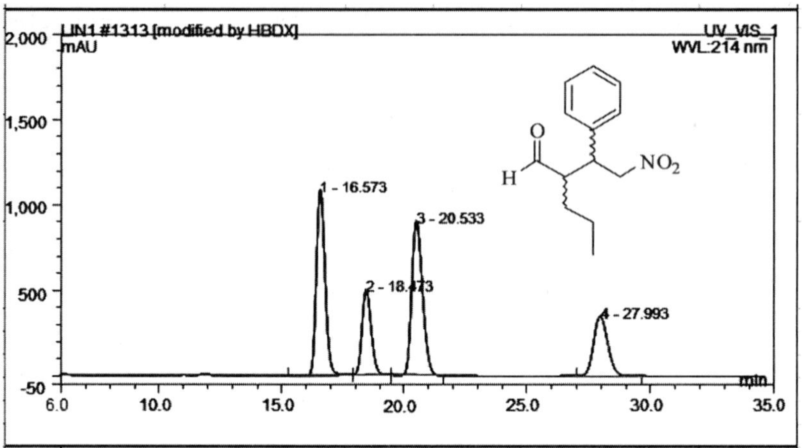

No.	Ret.Time min	Peak Name	Height mAU	Area mAU*min	Rel.Area %	Amount	Type
1	16.57	n.a.	1085.634	448.009	33.24	n.a.	BM
2	18.47	n.a.	500.746	221.552	16.44	n.a.	Mb*
3	20.53	n.a.	897.849	454.692	33.74	n.a.	bMB
4	27.99	n.a.	342.811	223.443	16.58	n.a.	BMB
Total:			2827.040	1347.696	100.00	0.000	

图 4.25 消旋体 11b 的 HPLC 图谱

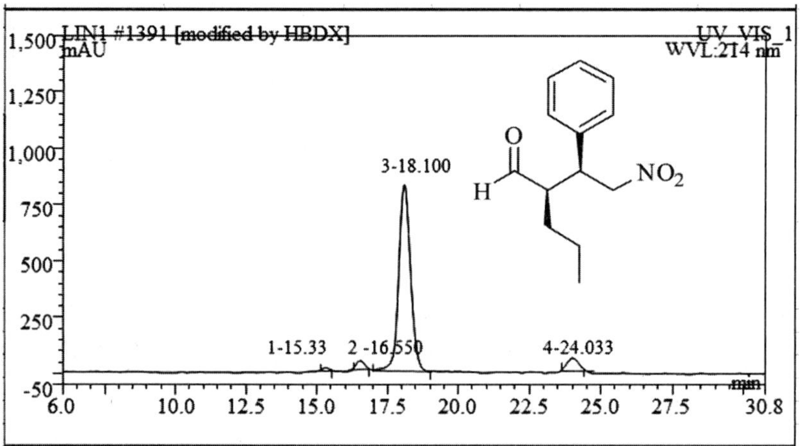

No.	Ret.Time min	Peak Name	Height mAU	Area mAU*min	Rel.Area %	Amount	Type
1	15.33	n.a.	10.112	2.416	0.56	n.a.	BMB*
2	16.55	n.a.	33.488	10.151	2.34	n.a.	BMB*
3	18.10	n.a.	825.910	397.975	91.94	n.a.	BMB*
4	24.03	n.a.	50.999	22.332	5.16	n.a.	BMB*
Total:			920.508	432.873	100.00	0.000	

图 4.26 催化产物 12b HPLC 图谱

经催化结果与外消旋体对比所示，峰 1 和峰 3 为一对对映异构体：*ee* = (91.94－0.56)/(91.94＋0.56) 100%≈99%。

(3)催化产物 12c 的 *dr* 值和 *ee* 值数据分析

如图 4. 27 所示，化学位移 δ 在 9.70 和 9.52 的醛基 H 的峰面积之比 *dr* = 1.00/0.20≈84：16。

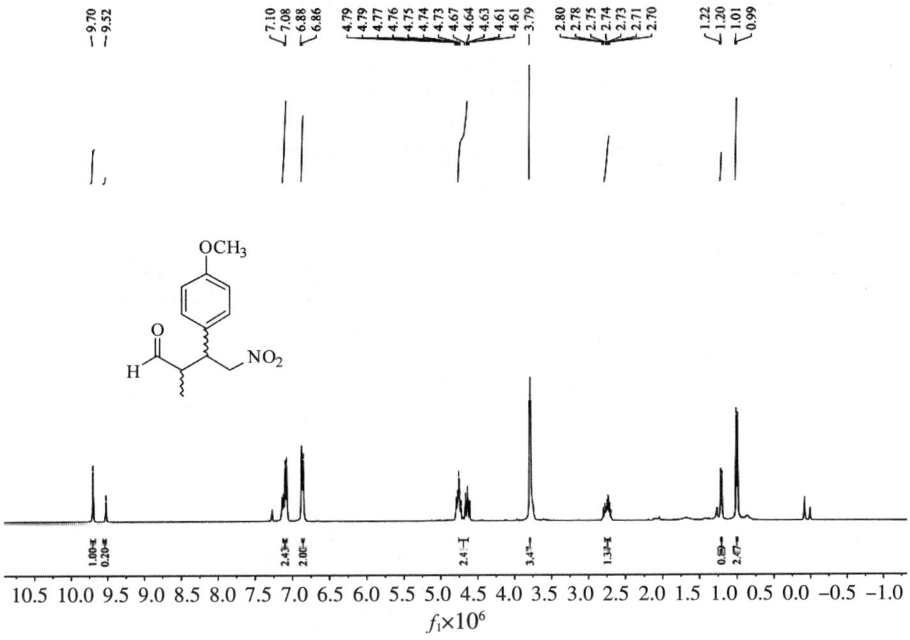

图 4. 27　催化产物 12c 的^{1}H NMR 图谱

如图 4. 28 和图 4. 29 分别为消旋体 11c 和催化产物 12c 的 HPLC 图谱。

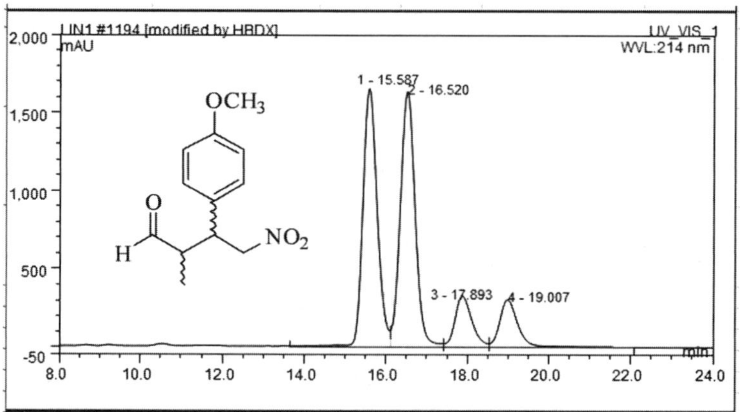

No.	Ret.Time min	Peak Name	Height mAU	Area mAU*min	Rel.Area %	Amount	Type
1	15.59	n.a.	1649.772	662.221	39.82	n.a.	BM
2	16.52	n.a.	1629.761	687.429	41.34	n.a.	M
3	17.89	n.a.	324.171	154.666	9.30	n.a.	M
4	19.01	n.a.	305.529	158.692	9.54	n.a.	MB
Total:			3909.233	1663.008	100.00	0.000	

图 4.28　消旋体 11c 的 HPLC 图谱

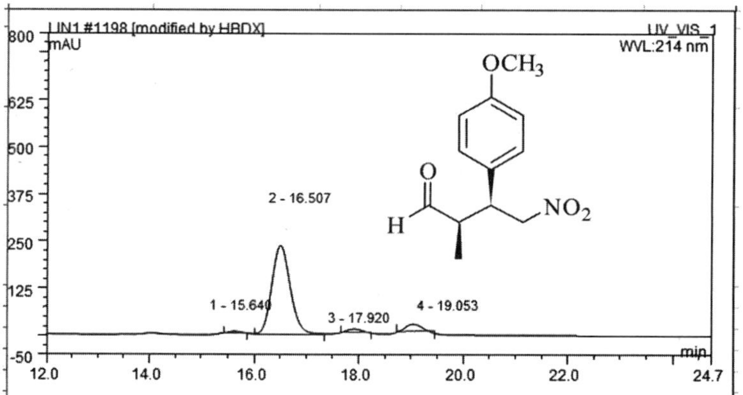

No.	Ret.Time min	Peak Name	Height mAU	Area mAU*min	Rel.Area %	Amount	Type
1	15.64	n.a.	10.190	2.620	1.17	n.a.	BMB*
2	16.51	n.a.	475.337	192.919	86.24	n.a.	BMB*
3	17.92	n.a.	19.812	6.546	2.93	n.a.	BMB*
4	19.05	n.a.	54.472	21.604	9.66	n.a.	BMB*
Total:			559.811	223.689	100.00	0.000	

图 4.29　催化产物 12c 的 HPLC 图谱

经催化结果与外消旋体对比所示，峰 1 和峰 2 为一对对映异构体：*ee*＝(86.24－1.17)/ (86.24＋1.17) 100％≈98％。

(4)催化产物 12d 的 *dr* 值和 *ee* 值数据分析

如图 4.30 所示，化学位移 δ 在 9.73 和 9.57 的醛基 H 的峰面积之比：*dr* ＝ 1.00/0.22≈82∶18。

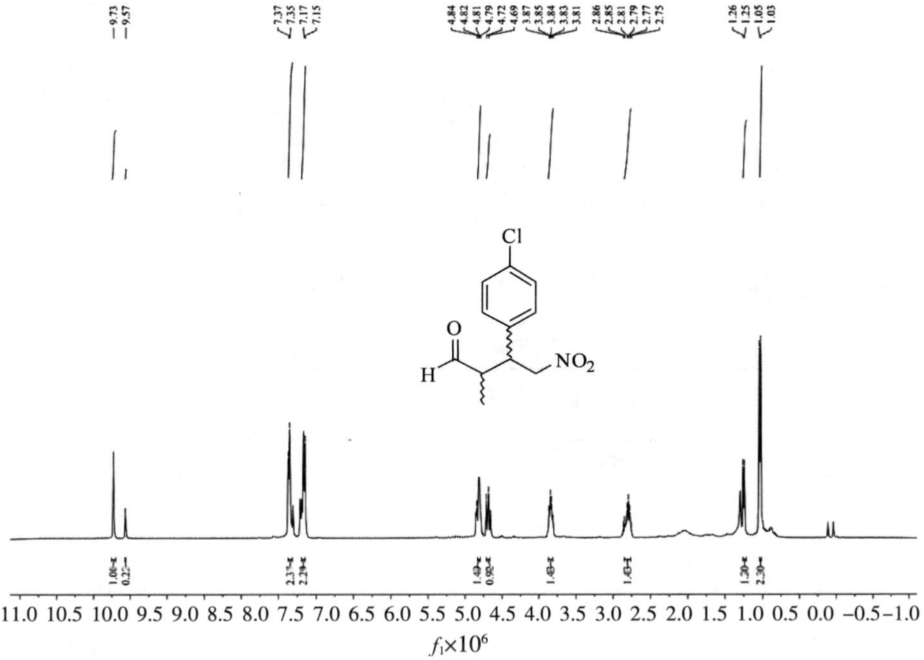

图 4.30　催化产物 12d 的 ^{1}H NMR 图谱

图 4.31 和图 4.32 分别为消旋体 11d 和催化产物 12d 的 HPLC 图谱。

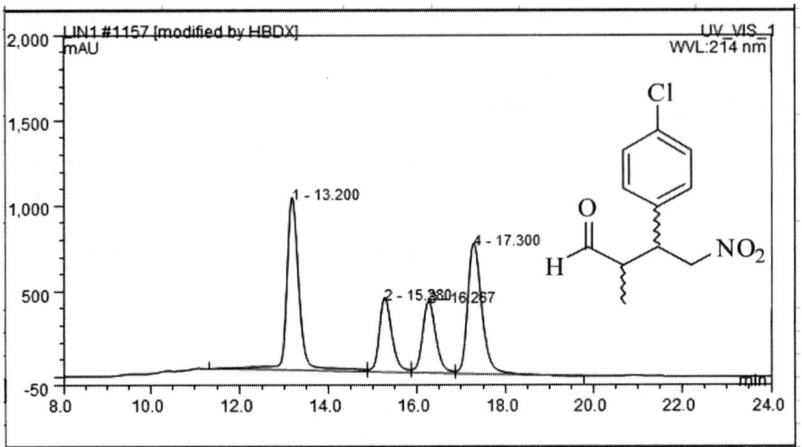

No.	Ret.Time min	Peak Name	Height mAU	Area mAU*min	Rel.Area %	Amount	Type
1	13.20	n.a.	1012.736	341.111	36.91	n.a.	BM *
2	15.28	n.a.	436.338	146.902	15.90	n.a.	M *
3	16.27	n.a.	420.182	147.483	15.96	n.a.	M *
4	17.30	n.a.	761.470	288.650	31.23	n.a.	MB*
Total:			2630.727	924.147	100.00	0.000	

图 4.31　消旋体 11d 的 HPLC 图谱

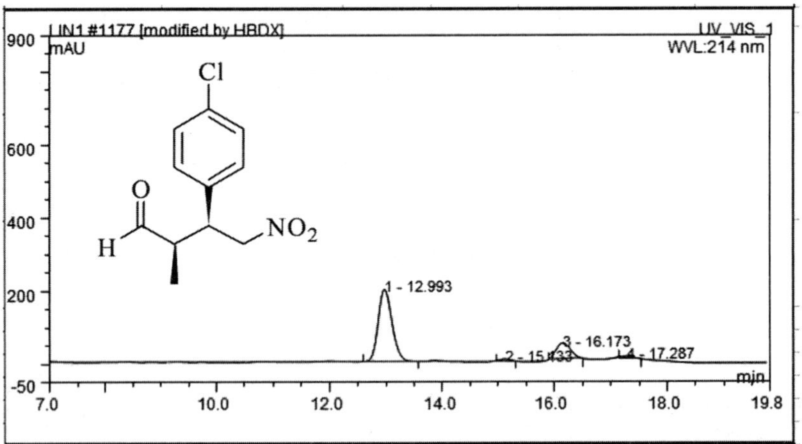

No.	Ret.Time min	Peak Name	Height mAU	Area mAU*min	Rel.Area %	Amount	Type
1	12.99	n.a.	197.768	56.545	79.40	n.a.	BMB*
2	15.13	n.a.	4.431	0.923	1.30	n.a.	BMB*
3	16.17	n.a.	42.386	12.595	17.69	n.a.	BMB*
4	17.29	n.a.	4.755	1.148	1.61	n.a.	BMB*
Total:			249.340	71.212	100.00	0.000	

图 4.32　催化产物 12d 的 HPLC 图谱

经催化结果与外消旋体对比所示，峰 1 和峰 4 为一对对映异构体：*ee*＝(79.40－1.61)/ (79.40＋1.61) 100％≈96％。

(5)催化产物 12e 的 *dr* 值和 *ee* 值数据分析

如图 4.33 所示，化学位移 δ 在 9.75 和 9.61 的醛基 H 的峰面积之比：*dr* ＝ 1.00/0.20≈83∶17。

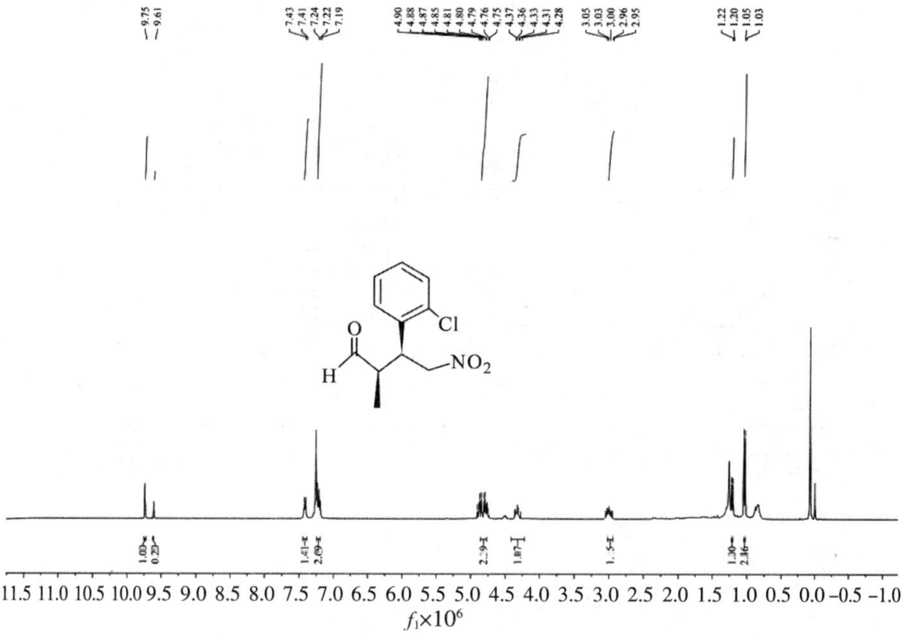

图 4.33　催化产物 12e 的¹H NMR 图谱

图 4.34 和图 4.35 分别为消旋体 11e 和催化产物 12e 的 HPLC 图谱。

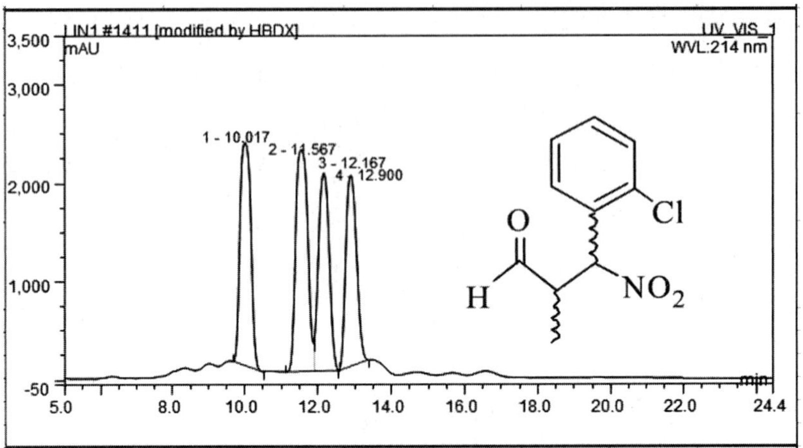

No.	Ret.Time	Peak Name	Height	Area	Rel.Area	Amount	Type
	min		mAU	mAU*min	%		
1	10.02	n.a.	2263.405	772.254	25.97	n.a.	BMB*
2	11.57	n.a.	2250.600	862.370	29.00	n.a.	BM *
3	12.17	n.a.	2006.108	680.062	22.87	n.a.	MB*
4	12.90	n.a.	1939.925	658.703	22.15	n.a.	BMB*
Total:			8460.038	2973.389	100.00	0.000	

图 4.34　消旋体 11e 的 HPLC 图谱

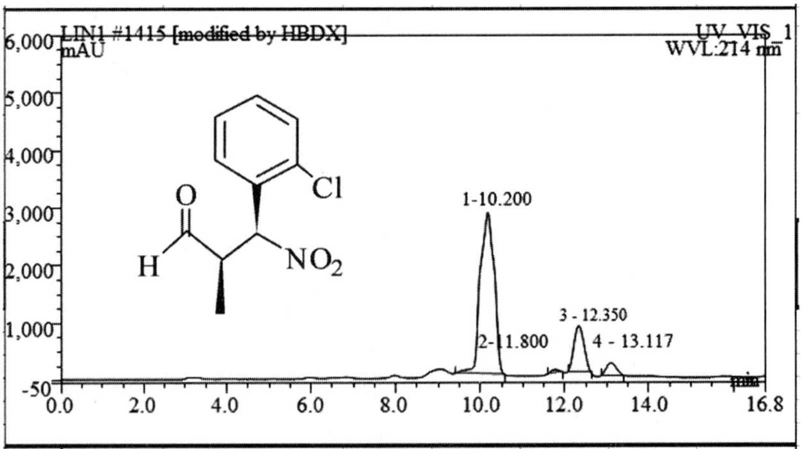

No.	Ret.Time	Peak Name	Height	Area	Rel.Area	Amount	Type
	min		mAU	mAU*min	%		
1	10.20	n.a.	3491.439	1323.182	78.44	n.a.	BMB*
2	11.80	n.a.	68.108	15.023	0.89	n.a.	BMB*
3	12.35	n.a.	1005.383	276.420	16.39	n.a.	BMB*
4	13.12	n.a.	269.158	72.335	4.29	n.a.	BMB*
Total:			4834.088	1686.960	100.00	0.000	

图 4.35　催化产物 12e 的 HPLC 图谱

经催化结果与外消旋体对比所示，峰 1 和峰 2 为一对对映异构体：*ee*＝(78.44－0.89)/ (78.40＋0.89) 100％≈98％。

(6)催化产物 12f 的 *dr* 值和 *ee* 值数据分析

如图 4.36 所示，化学位移 δ 在 9.72 和 9.56 的醛基 H 的峰面积之比：*dr* ＝ 1.00/0.19≈84∶16。

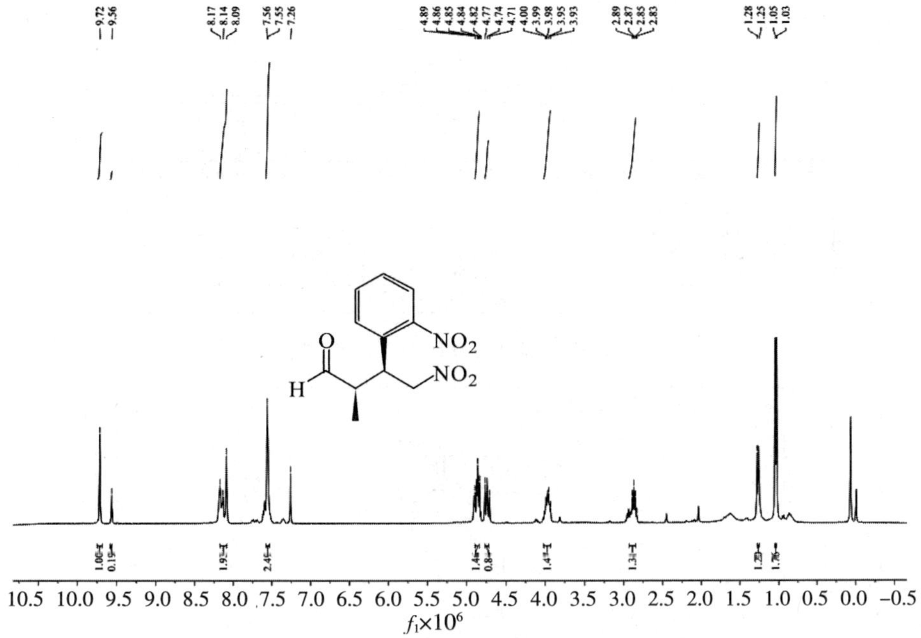

图 4.36　催化产物 12f 的¹H NMR 图谱

图 4.37 和图 4.38 分别为消旋体 11f 和催化产物 12f 的 HPLC 图谱。

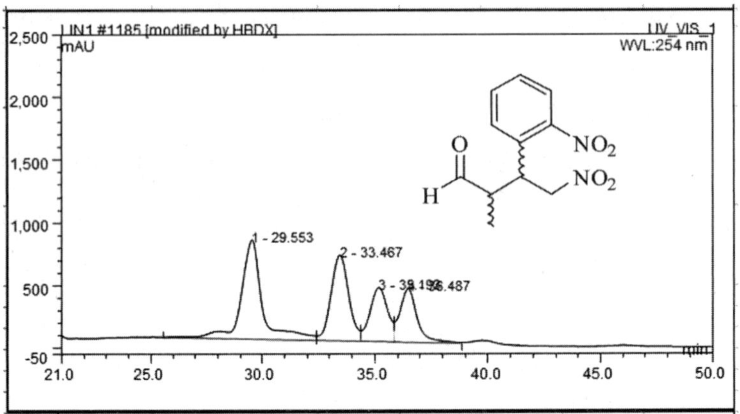

No.	Ret.Time min	Peak Name	Height mAU	Area mAU*min	Rel.Area %	Amount	Type
1	29.55	n.a.	790.032	856.268	38.41	n.a.	BM *
2	33.47	n.a.	685.719	623.367	27.96	n.a.	M *
3	35.19	n.a.	430.595	384.715	17.26	n.a.	M *
4	36.49	n.a.	424.365	364.867	16.37	n.a.	MB*
Total:			2330.711	2229.217	100.00	0.000	

图 4.37　消旋体 11f 的 HPLC 图谱

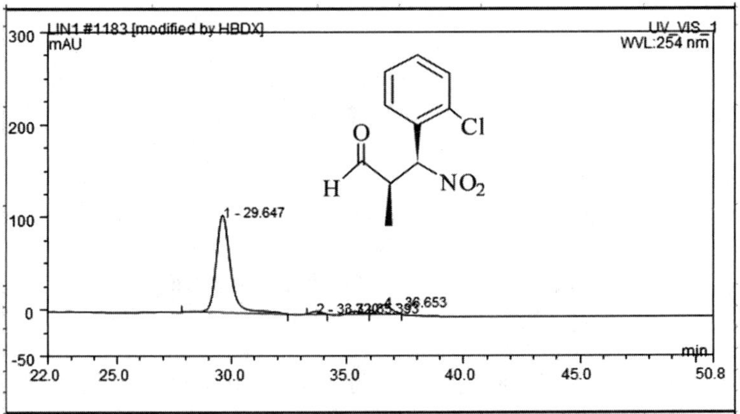

No.	Ret.Time min	Peak Name	Height mAU	Area mAU*min	Rel.Area %	Amount	Type
1	29.65	n.a.	105.778	75.562	88.57	n.a.	BMB*
2	33.72	n.a.	3.305	1.729	2.03	n.a.	BMB*
3	35.39	n.a.	3.096	1.635	1.92	n.a.	BM *
4	36.65	n.a.	9.712	6.390	7.49	n.a.	MB*
Total:			121.891	85.317	100.00	0.000	

图 4.38　催化产物 12f 的 HPLC 图谱

经催化结果与外消旋体对比所示，峰 1 和峰 2 为一对对映异构体：$ee=(88.57-2.03)/(88.57+2.03)\ 100\%\approx 96\%$

(7)催化产物 12g 的 *dr* 值和 *ee* 值数据分析

如图 4.39 所示，化学位移 δ 在 9.77 和 9.63 的醛基 H 的峰面积之比：$dr = 1.00/0.21 \approx 83:17$。

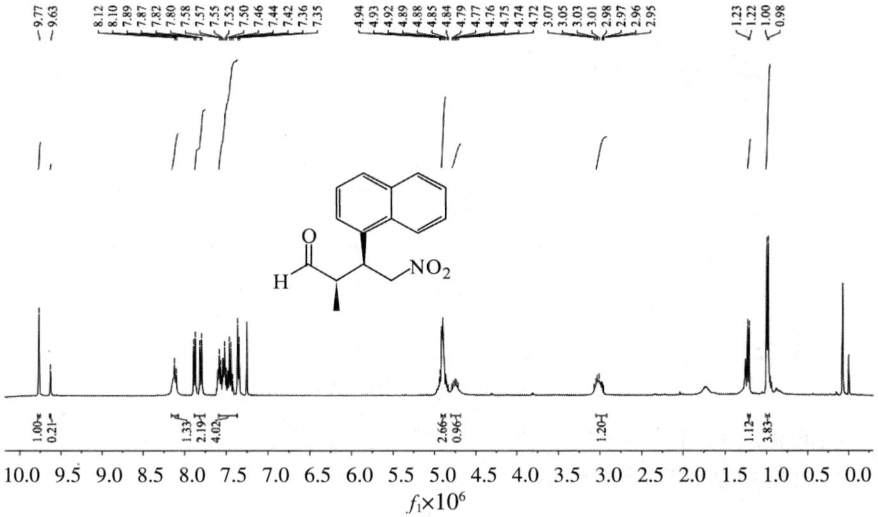

图 4.39　催化产物 12g 的^{1}H NMR 图谱

如图 4.40 和图 4.41 分别为消旋体 11g 和催化产物 12g 的 HPLC 图谱。

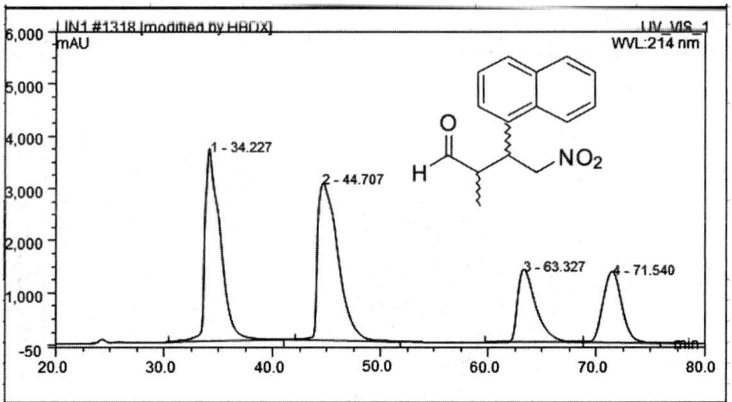

No.	Ret.Time min	Peak Name	Height mAU	Area mAU*min	Rel.Area %	Amount	Type
1	34.23	n.a.	3680.388	6035.254	33.41	n.a.	BMB*
2	44.71	n.a.	3013.931	6582.134	36.44	n.a.	BMB*
3	63.33	n.a.	1404.158	2731.280	15.12	n.a.	BMb
4	71.54	n.a.	1346.701	2716.691	15.04	n.a.	bMB
Total:			9445.178	########	100.00	0.000	

图 4.40　消旋体 11g 的 HPLC 图谱

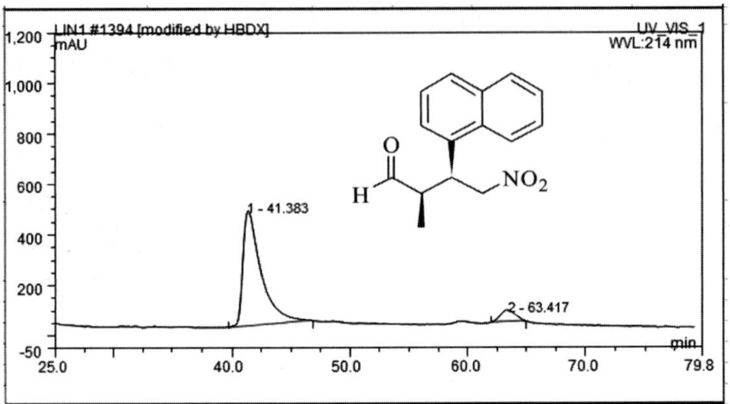

No.	Ret.Time min	Peak Name	Height mAU	Area mAU*min	Rel.Area %	Amount	Type
1	41.38	n.a.	457.458	817.549	91.65	n.a.	BMB*
2	63.42	n.a.	49.416	74.530	8.35	n.a.	BMB*
Total:			506.874	892.079	100.00	0.000	

图 4.41　催化产物 12g 的 HPLC 图谱

经催化结果与外消旋体对比所示，峰 1 和峰 2 为一对对映异构体，而催化产物只出现一个对映异构体峰 2，故 *ee* > 99%。

(8)催化产物 12h 的 *dr* 值和 *ee* 值数据分析

如图 4.42 所示，化学位移 δ 在 9.97 和 9.46 的醛基 H 的峰面积之比：dr = 1.00/0.02≈98：2。

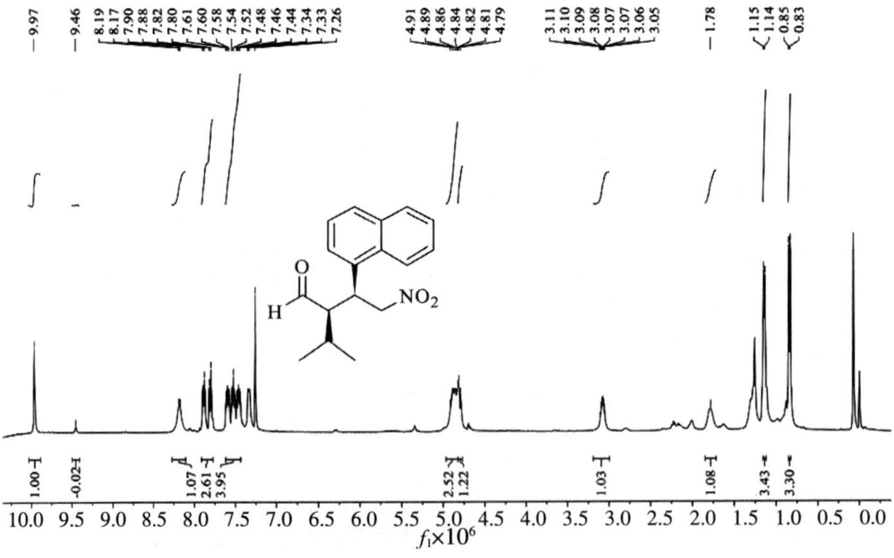

图 4.42　催化产物 12h 的 ^{1}H NMR 图谱

图 4.43 和图 4.44 分别为消旋体 11h 和催化产物 12h 的 HPLC 图谱。

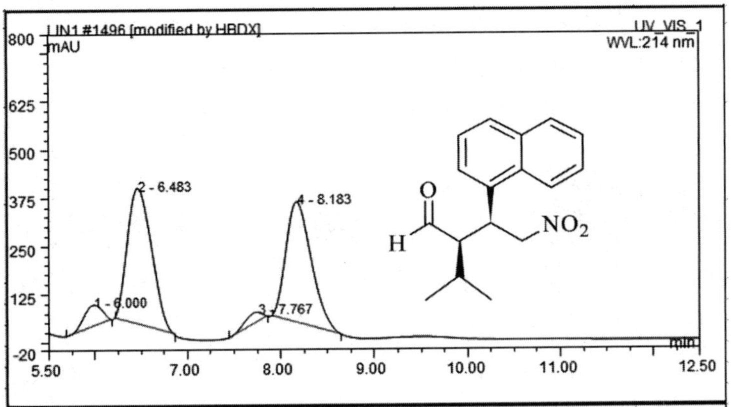

No.	Ret.Time	Peak Name	Height	Area	Rel.Area	Amount	Type
	min		mAU	mAU*min	%		
1	6.00	n.a.	53.237	12.195	5.48	n.a.	BMB*
2	6.48	n.a.	352.319	108.004	48.49	n.a.	BMB*
3	7.77	n.a.	23.233	5.536	2.49	n.a.	BMB*
4	8.18	n.a.	310.777	96.987	43.55	n.a.	BMB*
Total:			739.566	222.722	100.00	0.000	

图 4.43　消旋体 11h 的 HPLC 图谱

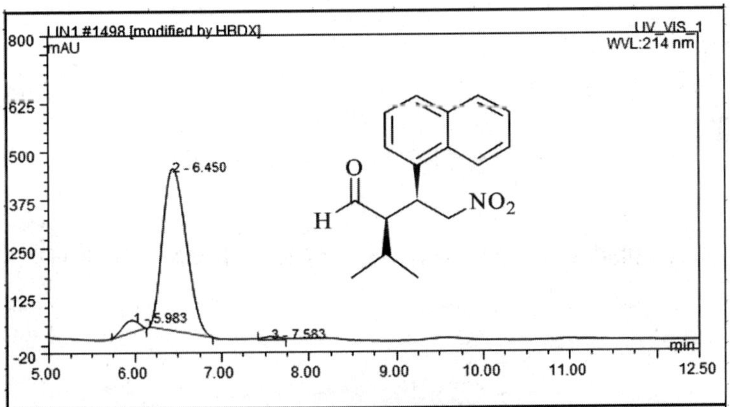

No.	Ret.Time	Peak Name	Height	Area	Rel.Area	Amount	Type
	min		mAU	mAU*min	%		
1	5.98	n.a.	29.971	6.684	4.82	n.a.	BMB*
2	6.45	n.a.	417.406	131.173	94.58	n.a.	BMB*
3	7.58	n.a.	5.149	0.838	0.60	n.a.	BMB*
Total:			452.525	138.696	100.00	0.000	

图 4.44　催化产物 12h 的 HPLC 图谱

经催化结果与外消旋体对比所示，峰 2 和峰 4 为一对对映异构体，而催化产物只出现一个对映异构体峰 2，故 *ee* > 99%。

(9)催化产物 12i 的 *dr* 值和 *ee* 值数据分析

如图 4.45 所示，化学位移 δ 在 9.93 和 9.58 的醛基 H 的峰面积之比：$dr = 1.00/0.03 \approx 97:3$。

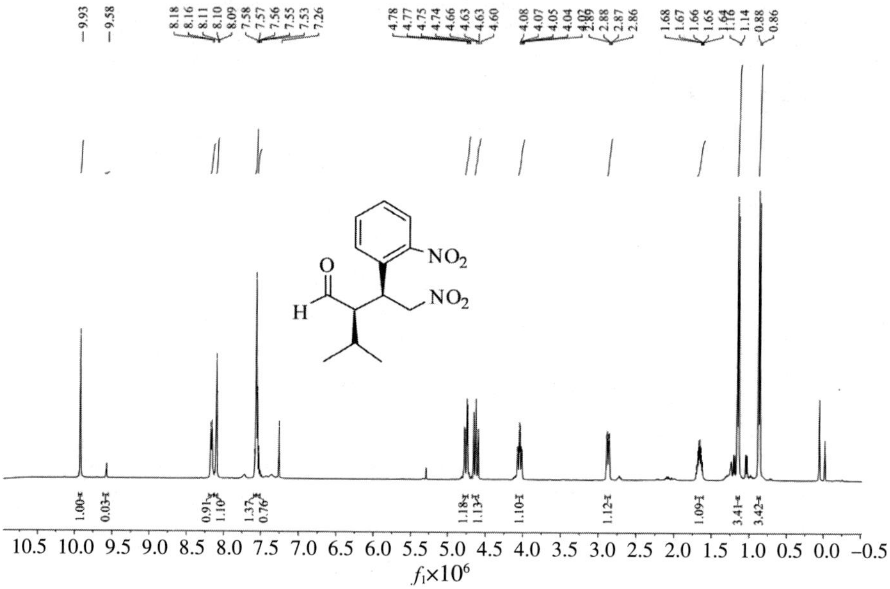

图 4.45　催化产物 12i 的 ^1H NMR 图谱

如图 4.46 和图 4.47 分别为消旋体 11i 和催化产物 12i 的 HPLC 图谱。

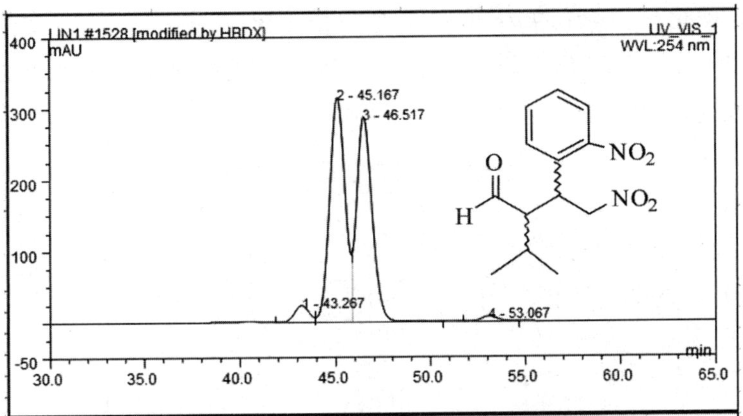

No.	Ret.Time min	Peak Name	Height mAU	Area mAU*min	Rel.Area %	Amount	Type
1	43.27	n.a.	23.362	20.533	3.49	n.a.	BM
2	45.17	n.a.	313.594	293.338	49.84	n.a.	M
3	46.52	n.a.	286.864	268.089	45.55	n.a.	MB
4	53.07	n.a.	7.059	6.651	1.13	n.a.	BMB
Total:			630.880	588.611	100.00	0.000	

图 4.46　消旋体 11i 的 HPLC 图谱

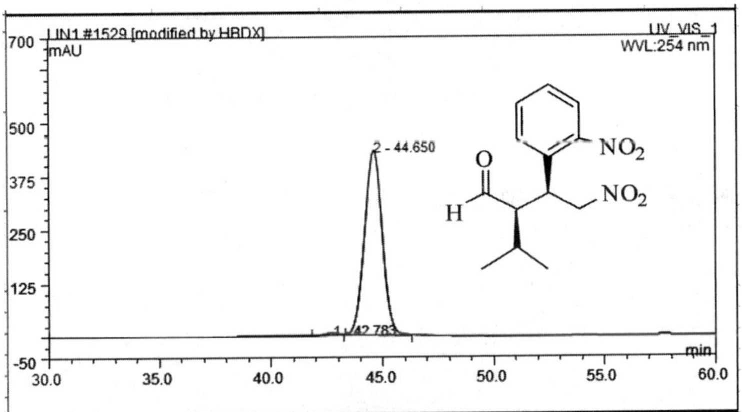

No.	Ret.Time min	Peak Name	Height mAU	Area mAU*min	Rel.Area %	Amount	Type
1	42.78	n.a.	4.872	3.206	0.81	n.a.	BMB*
2	44.65	n.a.	431.858	392.336	99.19	n.a.	BMB*
Total:			436.730	395.543	100.00	0.000	

图 4.47　催化产物 12i 的 HPLC 图谱

经催化结果与外消旋体对比所示，峰 2 和峰 3 为一对对映异构体，而催化产物只出现一个对映异构体峰 2，故 *ee* ＞ 99％

(10)催化产物 12j 的 *dr* 值和 *ee* 值数据分析

如图 4.48 所示,化学位移 δ 在 9.74 和 9.66 的醛基 H 的峰面积之比:*dr* = 1.00/0.16≈86∶14。

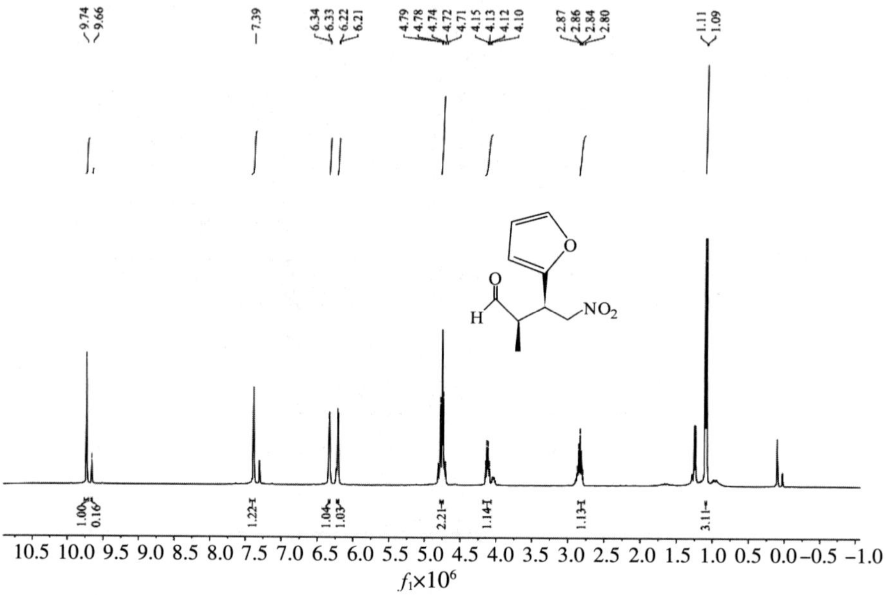

图 4.48　催化产物 12j 的 ^{1}H NMR 图谱

图 4.49 和图 4.50 分别为消旋体 11j 和催化产物 12j 的 HPLC 图谱。

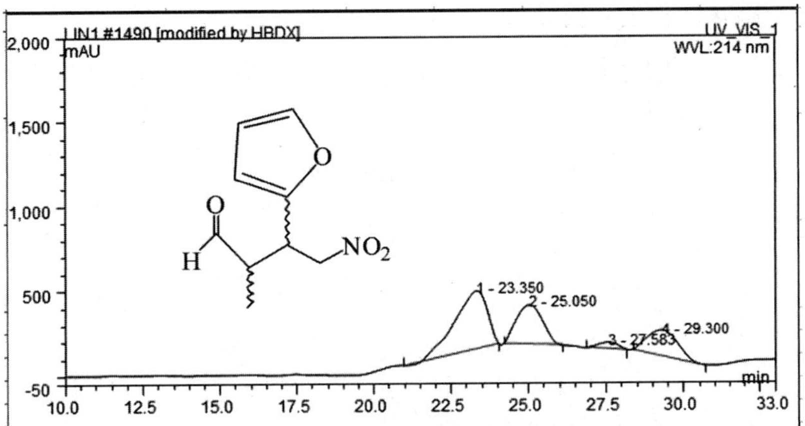

No.	Ret.Time min	Peak Name	Height mAU	Area mAU*min	Rel.Area %	Amount	Type
1	23.35	n.a.	340.327	420.559	50.06	n.a.	BMB*
2	25.05	n.a.	233.684	230.414	27.43	n.a.	BMB*
3	27.58	n.a.	35.581	24.683	2.94	n.a.	BMB*
4	29.30	n.a.	146.967	164.378	19.57	n.a.	BMB*
Total:			756.559	840.034	100.00	0.000	

图 4.49　消旋体 11j 的 HPLC 图谱

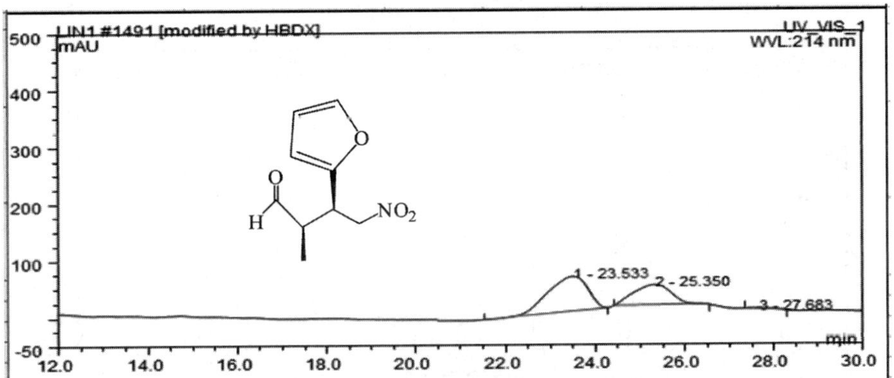

No.	Ret.Time min	Peak Name	Height mAU	Area mAU*min	Rel.Area %	Amount	Type
1	23.53	n.a.	60.232	62.319	62.36	n.a.	BMB*
2	25.35	n.a.	36.127	36.352	36.37	n.a.	BMB*
3	27.68	n.a.	1.915	1.269	1.27	n.a.	BMB*
Total:			98.274	99.940	100.00	0.000	

图 4.50　催化产物 12j 的 HPLC 图谱

经催化结果与外消旋体对比所示，峰 2 和峰 4 为一对对映异构体，而催化产物只出现一个对映异构体峰 2，故 *ee* $>$ 99%

(11)催化产物 12k 的 *dr* 值和 *ee* 值数据分析

如图 4.51 所示,化学位移 δ 在 9.68 和 9.61 的醛基 H 的峰面积之比:$dr = 1.00/0.12 \approx 89:11$。

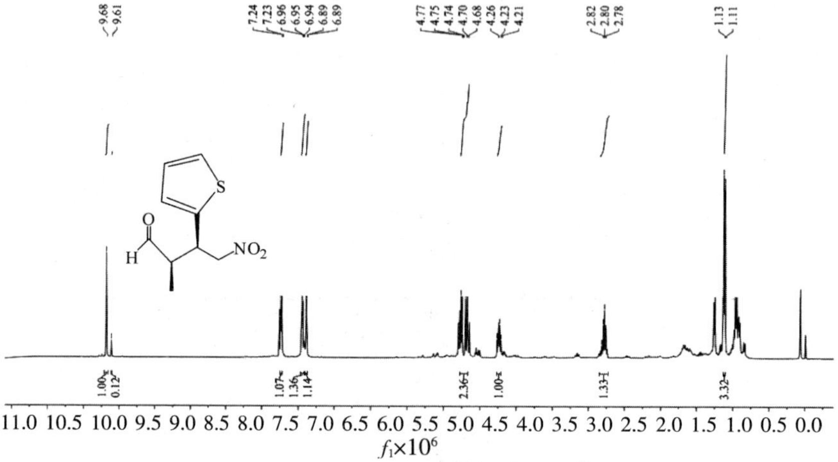

图 4.51　催化产物 12k 的[1]H NMR 图谱

图 4.52 和图 4.53 分别为消旋体 11k 和催化产物 12k 的 HPLC 图谱。

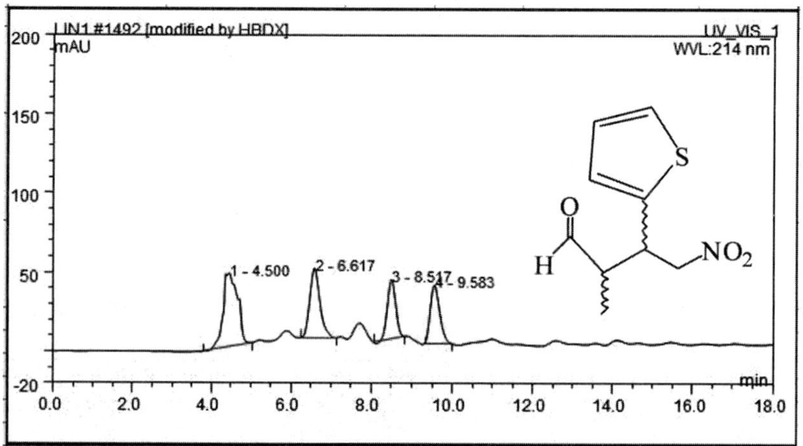

No.	Ret.Time min	Peak Name	Height mAU	Area mAU*min	Rel.Area %	Amount	Type
1	4.50	n.a.	46.327	19.782	38.46	n.a.	BMB*
2	6.62	n.a.	43.798	13.057	25.39	n.a.	BMB*
3	8.52	n.a.	37.066	8.708	16.93	n.a.	BMB*
4	9.58	n.a.	36.828	9.887	19.22	n.a.	BMB*
Total:			164.019	51.433	100.00	0.000	

图 4.52　消旋体 11k 的 HPLC 图谱

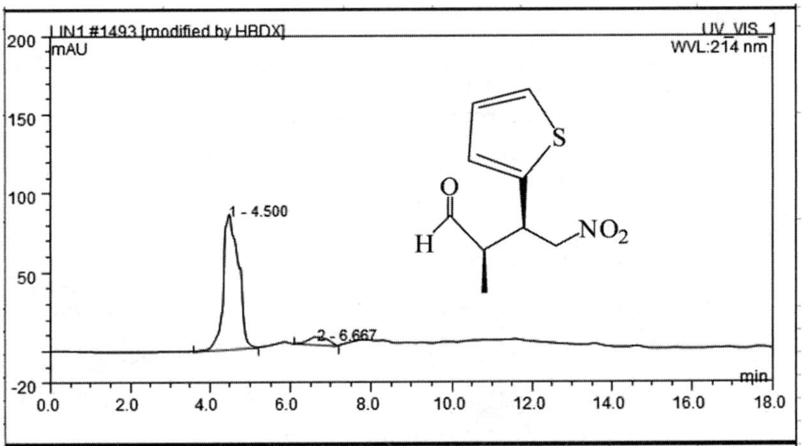

No.	Ret.Time min	Peak Name	Height mAU	Area mAU*min	Rel.Area %	Amount	Type
1	4.50	n.a.	85.893	37.118	93.13	n.a.	BMB*
2	6.67	n.a.	4.915	2.736	6.87	n.a.	BMB*
Total:			90.808	39.854	100.00	0.000	

图 4.53　催化产物 12k 的 HPLC 图谱

经催化结果与外消旋体对比所示，峰 1 和峰 3 为一对对映异构体，而催化产物只出现一个对映异构体峰 1，故 *ee* > 99%。

本章以保护的 L-Boc-羟-脯氨酸甲酯为手性原料，通过一系列的反应合成了小分子手性脯氨醇硅醚催化剂，再以 Click 反应将手性脯氨醇硅醚催化剂支载到 POSS 上，从而得到了一种新颖的支载化的催化剂，将其用于催化醛与硝基烯烃的不对称 Michael 加成反应，以丙醛和反式硝基苯乙烯作为模板反应，通过对反应条件的优化和筛选，得出该催化剂的最优反应条件，并在此最优条件下催化了 13 种底物的反应取得优良的催化效果（产率为 80%～90%，*dr* 值为 82∶18 至 98∶2，*ee* 值为 96%～99%），反应结束后使用甲基叔丁基醚对催化剂重结晶，方便了分离和提纯，同时也实现了催化剂的回收利用，且循环使用 8 次未见催化效果明显下降（产率为 70%～78%，*dr* 值为 86∶14 至 92∶8，*ee* 值为 96%～99%），在上一章实验几乎失败的基础上，本章通过改变催化剂结构，设计合成可循环使用的高效催化剂，减少催化剂的流失，减少化学物质对环境的污染。接下来，将继续改变催化剂结构，继续优化载体，不断探索这一系列催化剂的催化性能，为后续研究者提供参考。

参考文献

[1] Ding R, Katebzadeh K, Roman L, et al. Expanding the scope of Lewis acid catalysis in water: remarkable ligand acceleration of aqueous ytterbium triflate catalyzed Michael addition reactions[J].J Org Chem, 2006, 71(1):352-355.

[2]Sarkar D,Bhattarai R,Headley A D, et al.A Novel Recyclable OrganocatalyticSystem for the Highly Asymmetric Michael Addition of Aldehydes to Nitroolefins in Water[J].Synthesis,2011, (12):1993-1997.

[3]Riente P,Mendoza C,Pericás M A. Functionalization of Fe_3O_4 magnetic nanoparticles for organocatalytic Michael reactions [J].J Mater Chem, 2011, 21(20):7350-7355.

[4]Alza E,Sayalero S,Kasaplar P, et al. Polystyrene-Supported Diarylprolinol Ethers as Highly Efficient Organocatalysts for Michael-Type Reactions[J].Chem Eur J,2011, 17(41):11585-11595.

[5]Zhang W,Müller A H E. Synthesis of tadpole-shaped POSS-containing hybrid polymers via "click chemistry"[J]. Polymer, 2010, 51(10): 2133-2139.

[6]Ganguly N C,Roy S,Mondal P. An efficient copper (II)-catalyzed direct access to primary amides from aldehydes under neat conditions[J]. Tetrahedron Lett, 2012, 53(11):1413-1416.

[7]Harmand L,Lescure M H,Candelon N, et al. Huisgen click cycloadditions from a copper (II)-tren precatalyst without external sacrificial reductant[J].Tetrahedron Lett, 2012, 53(11):1417-1420.

[8]Kádár Z, Molnár J,Schneider G, et al. A facile 'click' approach to novel 15β-triazolyl-5α-Androstane derivatives, and an evaluation of their antiproliferative activities in vitro [J]. Bioorg Med Chem, 2012, 20(4): 1396-1402.

[9] Trastoy B, Pérez-Ojeda M E, Sastre R, et al. Octakis (3-Azidopropyl) octasilsesquioxane: A Versatile Nanobuilding Block for the Ef-

ficient Preparation of Highly Functionalized Cube-Octameric Polyhedral Oligosilsesquioxane Frameworks Through Click Assembly[J].Chem Eur J, 2010, 16(12):3833-3841.

[10]Gungor E,Bilir C,Durmaz H, et al.Star polymers with POSS via azide-Alkyne click reaction[J].J Polym Sci-A: Polym Chem, 2009, 47(22): 5947-5953.

[11]Ervithayasuporn V,Wang X,Kawakami Y, Synthesis and characterization of highly pure azido-functionalized polyhedral oligomeric silsesquioxanes (POSS)[J].Chem Commun, 2009, (34):5130-5132.

[12]Wang X,Ervithayasuporn V,Zhang Y, et al.Reversible self-Assembly of dendrimer based on polyhedral oligomeric silsesquioxanes (POSS)[J].Chem Commun,2011, 47(4):1282-1284.

[13]Ye Y S,Shen W C,Tseng C Y, et al.Versatile grafting approaches to star-shaped POSS-containing hybrid polymers using RAFT polymerization and click chemistry[J].Chem Commun, 2011, 47(38): 10656-10658.

[14]Ge Z,Wang D,Zhou Y, et al. Synthesis of organic/inorganic hybrid quatrefoil-shaped star-cyclic polymer containing a polyhedral oligomeric silsesquioxane core[J].Macromolecules, 2009, 42(8):2903-2910.

[15]Maltsev O V,Chizhov A O,Zlotin S G. Chiral Ionic Liquid/ESI-MS Methodology as an Efficient Tool for the Study of Transformations of Supported Organocatalysts: Deactivation Pathways of Jørgensen-Hayashi-Type Catalysts in Asymmetric Michael Reactions[J].Chem-A Eur J, 2011, 17(22):6109-6117.

第五章　单角 POSS 支载 C_2-对称双脯氨酰胺手性催化剂的设计及应用

第四章中改变了小分子结构，将其进行支载化用于催化不对称 Michael 加成反应取得良好效果的基础上，本章继续以单角 POSS 作为可溶性载体，再次改变小分子催化剂结构，将手性 C_2-对称的双脯氨酰胺进行支载化设计合成，研究其在 Aldol 反应[1-6]中的不对称催化性能和支载效果，具体合成路线如图 5.1 所示。

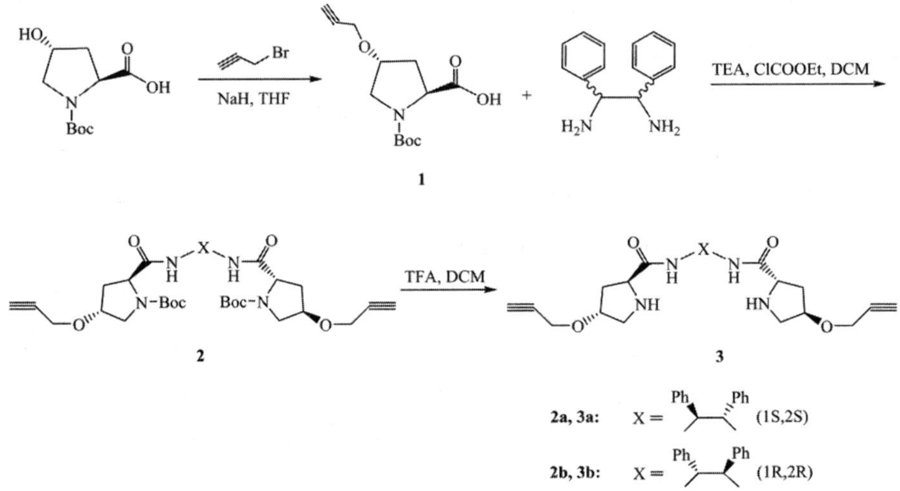

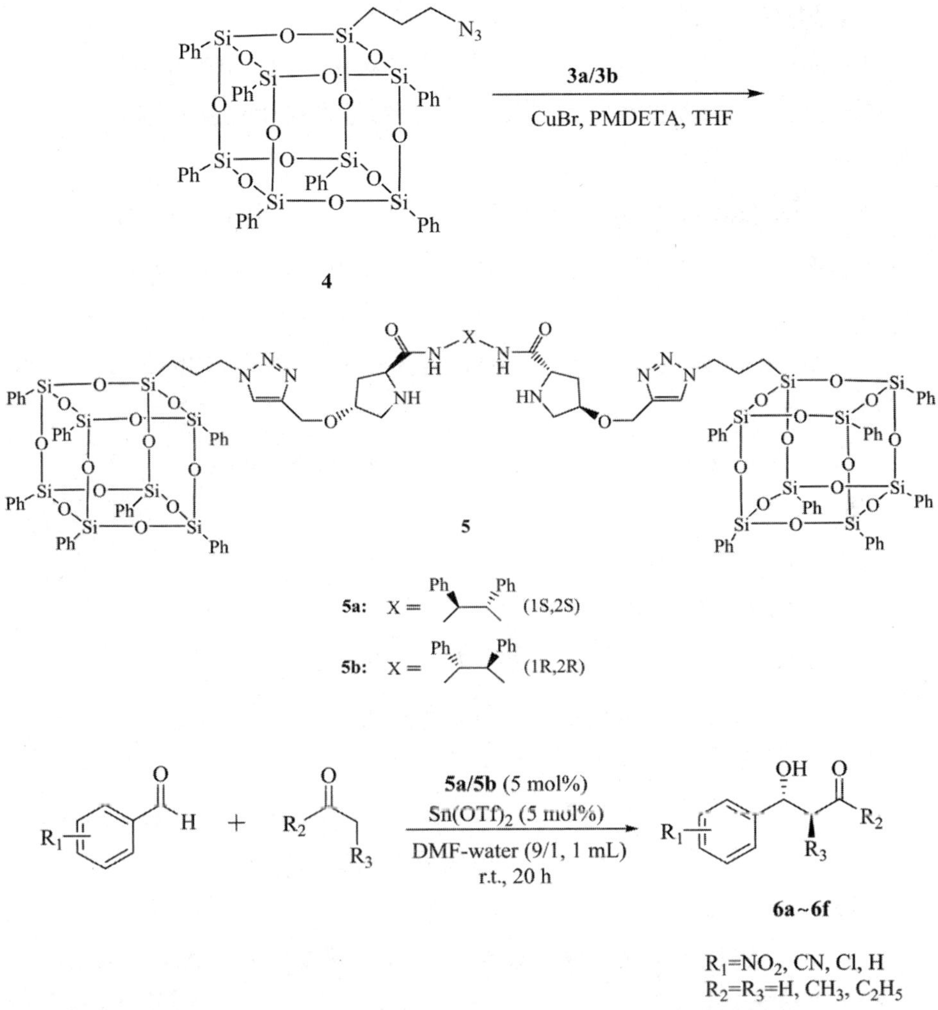

图 5.1　单角 POSS 支载 C_2-对称的双脯氨酰胺的设计及应用

一、实验部分

1. 测试仪器

TLC 紫外灯检测仪：河南予华仪器有限公司，254 nm 和 365 nm 紫外光照射。

核磁共振仪：WIPM 400 MHz（中科开物公司），Varian Unity INOVA

600 (600 MHz)，氘代氯仿为溶剂，TMS 为内标。

红外光谱仪：PE-Spectrum One 型红外光谱仪，NaCl 单晶片涂片。

熔点仪：WRS-1A 型数字熔点仪测定，上海精密科学仪器有限公司，温度未矫正。

分光光度仪：WZZ-2B 型自动旋光仪，比旋光度的计算公式：$[\alpha]_D^t = \alpha/(c \times l)$（$t$：25 ℃，$D$：钠光 589.3 nm，$c$：所测物质的浓度，g/mL，$l$：样品管的长度，dm）。

高效液相色谱仪 HPLC：UltiMate 3000；检测柱：Chiralcel AS-H，Chiralcel AD-H。

元素分析仪：Vario Micro Cube（德国 Elementar 公司）。

2.主要原料

三氟甲烷磺酸锡：97%，Alfa Aesar 公司；

Boc-L-羟脯氨酸：A.R. 扬州宝盛生物科技有限公司；

无水硫酸镁：A.R.，江苏强盛功能化学股份有限公司；

三氟乙酸：A.R.上海凌峰化学试剂有限公司；

苯甲醛：梯希爱（上海）化成工业发展有限公司；

甲醇：A.R.，天津市富宇精细化工有限公司；

间硝基苯甲醛、四氢呋喃：C.P.，国药集团化学试剂有限公司；

乙酸乙酯、二氯甲烷、石油醚：A.R.，天津博迪化工股份有限公司；

三氟甲烷磺酸锌、三氟甲烷磺酸镱、三氟甲烷磺酸钪：>98%，上海笛柏化学品技术有限公司；

(1S，2S)-1，2-二苯基乙二胺、(1R，2R)-1，2-二苯基乙二胺、苯基三甲氧基硅烷、溴丙基三氯硅烷、3-溴丙炔：A.R.，百灵威科技有限公司；

溴化亚铜、氯甲酸乙酯、三氟甲磺酸、对硝基苯甲醛、邻硝基苯甲醛、对腈基苯甲醛、丁酮、环戊酮、环己酮、碳酸钠、甲基叔丁基醚（MTBE）：A.R.，国药集团化学试剂有限公司；

3.单角 POSS 支载 C_2-对称的双脯氨酰胺手性催化剂 5 的合成

(1)炔丙氧基羟脯氨酸化合物 1 的合成

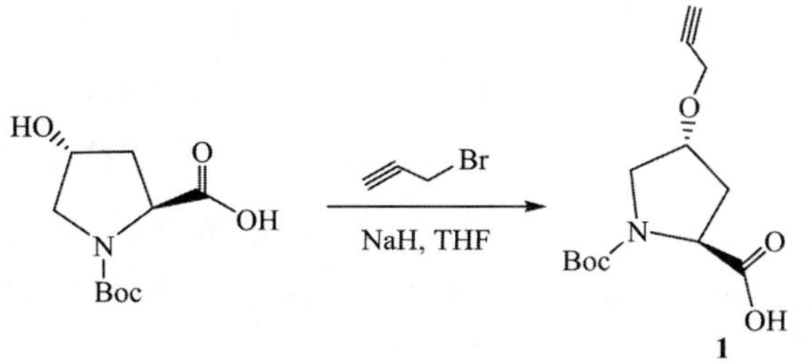

图 5.2　化合物 1 的合成

干燥的 Boc-L-羟脯氨酸(1.0 g, 4.33 mmol)溶于无水四氢呋喃(20 mL), 0 ℃搅拌下,加入 NaH(0.24 g, 10 mmol),搅拌 10 min 后,以 1 滴/秒逐滴滴加溴丙炔(4.0 mL, 36.53 mmol), 保持 0 ℃搅拌 1 h,然后在 40 ℃下反应 24 h。反应结束后,用水(20 mL)淬灭反应,减压蒸馏除去四氢呋喃。水相用乙酸乙酯(20 mL)萃取后弃有机相,留水相。用 0.1 mol/L 的盐酸调节水相 pH 值至 4.0,再用乙酸乙酯(20 mL×3)萃取,合并有机相并用无水硫酸镁干燥,过滤,滤液浓缩,柱层析(甲醇:二氯甲烷=1:5),真空干燥得到深黄色固体 1 (0.97 g,83%)。

Mp: 90～92 ℃[32]; IR (NaCl): υ =3260, 2978, 2115, 1697 cm^{-1}; ^1H NMR (400 MHz, $CDCl_3$): δ =1.42～1.47 (9H), 2.16～2.35 (m, 2H), 2.45 (s, 1H), 3.55～3.69 (2H), 4.16 (2H), 4.32～4.44 (2H); ^{13}C NMR (150 MHz, $CDCl_3$): δ =28.39 (28.53), 34.78 (36.62), 51.24 (51.98), 56.56(56.63), 57.86 (57.97), 75.19, 75.88 (76.29), 79.25, 81.06(81.57), 154.01 (155.79), 176.30 (178.76)。

(2)C_2-对称的含炔丙氧基双脯氨酰胺手性化合物 2 的合成

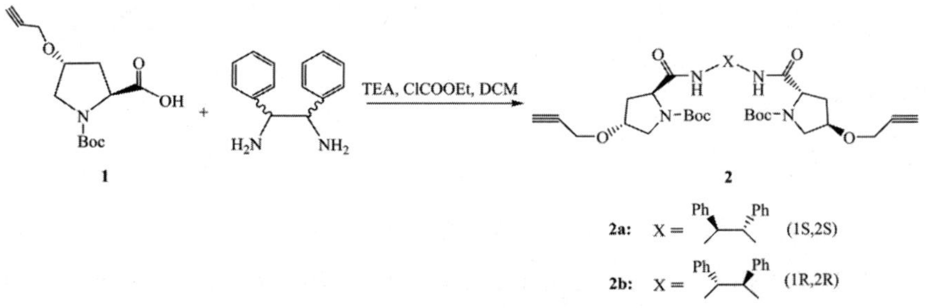

图 5.3　化合物 2 的合成

将化合物 1 (0.97 g,3.60 mmol)溶于二氯甲烷(10 mL),0 ℃搅拌下,加入三乙胺(0.81 mL,5.85 mmol)和氯甲酸乙酯(0.36 mL,3.82 mmol),保持 0 ℃搅拌 30 min,再加入(1S,2S)/(1R,2R)-二苯乙二胺(0.47 g,2.25 mmol),40 ℃反应 24 h。反应结束后,溶液浓缩,柱层析(甲醇：二氯甲烷=1：45),真空干燥得到白色固体 2a (1.03 g, 80%)/2b (1.06 g, 83%)。

化合物 2a

Mp：110 ~ 111 ℃; IR (NaCl): υ = 3302, 2115, 1693, 1543, 1408 cm^{-1}; ^1H NMR (400 MHz, $CDCl_3$): δ =1.24~1.40 (18H), 2.02~2.58 (6H), 3.37~3.64 (4H), 4.12~4.45 (m, 8H), 5.18 (s, 2H), 7.05~7.14 (m, 10H); 8.04~8.24 (2H); ^{13}C NMR (150 MHz, $CDCl_3$): δ =28.38, 32.79, 33.26, 51.36, 56.61, 58.52, 74.98, 76.15, 76.71, 79.62, 80.55, 80.83, 127.59, 128.59, 138.17, 155.96, 172.60。

化合物 2b

Mp：109 ~ 110 ℃; IR (NaCl): υ = 3291, 2115, 1693, 1534, 1392 cm^{-1}; ^1H NMR (400 MHz, $CDCl_3$): δ =1.26~1.41 (18H), 2.05~2.45 (6H), 3.42~3.65 (4H), 4.12~4.45 (m, 8H), 5.17 (s, 2H), 7.07~7.32 (m, 10H); 8.05~8.29 (2H); ^{13}C NMR (150 MHz, $CDCl_3$): δ =28.05, 28.65, 34.88, 52.54, 56.24, 59.02, 74.92, 76.83, 77.04, 77.48, 79.54, 80.57, 127.58, 128.59, 141.12, 154.84, 172.27。

(3)C_2-对称的含炔丙氧基双脯氨酰胺手性化合物 3 的合成

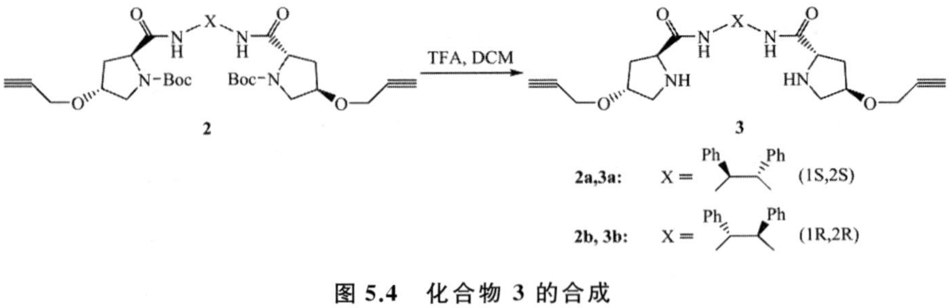

图 5.4 化合物 3 的合成

化合物 2a/2b (1.03 g, 1.44 mmol)溶于二氯甲烷(15 mL),加入三氟乙酸(1.50 mL, 20.13 mmol),室温反应 12 h。反应结束后,减压蒸馏除去二氯甲烷，得到的残渣用水(20 mL)溶解，接着用 1 mol/L 氢氧化钠溶液调 pH 值至12.0，再用乙酸乙酯(20 mL×3)萃取，合并有机相，无水硫酸镁干燥，过滤，滤液浓缩，真空干燥得白色固体 3a (0.67 g，90%)/3b (0.69 g，94%)。

化合物 3a

Mp：149～151 ℃；IR (NaCl)：υ =3295，2113，1645，1537 cm^{-1}；^1H NMR (400 MHz，$CDCl_3$)：δ =1.76～2.31 (m，6H)，2.42 (2H)，2.63～2.66 (2H)，3.11～3.14 (2H)，3.86～3.90 (2H)，4.02～4.08 (m，6H)，5.16～5.18 (2H)，7.04～7.16 (m，10H)，8.47 (2H)；^{13}C NMR (150 MHz，$CDCl_3$)：δ =36.16，52.48，56.09，59.98，74.55，79.94，80.26，127.73，128.58，139.02，174.65。

化合物 3b

Mp：149～150 ℃；IR (NaCl)：υ =3288，2113，1655，1515 cm^{-1}；^1H NMR (400 MHz，$CDCl_3$)：δ =1.78～2.31 (m，6H)，2.46 (2H)，2.74～2.77 (2H)，3.12～3.15 (2H)，3.82 (2H)，4.08～4.16 (m，6H)，5.23 (2H)，7.09～7.15 (m，10H)，8.40 (2H)；^{13}C NMR (150 MHz，$CDCl_3$)：δ=36.38，52.54，56.16，58.06，60.00，74.71，79.97，80.28，127.5，128.55，139.04，174.39。

(4)单角 POSS 支载 C_2-对称的双脯氨酰胺手性催化剂 5 的合成

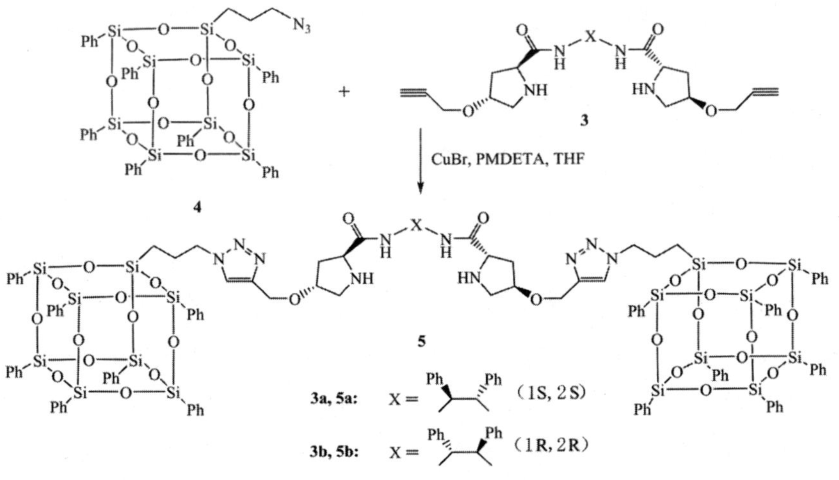

图 5.5 手性催化剂 5 的合成

$POSS-N_3$(2.79 g, 2.60 mmol) 溶于无水四氢呋喃 (40 mL),氮气保护下加入溴化亚铜(0.04 g, 0.26 mmol)及化合物 3a/3b (0.67 g, 1.30 mmol),反应混合液在 40 ℃下搅拌 30 min 后,再将 N,N,N′,N″,N‴-五甲基二亚乙基三胺(PMEDTA) (54 μL,0.26 mmol)迅速注入反应体系中,40 ℃下继续反应 24 h。反应结束后,减压蒸馏除去四氢呋喃,残渣用二氯甲烷(30 mL)溶解,饱和氯化钠水洗,无水硫酸镁干燥,过滤,滤液浓缩得黄色油状粗产物,柱层析(甲醇∶二氯甲烷=1∶20)得到白色固体,即为 POSS 支载 C_2-对称的双脯氨酰胺 5a(2.64 g, 78%)/5b(2.71 g, 80%)。

化合物 5a

IR (NaCl): υ =3302, 1667, 1594, 1134 cm^{-1}; ^1H NMR (400 MHz, $CDCl_3$): δ =0.83 (t, J = 8.0 Hz, 4 H), 1.82 (m,2 H), 2.08 (m, 4 H), 2.33 (m, 4 H), 2.65 (m, 2 H), 3.10 (m, 1 H), 3.89 (m, 2 H), 4.00 (m, 2 H), 4.25 (t, J = 8.0 Hz, 4 H), 4.45 (s, 4 H), 5.21 (s, 2 H), 7.07~7.21(m, 12 H), 7.33~7.44 (m,47 H), 7.74 (m, 30 H), 8.51 (2 H); ^{13}C NMR (150 MHz, $CDCl_3$): δ =9.10, 24.45, 36.57, 52.35, 52.60, 58.77, 60.18, 62.27, 80.66, 122.77, 127.73, 128.37, 128.75, 130.26, 131.25, 134.49, 135.79, 139.13, 144.98, 174.92; ^{29}Si NMR (79.5 MHz, $CDCl_3$): δ =76.56,76.24,64.06; Elemental analyses ($C_{120}H_{116}N_{10}O_{28}Si_{16}$): calcd. C 55.53, H 4.50, N 5.39; found C 55.70, H 4.73. N 5.22; $[\alpha]_D^{21}$ = 3.5 (c 0.1, CH_2Cl_2)。

化合物 5b

IR (NaCl): υ =3290, 1667, 1430, 1134 cm^{-1}; ^1H NMR (400 MHz, $CDCl_3$): δ =0.84 (t, J = 8.0 Hz, 4 H), 1.80 (m, 2 H), 2.09 (m, 4 H), 2.37 (m, 2 H), 2.76 (m, 3 H), 3.16 (m, 2 H), 3.85 (m, 2 H), 4.12 (m, 3 H), 4.25 (t, J = 8.0 Hz, 4 H), 4.49 (s, 4 H), 5.27 (s, 2 H), 7.11~7.17 (m, 16 H), 7.34~7.39 (m, 44 H), 7.75 (m, 28 H), 8.45 (2 H); ^{13}C NMR (100 MHz, $CDCl_3$): δ =8.84, 23.99, 36.42, 52.13, 52.42, 57.93, 59.87, 62.08, 80.69, 122.56, 127.45, 127.66, 128.00, 130.01, 130.11, 130.96, 134.21, 138.87, 144.64, 174.24; ^{29}Si NMR (79.5 MHz,

$CDCl_3$)：δ =76.67,76.35,64.17；Elemental analyses ($C_{120}H_{116}N_{10}O_{28}Si_{16}$)：calcd. C 55.53，H 4.50，N 5.39；found C 55.74，H 4.81，N 5.46；$[\alpha]_D^{21}$ = 9.8 (c 0.1，CH_2Cl_2)。

(5)外消旋体的合成

合成外消旋体 6a～6i(见图 5.6)的基本方法：将芳香醛类物质(1 mmol)、酮类 (20 mmol)溶于 4 mL 的碳酸氢钠溶液中(PH=8.5)，在 25 ℃条件下反应约 10 h，通过并 TLC 监测反应完后，用(2×10 mL)的乙酸乙酯萃取，合并有机相，无水硫酸镁干燥，过滤、旋蒸后通过柱色谱分离(乙酸乙酯：石油醚=1：1～1：4)得到不同固体 6a～6i，产率为 60%～87%。

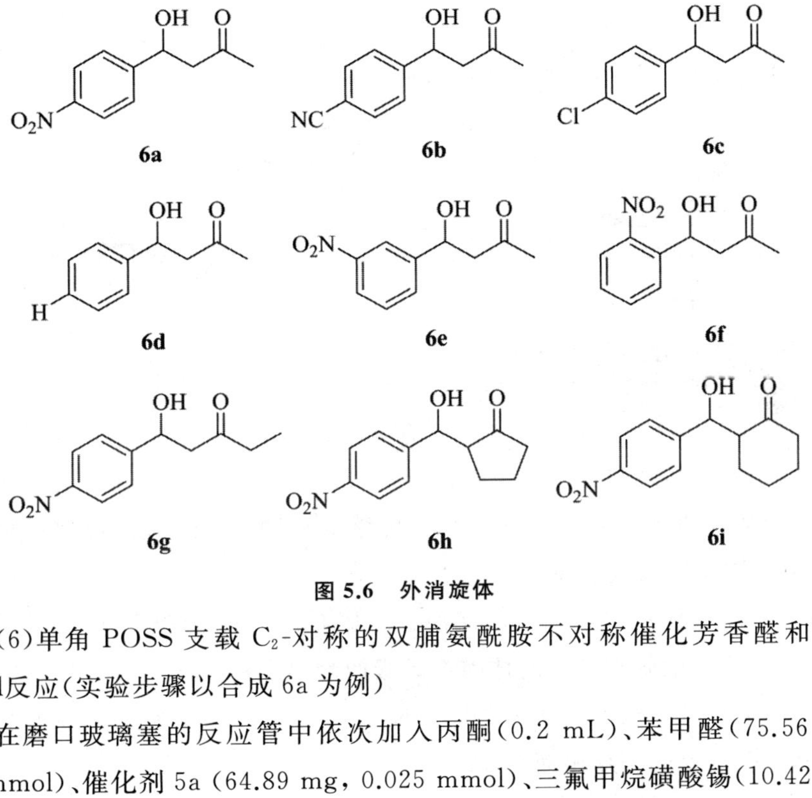

图 5.6 外消旋体

(6)单角 POSS 支载 C_2-对称的双脯氨酰胺不对称催化芳香醛和酮的Aldol反应(实验步骤以合成 6a 为例)

在磨口玻璃塞的反应管中依次加入丙酮(0.2 mL)、苯甲醛(75.56 mg，0.5 mmol)、催化剂 5a (64.89 mg，0.025 mmol)、三氟甲烷磺酸锡(10.42 mg，0.025 mmol)，DMF/H_2O (9/1，1 mL)，25 ℃下搅拌 20 h (如图 5.7 所示)。反应结束后，加入甲基叔丁基醚(MTBE)(10 mL)重结晶、过滤洗涤、薄层层析(甲醇：二氯甲烷=1：20)显示滤渣无任何反应物和产物，真空干燥得到回收催化剂 5a(59.05 mg,回收率 91%)。滤液浓缩,柱层析(乙酸乙酯∶石油醚=1∶1)得到羟醛缩合产物(R)-4-羟基-4-(4-硝基苯基)丁-2-酮 6a(89.10 mg,86%)。

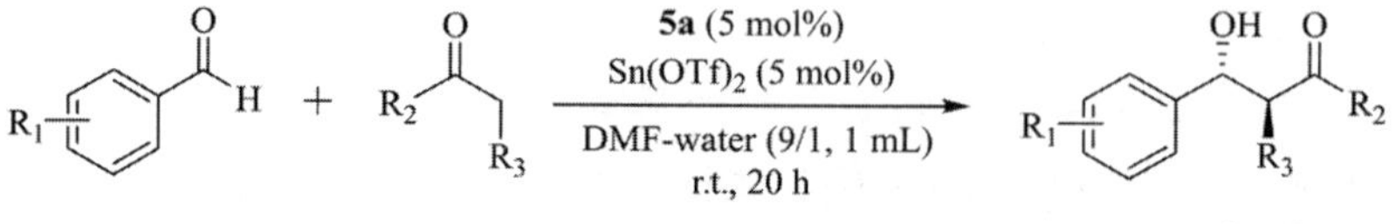

图 5.7　催化剂 5a 不对称催化芳香醛和酮的 Aldol 反应

二、单角 POSS 支载 C_2-对称的双脯氨酰胺手性催化剂 5 的合成及图谱分析

1.炔丙氧基脯氨酸化合物 1 的合成及图谱分析

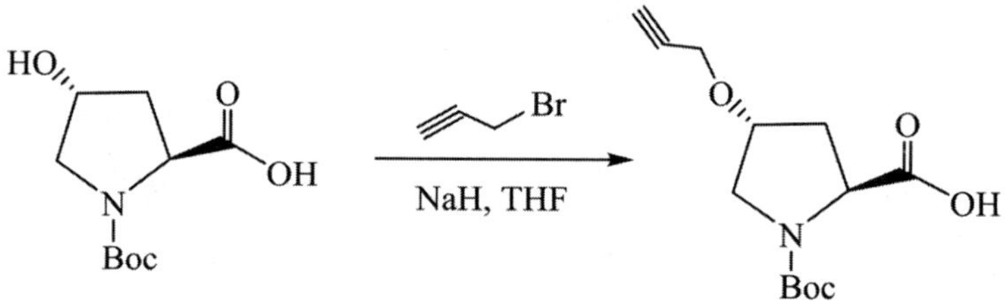

1

图 5.8　化合物 1 的合成

反应结束后,产物为不溶于有机相羧酸盐,用盐酸调 pH 值至酸性,将羧酸盐酸化成羧酸化合物 1;再用乙酸乙酯萃取产物,干燥、旋蒸得粗产物。此步反应操作简便,反应产率高。

如图 5.9 所示,3260 cm^{-1} 为炔基上 C—H 键的伸缩振动吸收峰,2117 cm^{-1} 为炔的碳碳三键的伸缩振动吸收峰,2978 cm^{-1} 和 1697 cm^{-1} 分别为羧基上的羟基与羰基的吸收峰,1746 cm^{-1}、1162 cm^{-1} 为 Boc 基团上甲基和羰基与醚键上的伸缩振动吸收峰。

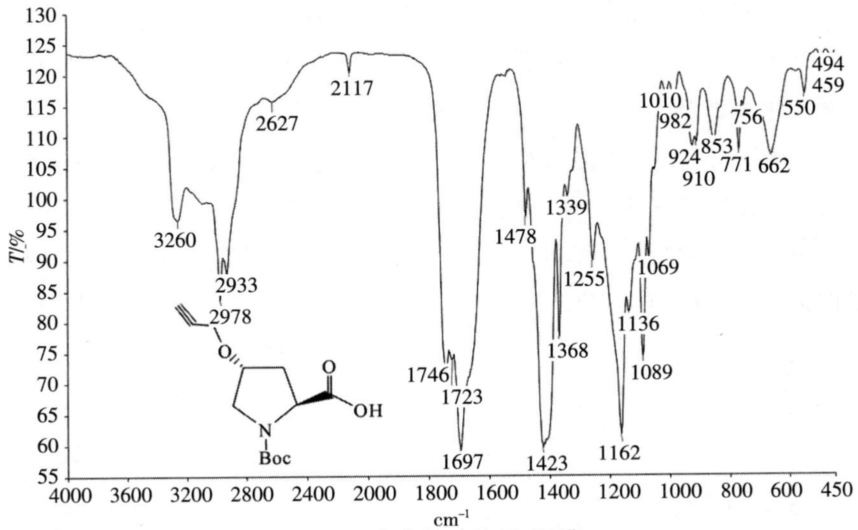

图 5.9　化合物 1 的 IR 图谱

如图 5.10 所示，δ =1.42～1.48 为 Boc 基团的甲基上的 9 个 H，δ =2.16～2.35为吡咯烷上 N 的间位上亚甲基的 2 个 H，δ =2.45 为炔基上的 1 个 H，δ =3.55～3.69 为吡咯烷上的 2 个 H，δ =4.16 为炔丙基上亚甲基的 2 个 H，δ =4.32～4.44 为吡咯烷叔碳上的 2 个 H。

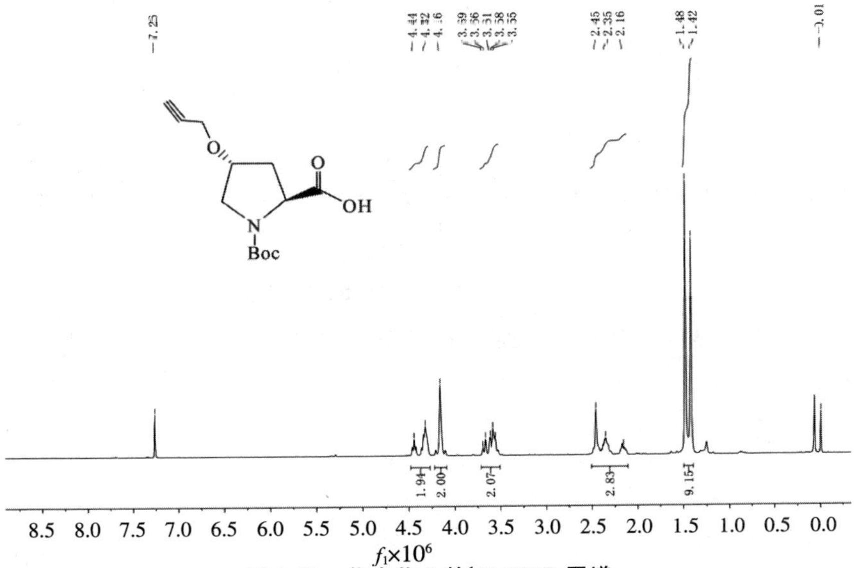

图 5.10　化合物 1 的^{1}H NMR 图谱

如图 5.11 所示，$\delta=28.39$,28.53 为 Boc 基团上 3 个甲基上的 C，$\delta=34.78$,36.62 为吡咯烷亚甲基上的 C，$\delta=51.24$,51.98 为吡咯烷 上与 N 相连另一个亚甲基上的 C，$\delta=56.56$,56.63 为炔丙基上亚甲基的 C，$\delta=57.86$,57.97 为吡咯烷上与羧基连接的 C，$\delta=75.19$ 为炔基末端上的 C，$\delta=75.88$,76.29 为炔基另一端上的 C，$\delta=79.25$ 为 Boc 基团与甲基相连的 C，$\delta=81.06$，81.57 为吡咯烷与氧相连的 C，$\delta=154.01$,155.79 为 Boc 基团与羰基相连的 C，$\delta=176.30$，178.76 为羧基 C[32]。

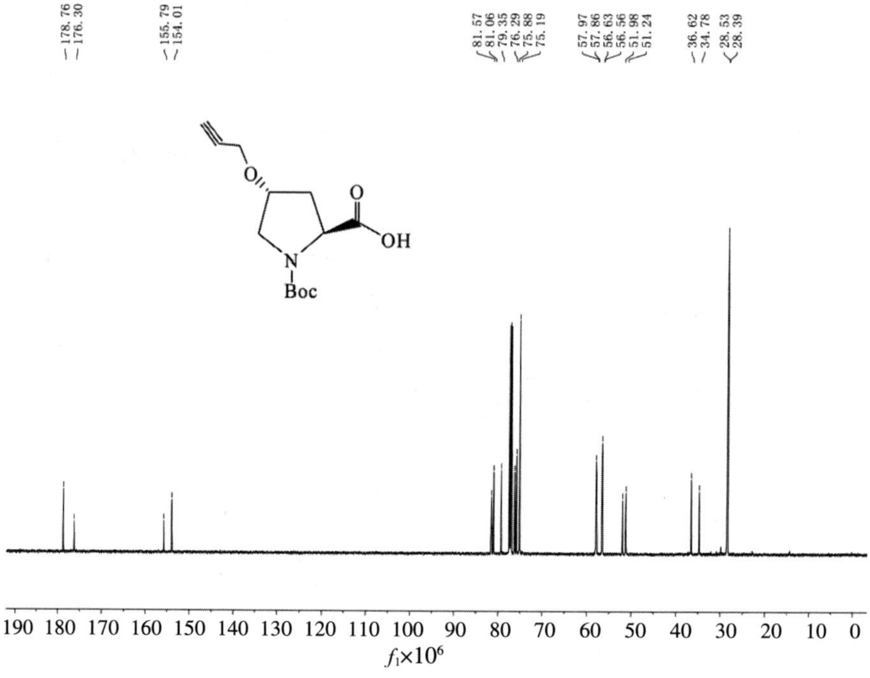

图 5.11　化合物 1 的 ^{13}C NMR 图谱

2.C_2-对称的含炔丙氧基双脯氨酰胺手性化合物 2 的合成(见图 5.12)及图谱分析

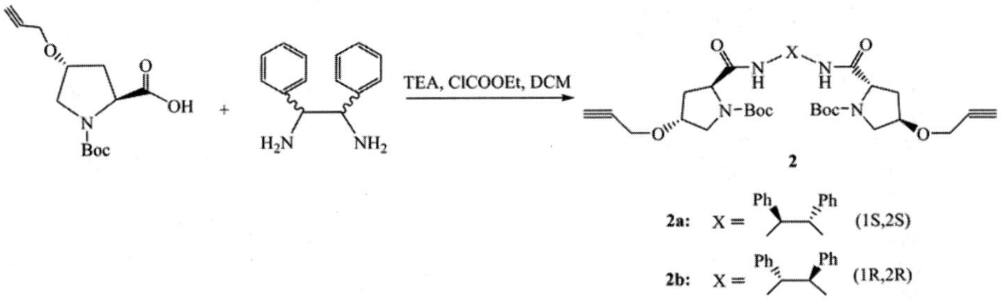

图 5.12　化合物 2 的合成

酰胺化反应采用的是混合酸酐法，在碱性条件下，先加入的氯甲酸乙酯与羧酸生成酸酐，然后酸酐再与二苯乙二胺反应得到酰胺，通过加热至 40 ℃来促进反应向右进行。

如图 5.13 所示，3302 cm^{-1}为酰胺上 N—H 键的伸缩振动吸收峰，2115 cm^{-1}为炔的碳碳三键的伸缩振动吸收峰，1693 cm^{-1}、1543 cm^{-1}分别为 Boc 基团上羰基与酰胺上羰基的伸缩振动吸收峰，1403 cm^{-1}为醚键上的吸收峰。

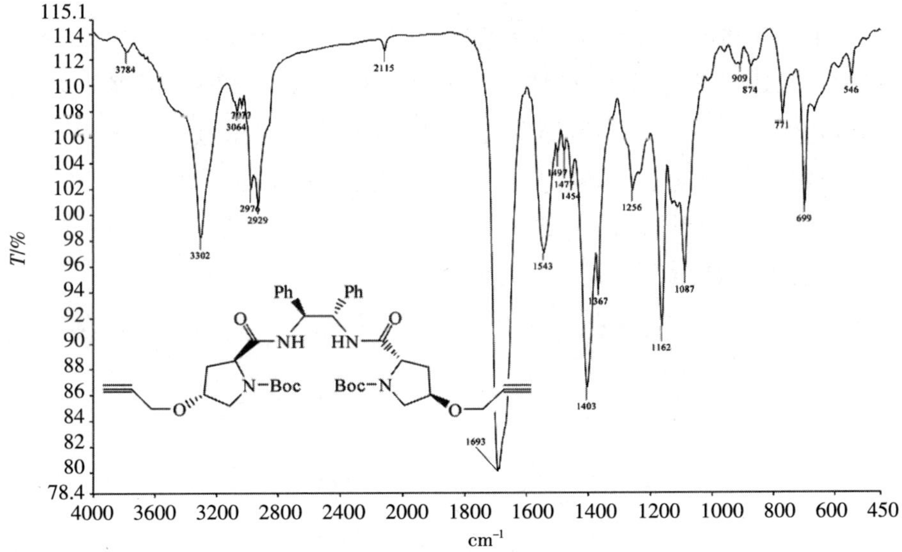

图 5.13　化合物 2a 的 IR 图谱

图 5.14 所示为化合物 2b 的 IR 图谱。

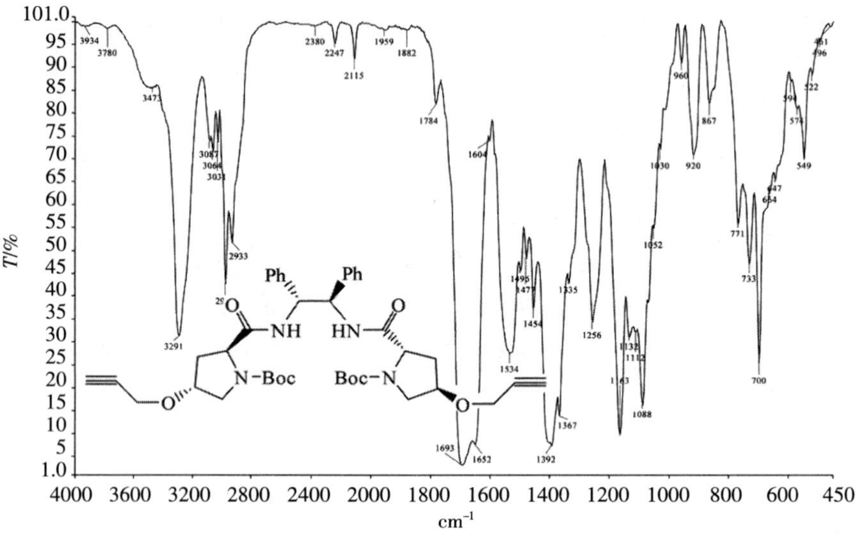

图 5.14 化合物 2b 的 IR 图谱

如图 5.15 和图 5.16 所示，δ =1.24～1.40 为两个 Boc 基团上的 18 个 H，δ =2.02～2.19 为吡咯烷上亚甲基的 3 个 H，δ =2.45～2.58 为炔基末端上的 2 个 H，δ =3.37～3.64 为吡咯烷上与 N 相连两个亚甲基的 4 个 H，δ =4.12～4.46 为炔丙基上亚甲基 4 个 H 和吡咯烷上叔碳的 4 个 H，δ =5.18 为乙二胺叔碳上的 2 个 H，δ =7.05～7.14 为苯环的 10 个 H，δ =8.04 和 8.34 为 2 个活性 N—H 键。

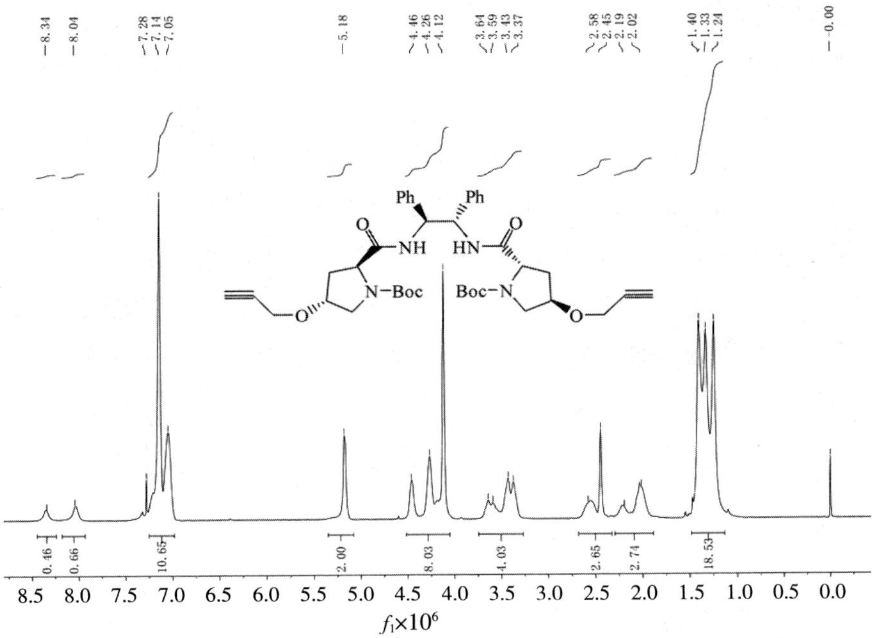

图 5.15　化合物 2a 的[1]H NMR 图谱

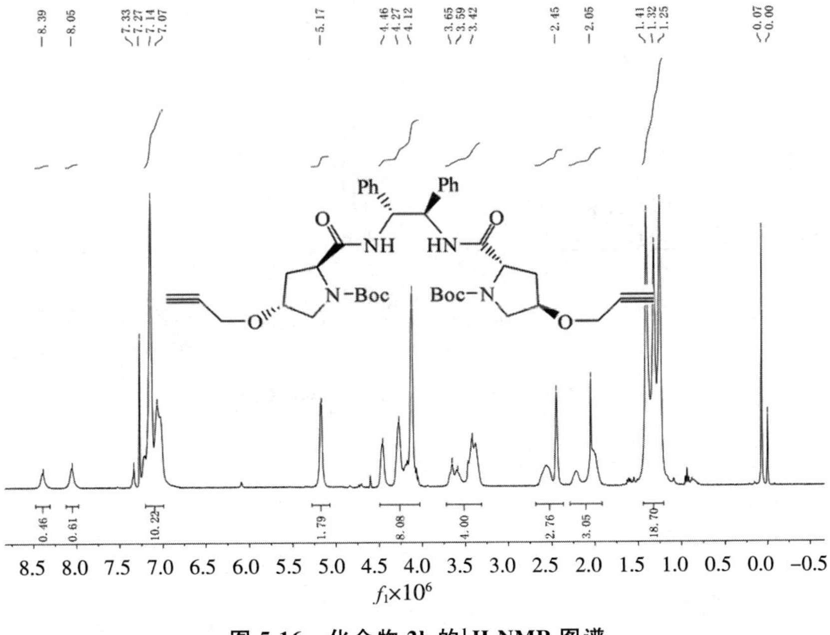

图 5.16　化合物 2b 的[1]H NMR 图谱

如图 5.17 所示，$\delta=28.38$ 为 Boc 基团 6 个甲基上的 C，$\delta=32.79$，33.26 为吡咯烷亚甲基上的 C，$\delta=51.36$ 为吡咯烷上与 N 相连另一个亚甲基上的 C，$\delta=56.61$ 为炔基亚甲基上的 2 个 C，$\delta=58.52$ 为乙二胺上的 C，$\delta=59.90$，60.01 为吡咯烷与 N 相连的 C，$\delta=74.98$ 为末端炔基上的 C，$\delta=76.15$，76.71 为炔基上另一端上的 C，$\delta=79.62$ 为 Boc 基团上与 O 相连的 C，$\delta=80.55$，80.83 为吡咯烷上与 O 相连的 C，$\delta=127.59$，128.59 为苯环上的 C，$\delta=138.17$ 为与乙二胺相连苯环上的 C，$\delta=155.96$ 为与 Boc 基团相连的羰基 C，$\delta=172.60$ 为酰胺上的羰基 C。化合物 2b 的^{13}C NMR 图谱与化合物 2a 的相似(见图 5.18)。

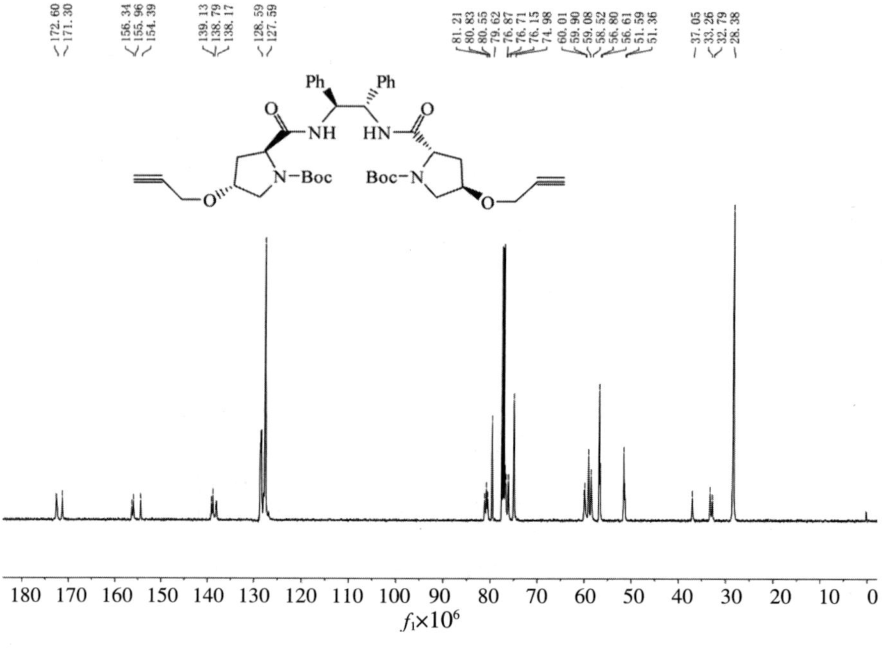

图 5.17 化合物 2a 的^{13}C NMR 图谱

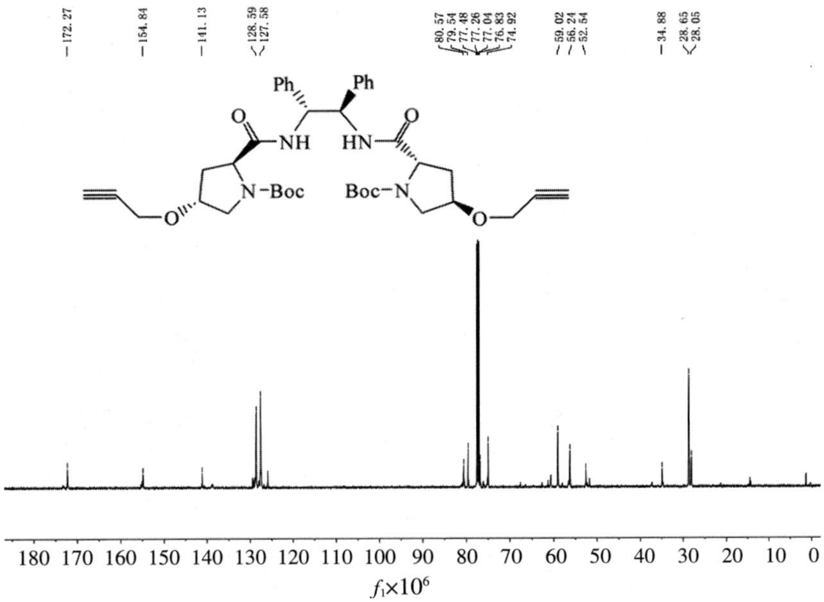

图 5.18　化合物 2b 的^{13}C NMR 图谱

从以上 IR、^{1}H NMR 及^{13}C NMR 图谱分析可知，所得化合物与目标化合物结构相吻合。

3. C_2-对称的含炔丙氧基双脯氨酰胺手性化合物 3 的合成（见图 5.19）及图谱分析

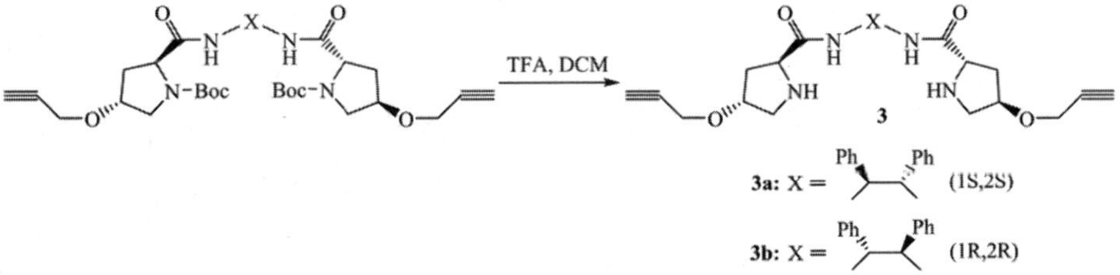

图 5.19　化合物 3 的合成

TFA 为易挥发的强酸，在冰浴条件下缓慢加入，TFA 与溶剂 DCM 的体积比在 1∶10 左右，TFA 如果太少，脱保护不完全，过量则在后处理过程中特别是萃取时会严重乳化，大大影响产率。

如图 5.20 所示，3295 cm^{-1} 为酰胺上 N—H 键的伸缩振动吸收峰，2113 cm^{-1} 为炔的碳碳三键的伸缩振动吸收峰，1645 cm^{-1} 为酰胺上羰基的伸缩振动吸收峰，1537 cm^{-1}为醚键上的吸收峰。

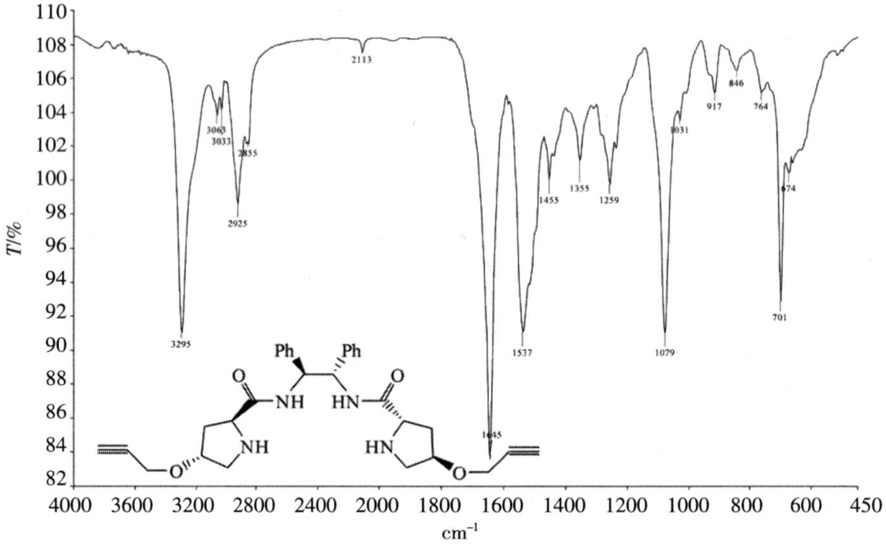

图 5.20 化合物 3a 的 IR 图谱

化合物 3b 的 IR 图谱(见图 5.21)与化合物 3a 的 IR 图谱相似。

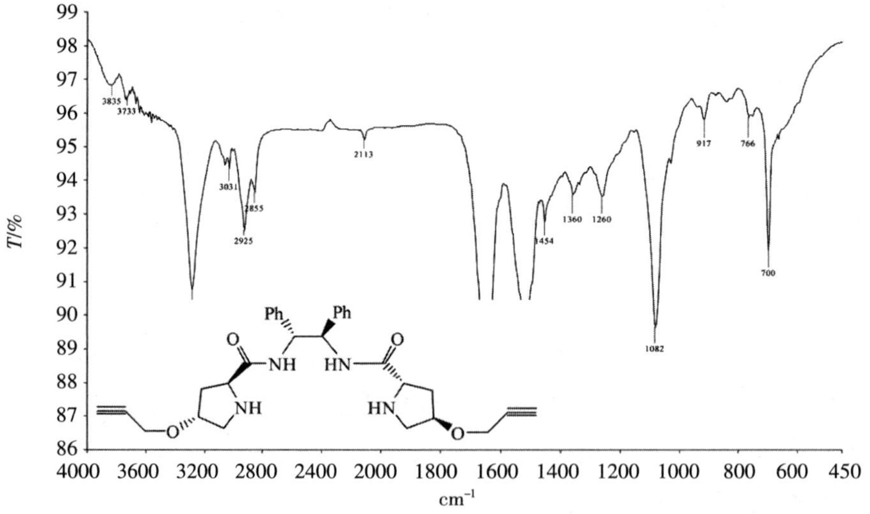

图 5.21 化合物 3b 的 IR 图谱

如图 5.22 所示，δ =1.76～1.81 为吡咯烷上亚甲基的 2 个 H，δ =2.31～2.34 为吡咯烷上亚甲基的 4 个 H，δ =2.42 为吡咯烷上的活性 N—H 键，δ =2.63～2.66 为炔基末端上的 2 个 H，δ =3.11～3.14 为吡咯烷上的 2 个 H，δ =3.86～3.90 的 t 峰为吡咯烷上与羰基相连碳上的 2 个 H，δ =4.02～4.08 为炔丙基上亚甲基的 4 个 H 和吡咯烷上与氧相连碳的 2 个 H，δ =5.16～5.18 为乙二胺叔碳上的 2 个 H，δ =7.04～7.16 为苯环的 10 个 H，δ =8.47 为酰胺上的活性 N—H 键。

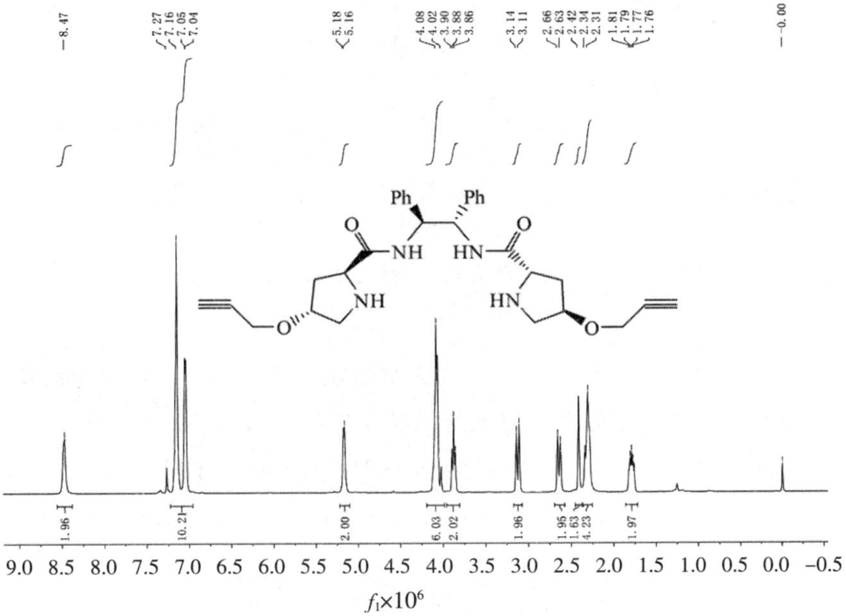

图 5.22　化合物 3a 的 ^{1}H NMR 图谱

化合物 3b 的 ^{1}H NMR 图谱(见图 5.23)与化合物 3a 的 ^{1}H NMR 图谱相似。

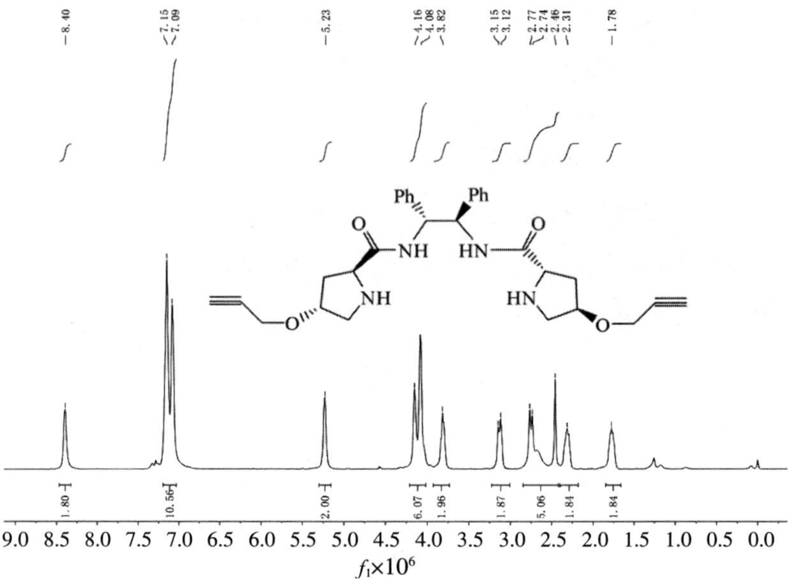

图 5.23　化合物 3b 的^{1}H NMR 图谱

如图 5.24 所示，δ＝36.16，52.48 为吡咯烷上的 C，δ＝56.09 为炔基上与氧连接的 C，δ＝58.74 为吡咯烷上与酰胺相连的 C，δ＝59.98 为乙二胺上的 C，δ＝74.55，79.94 为炔基上的 C，δ＝80.26 为吡咯烷上的 C，δ＝127.56，127.73，128.58，139.02 为苯环上的 C，δ＝174.65 为酰胺上的 C。

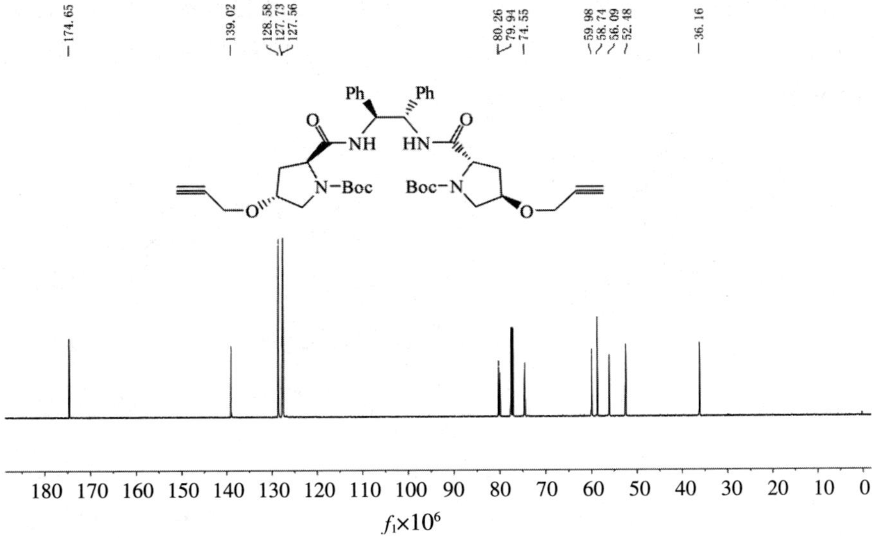

图 5.24　化合物 3a 的^{13}C NMR 图谱

化合物 3b 的^{13}C NMR 图谱(见图 5.25)与化合物 3a 的^{13}C NMR 图谱相似。

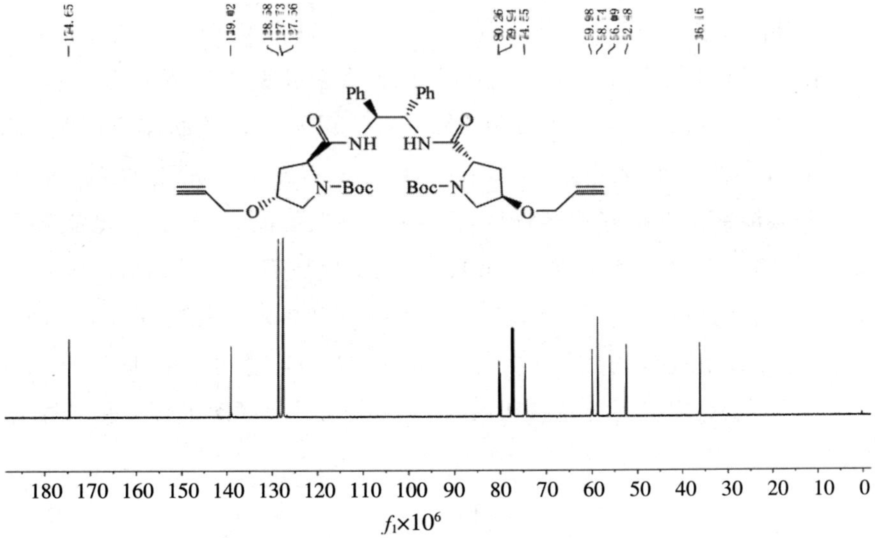

图 5.25　化合物 3b 的^{13}C NMR 图谱

从以上图谱综合分析可知，所合成化合物与目标化合物结构相吻合。

4.单角 POSS 支载 C_2-对称的双脯氨酰胺手性催化剂 5 的合成(见图 5.26)及图谱分析

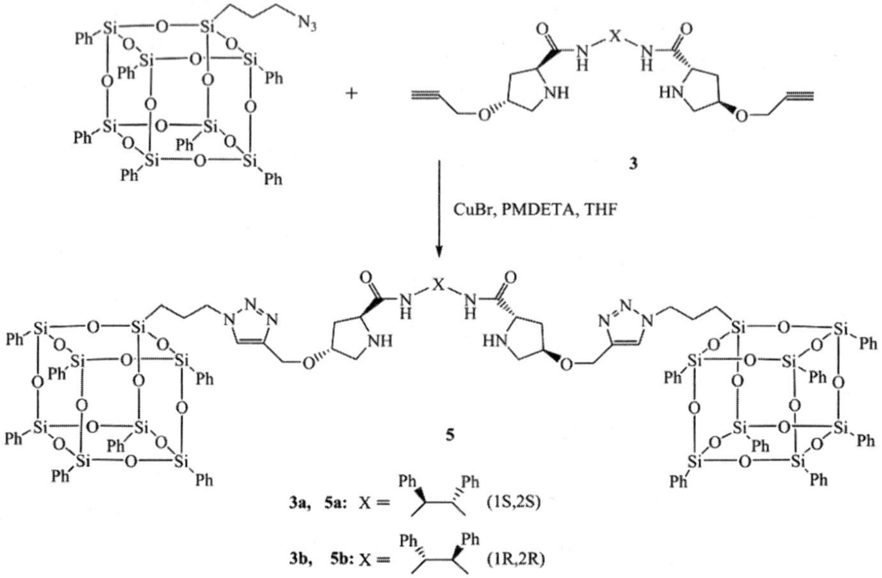

图 5.26 手性催化剂 5 的合成

单角 POSS-N_3与脯氨酰胺化合物 3 通过 Click 反应得到的单角 POSS 支载 C_2-对称的双脯氨酰胺。反应结束后，用饱和氯化钠水洗萃取除去铜盐，无水硫酸镁干燥，柱层析(甲醇：二氯甲烷＝1：20)得到白色固体 5。该支载化的催化剂结构对称、性质稳定，并且在二氯甲烷、三氯甲烷、四氢呋喃、N，N-二甲基甲酰胺溶剂中有很好的溶解性，而在石油醚、乙醚、甲基叔丁基醚溶剂中不溶，将其用于催化不对称的 Aldol 反应，反应完成后采用重结晶的方法实现催化剂与产物的分离。

如图 5.27 所示，3302 cm^{-1}为酰胺上 N—H 键的伸缩振动吸收峰，1667 cm^{-1}为三氮唑五元环特征吸收峰，1594 cm^{-1}为酰胺上羰基的伸缩振动吸收峰，1134 cm^{-1}为 Si—O 键的吸收峰。

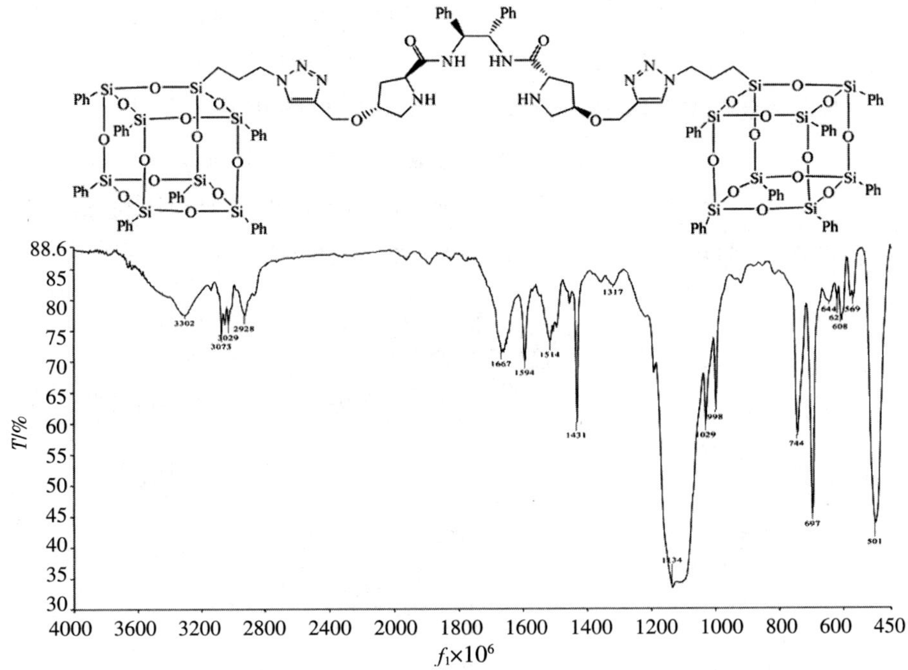

图 5.27　化合物 5a 的 IR 图谱

化合物 5b 的 IR 图谱(见图 5.28)与化合物 5a 的 IR 图谱相似。

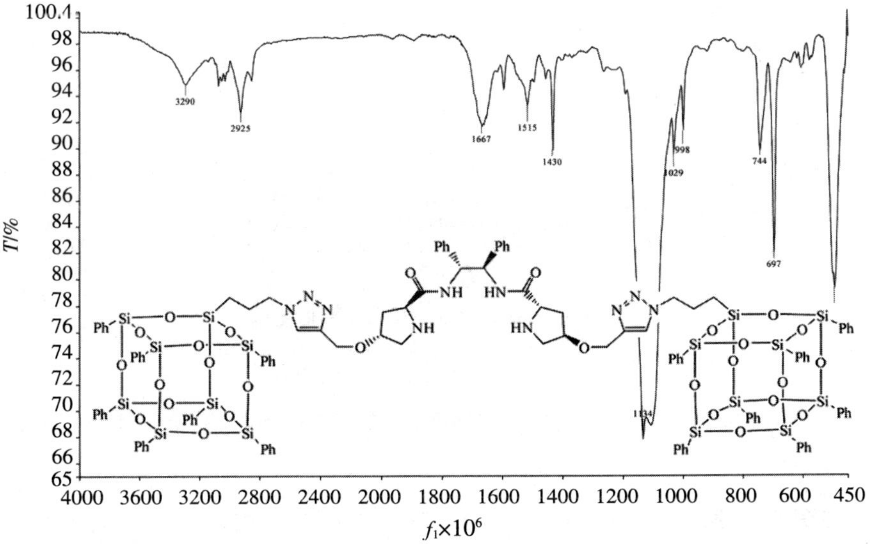

图 5.28　化合物 5b 的 IR 图谱

如图 5.29 所示，δ =0.83 为与 Si 相连亚甲基的 4 个 H，δ =1.84 为吡咯烷上的活性 N—H 键，δ =2.08 为与三氮唑五元环相连亚甲基的 4 个 H，δ =2.33～4.00为吡咯烷上的 12 个 H，δ =4.25 为 POSS 丙基上中间亚甲基的 4 个 H，δ =4.45 为三氮唑五元环与氧相连亚甲基上的 4 个 H，δ =5.21 为乙二胺叔碳上的 2 个 H，δ =7.07～7.44 为 POSS 与乙二胺上的苯环和三氮唑五元环上的 82 个 H，δ =8.51 为酰胺上的活性 N—H 键。

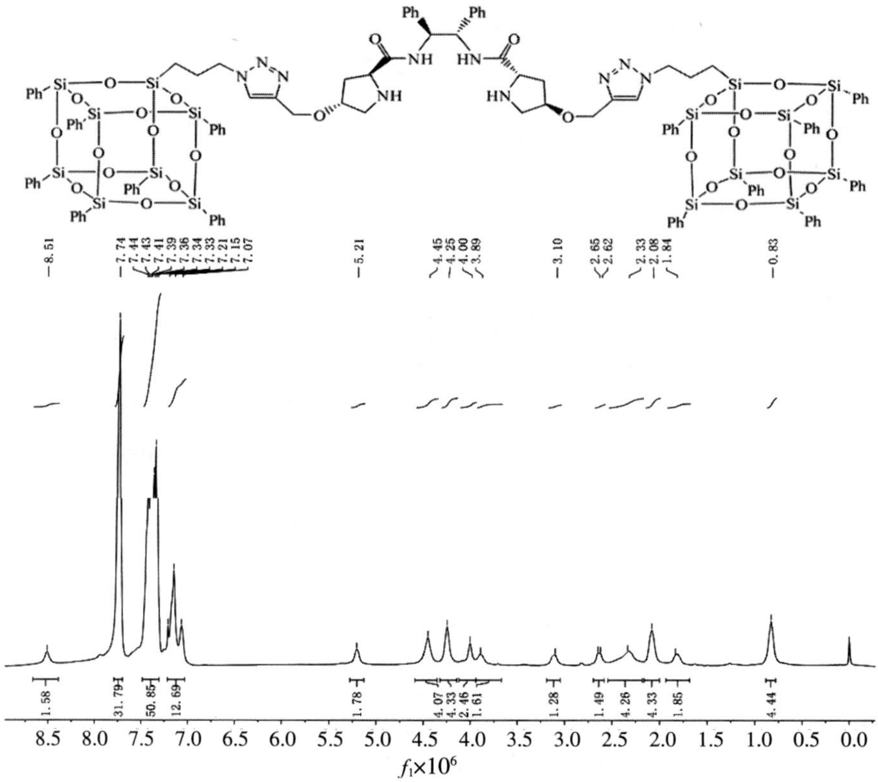

图 5.29　化合物 5a 的^{1}H NMR 图谱

化合物 5b 的^{1}H NMR 图谱(见图 5.30)与化合物 5a 的^{1}H NMR 图谱相似。

如图 5.31 所示，δ =9.10，24.25，58.77 为与 Si 相连亚甲基上的 C，δ =36.57,52.35,52.60,80.66 为吡咯烷上的 C，δ =60.18 为乙二胺上的 C，δ =

62.27 为与氧相连亚甲基上的 C，δ = 122.77～144.98 为苯环和三氮唑五元环上的 C，δ = 174.92 为酰胺上的 C。

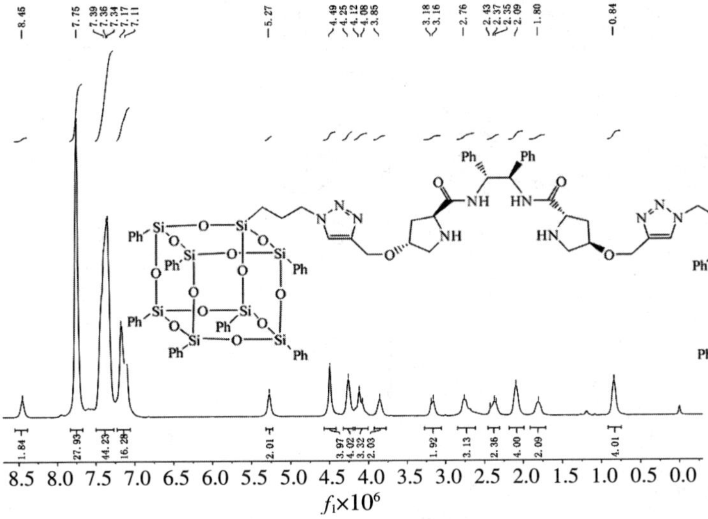

图 5.30　化合物 5b 的 ^1H NMR 图谱

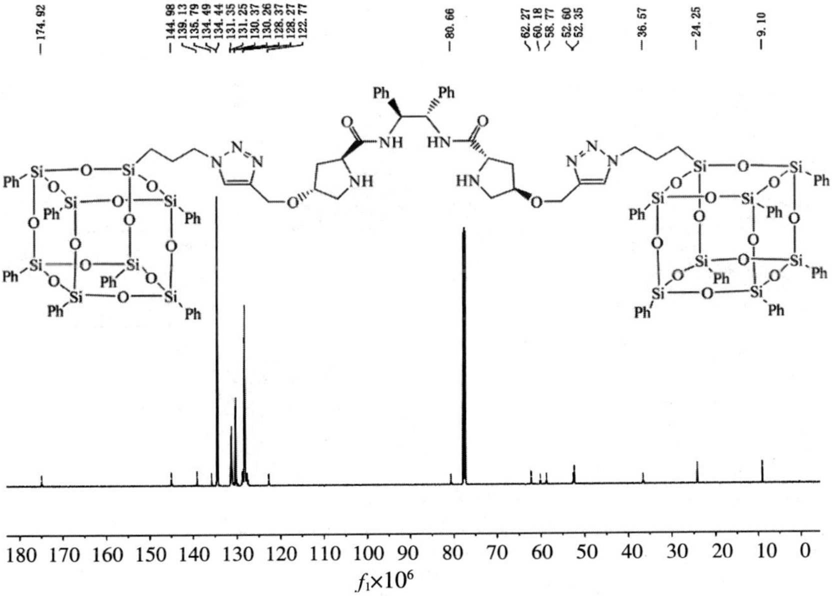

图 5.31　化合物 5a 的 ^{13}C NMR 图谱

化合物 5b 的^{13}C NMR 图谱(见图 5.32)与化合物 5a 的^{13}C NMR 图谱相似。

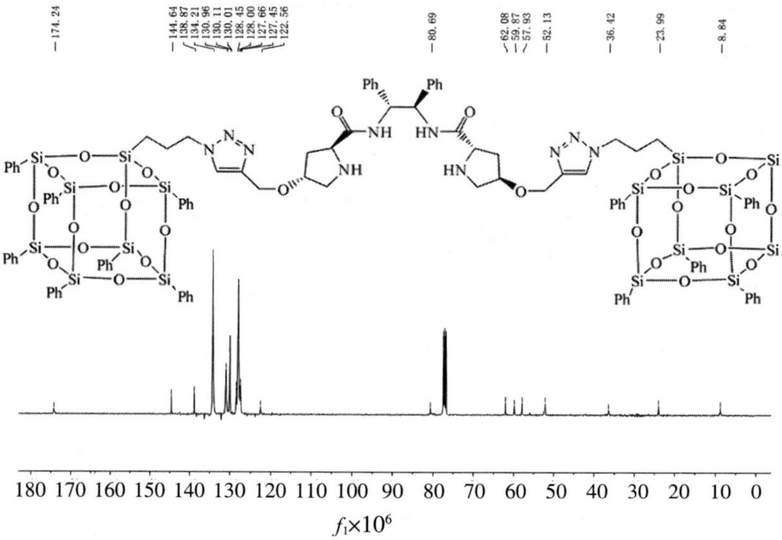

图 5.32 化合物 5b 的^{13}C NMR 图谱

如图 5.33 所示，δ = −76.56、−76.24、−64.06 对应单角 POSS 上的 3 个 Si。

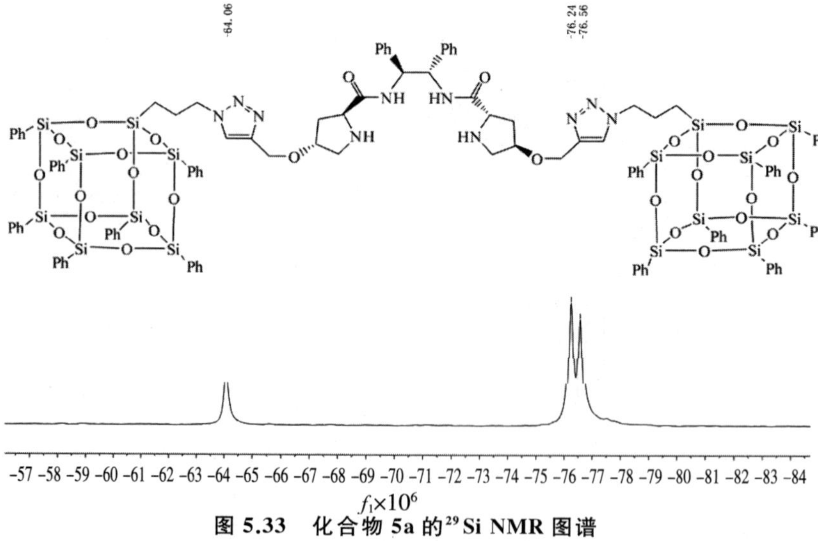

图 5.33 化合物 5a 的^{29}Si NMR 图谱

化合物 5b 的[29] Si NMR 图谱(见图 5.34)与化合物 5a 的[29] Si NMR 图谱相似。

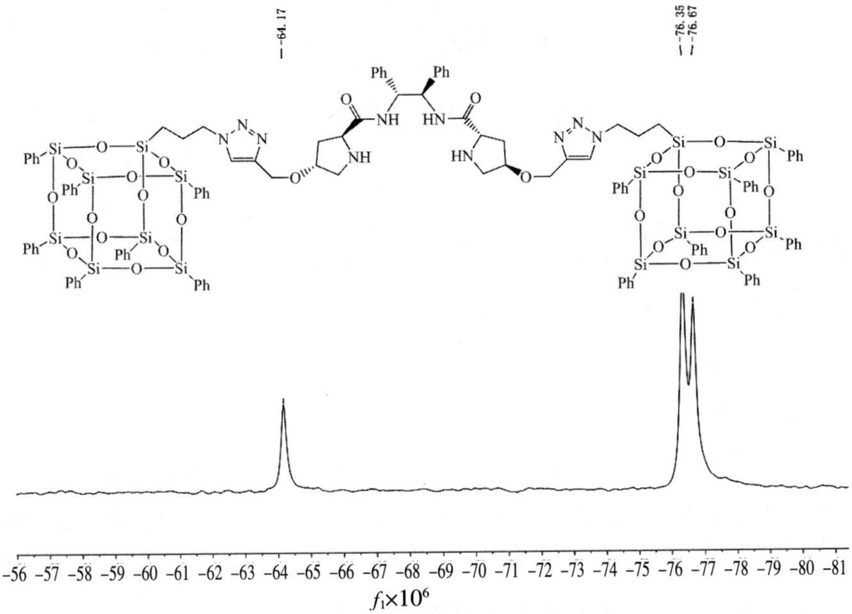

图 5.34　化合物 5b 的[29] Si NMR 图谱

从以上[1] H NMR、[13] C NMR 和[29] Si NMR 图谱分析可知,所得化合物与目标化合物结构吻合。

三、不对称催化 Aldol 反应条件的优化

将得到的单角 POSS 支载 C_2-对称的双脯氨酰胺用于不对称 Aldol 反应,作为对硝基苯甲醛和丙酮的模板反应,通过优化反应条件来达到产率和立体选择性最佳,并在此反应条件基础上探究不同底物,了解单角 POSS 支载 C_2-对称的双脯氨酰胺手性催化剂的普遍性。

1.催化剂对催化反应的影响

以三氟甲烷磺酸锡为辅酸, 用量 5 mol%,催化剂用量 5 mol%,溶剂 DMF : H_2O = 9 : 1(V_1/V_2,1 mL),在反应温度 25 ℃,反应时间 20 h 的条件下,两种不同构型的催化剂 5a 和 5b 不对称催化 Aldol 反应,结果如表 5.1 所示,发现它们的催化产率相近,但 5a 有更高的立体选择性(ee=95.6%)。

表 5.1　催化剂对丙酮和对硝基苯甲醛反应的影响[a]

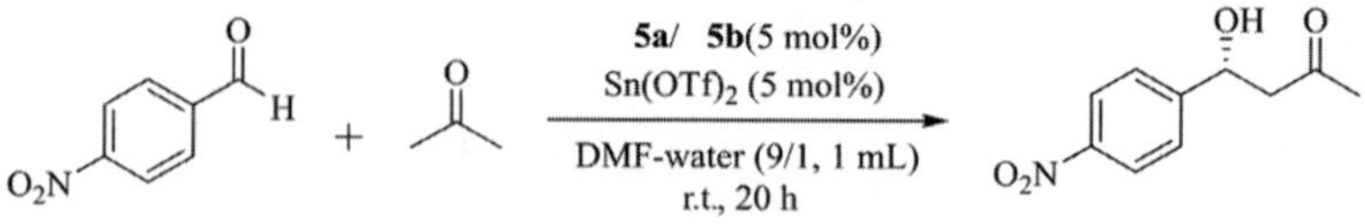

组数	催化剂	产率[b]/%	ee[c]/%
1	5a	85	95.6[d]
2	5b	86	82.8

a 反应条件：对硝基苯甲醛(0.5 mmol)，丙酮 (2.5 mmol)；
b 产率通过柱层析分离计算；
c *ee* 值通过 HPLC 检测 (Chiralpak AS-H)；
d 产物的绝对构型通过和相关文献比较[7-11]。

2.溶剂对催化反应的影响

单角 POSS 支载 C_2-对称的双脯氨酰胺 5a 为手性催化剂且用量5 mol%，以三氟甲烷磺酸锡为辅酸，在用量 5 mol%，反应温度 25 ℃，反应时间20 h的条件下，探讨溶剂体系对反应的影响，结果如表 5.2，可知，在 DCM 和 DMF 中，虽然 *ee* 值都比较高，但 DCM 仅有 51%的产率(组数 1 和 2)，$CHCl_3$ 和 THF 的立体选择性和产率都不高。综合产率和 *ee* 值，选取 DMF 作最优溶剂继续进行条件的优化。

表 5.2　溶剂对丙酮和对硝基苯甲醛反应的影响[a]

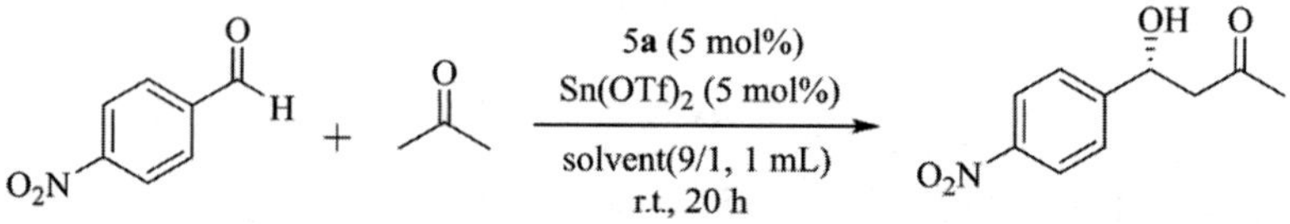

组数	溶剂	产率[b]/%	ee[c]/%
1	DMF：H_2O=9：1	85	95.6
2	DCM：H_2O=9：1	51	94.2
3	$CHCl_3$：H_2O=9：1	56	76.6
4	THF：H_2O=9：1	60	88.6

a 反应条件：对硝基苯甲醛(0.5 mmol)，丙酮 (2.5 mmol)；
b 产率通过柱层析分离计算；
c *ee* 值通过 HPLC 检测 (Chiralpak AS-H)。

3.辅酸对催化反应的影响

单角 POSS 支载 C_2-对称的双脯氨酰胺 5a 为手性催化剂且用量5 mol%，溶剂 DMF：H_2O= 9：1(V_1/V_2,1 mL)，在反应温度 25 ℃，反应时间 20 h 的条件下，辅酸用量 5 mol%，探讨辅酸对反应的影响，结果如表 5.3 所示。可知，当没有添加辅酸时，产率和 *ee* 值都不高。加入有机酸 TfOH 和 TFA，*ee* 值虽然提高了 20%左右，但产率下降厉害（仅有 18%～25%）；当加入路易斯酸 $Zn(OTf)_2$后，*ee* 值达到了 83.5%，同时产率也比没有添加辅酸以及加入有机酸要高；使用不同的路易斯酸 $Sc(OTf)_2$、$Yb(OTf)_2$和$Sn(OTf)_2$时，其中以 $Sn(OTf)_2$为最佳（产率 85%，*ee* 值 95.6%）（组数 7），所以 $Sn(OTf)_2$为最佳辅酸。

表 5.3　辅酸催化剂对丙酮和对硝基苯甲醛反应的影响[a]

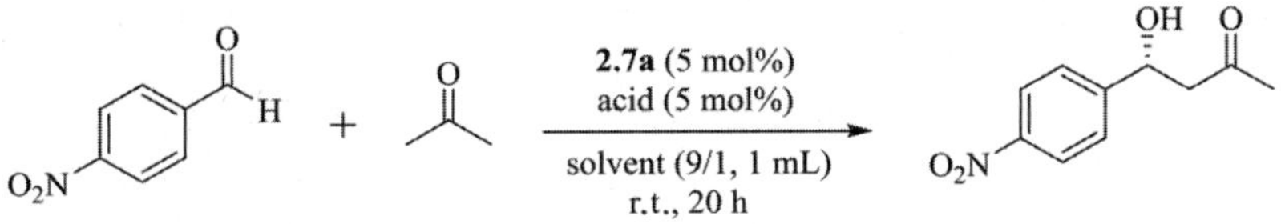

组数	添加剂	产率[b]/%	*ee*[c]/%
1	none	58	62.7
2	TfOH	18	82.5
3	TFA	25	87.9
4	$Zn(OTf)_2$	59	83.5
5	$Sc(OTf)_2$	84	92.2
6	$Yb(OTf)_2$	86	84.9
7	$Sn(OTf)_2$	85	95.6

[a] 反应条件：对硝基苯甲醛（0.5 mmol），丙酮（2.5 mmol）；

[b] 产率通过柱层析分离计算；

[c] *ee* 值通过 HPLC 检测（Chiralpak AS-H）。

4.催化剂用量、反应温度和时间对催化反应的影响

以单角 POSS 支载 C_2-对称的双脯氨酰胺 5a 为手性催化剂，$Sn(OTf)_2$为辅酸，溶剂 DMF：H_2O= 9：1(V_1/V_2,1 mL)，探讨催化剂用量、反应温度和时间对催化反应的影响，结果如表 5.4 所示。从表 5.4 可知，当催化剂的量减少为 1 mol%，产率下降为<10%（组数 2），当其增加至 10 mol%和 20 mol%

时，产率和 *ee* 值都没有明显提升，因此选定催化剂的量为 5 mol%。当 T = 0 ℃时，*ee* 值降低至 86.9%，T = −25 ℃时与 r. t. 时的 *ee* 值几乎相同，但两者的产率都有明显的下降（32%～35%）。最后探讨不同的反应时间（组数 7～9），产率随着反应时间增加有缓慢提升，但立体选择性几乎没有变化。综合考虑，选择催化剂的量为 5 mol%、反应温度为 rt 和反应时间为 20 h 作为最佳的反应条件。

表 5.4　催化剂用量、反应温度和时间对丙酮和对硝基苯甲醛反应的影响[a]

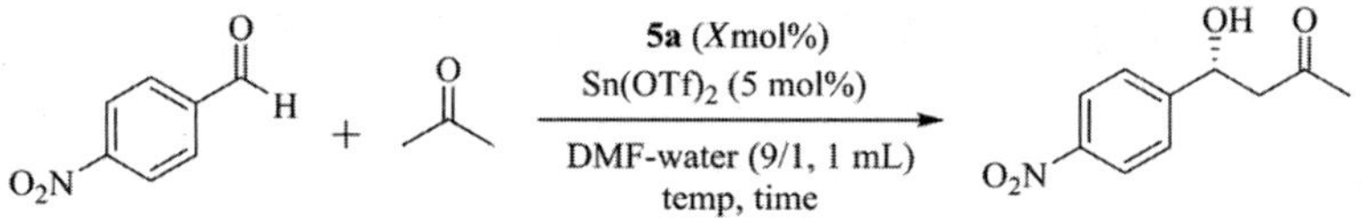

组数	催化剂当量/mol%	温度/℃	时间/h	产率[b]/%	*ee*[c]/%
1	5	rt	20	85	95.6
2	1	rt	20	<10	89.5
3	10	rt	20	86	94.8
4	20	rt	20	85	91.4
5	5	0	20	35	86.9
6	5	−25	20	32	95.3
7	5	rt	10	65	94.6
8	5	rt	40	86	93.4
9	5	rt	60	88	94.3

a 反应条件：对硝基苯甲醛（0.5 mmol），丙酮（2.5 mmol）；

b 产率通过柱层析分离计算；

c *ee* 值通过 HPLC 检测（Chiralpak AS-H）。

四、催化剂的循环利用

为探究该催化剂的循环利用效果，对催化剂 5a 进行重复试验，并通过重结晶的方式分离纯化。选用 DMF 和 H_2O 作溶剂，路易斯酸 $Sn(OTf)_2$ 为辅酸，在室温下反应 20 h，循环重复进行 5 次实验，结果如表 5.5 所示。反应结果从表 5.5 中可以看出，该催化剂重复使用 5 次后，产率和立体选择性未见明显下降。

表 5.5　催化剂 5a 在丙酮和对硝基苯甲醛反应中的重复使用[a]

循环次数	产率[b]/%	ee[c]/%	回收率/%
1	82	92.7	91.2
2	81	89.1	90.7
3	78	94.7	89.5
4	75	90.6	92.1
5	70	93.5	91.7

[a] 反应条件：对硝基苯甲醛(0.5 mmol)，丙酮 (2.5 mmol)；
[b] 产率通过柱层析分离计算；
[c] *ee* 值通过 HPLC 检测 (Chiralpak AS-H)。

五、不对称催化 Aldol 反应底物的拓展

在以对硝基苯甲醛和丙酮为模板的不对称 Aldol 反应中，催化剂 5a 表现优良，因此，进一步探讨此催化剂的普适性，结果如表 5.6 所示。

表 5.6　催化剂 5a 在不同底物 Aldol 反应中的应用[a]

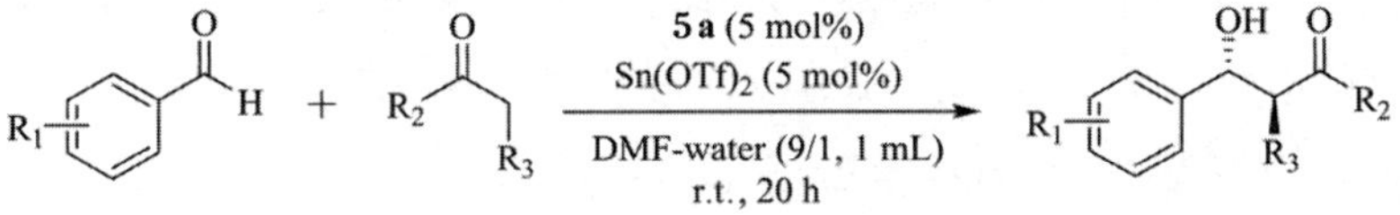

8a~8i

组数	R_1	R_2,R_3	产率[b](%)	*anti/syn*[c]	ee[d]/%
1	4-NO_2	$R_2=R_3=H$	85		95.6[e]
2	4-CN	$R_2=R_3=H$	30		95.2
3[f]	4-Cl	$R_2=R_3=H$	10		97.9
4[f]	4-H	$R_2=R_3=H$	<5		94.7
5	3-NO_2	$R_2=R_3=H$	52		94.9
6	2-NO_2	$R_2=R_3=H$	61		95.6
7[f]	4-NO_2	$R_2=H$，$R_3=CH_3$	18		93.9
8	4-NO_2	$R_2,R_3=-CH_2-$	73	52/48	*anti*=86.5,*syn*=59.9
9	4-NO_2	$R_2,R_3=-CH_2CH_2-$	52	95/5	87.2

[a] 反应条件：芳香醛(0.5 mmol)，酮 (2.5 mmol)；
[b] 产率通过柱层析分离计算；

[c] *anti/syn* 值通过 HPLC 检测（Chiralpak AD-H 和 AS-H）；
[d] *ee* 值通过 HPLC 检测（Chiralpak AD-H 和 AS-H）；
[e] 产物的绝对构型通过和相关文献比较[9-12]；
[f] 反应时间：40 h。

如表 5.6 所示，首先讨论芳香醛上 R_1 取代基对反应的影响，电子基由强变弱时，产率受到电子效应的明显影响（85%～100%），但立体选择性几乎没有变化，当对位取代基变成电中性时，产率＜ 5%。然后以对位效果最好的硝基分别讨论间位和邻位的影响（组数 5～6），发现立体选择性没有明显改变，但间位和邻位的产率明显比对位要低。最后，讨论不同结构的酮对反应的影响，发现丁酮与对硝基苯甲醛反应缓慢，反应时间达到 40 h 时产率也仅有 18%，而环戊酮和环己酮具有较好的结果。

六、不对称催化 Aldol 产物的立体结构分析

合成相关催化产物消旋体后，通过 HPLC 检测，并参考相关文献，确定对映异构体的保留时间，在相同条件下测定并计算出 Aldol 反应产物的对映异构体的百分含量，即为 *ee* 值。*anti/syn* 值分析与 *ee* 值分析类似。

1.（R）-4-羟基-4-（4-硝基苯基）丁-2-酮 6a

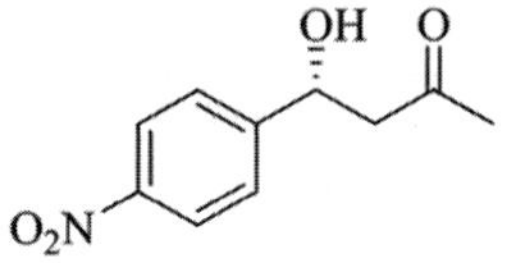

ee 值测定：Chiralcel AS-H；流动相：异丙醇：正己烷＝40：60；流速：0.5 mL/min；检测波长：254 nm；柱温：30 ℃。保留时间：16.4 min（主要），19.1 min（次要）。

图 5.35 为 6a 的外消旋体 HPLC 图谱。如图 5.36 所示，峰 1 和 2 为一对对映异构体：*ee*＝（97.8－2.20）/100 ＝ 95.6%。

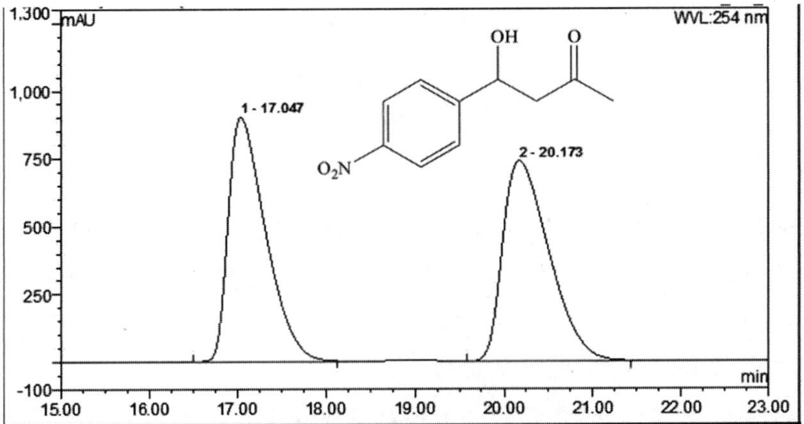

No.	Ret.Time min	Peak Name	Height mAU	Area mAU*min	Rel.Area %	Amount	Type
1	17.05	n.a.	901.542	441.855	49.88	n.a.	BMB*
2	20.17	n.a.	739.045	443.957	50.12	n.a.	BMB*
Total:			1640.586	885.812	100.00	0.000	

图 5.35　6a 的外消旋体 HPLC 图谱

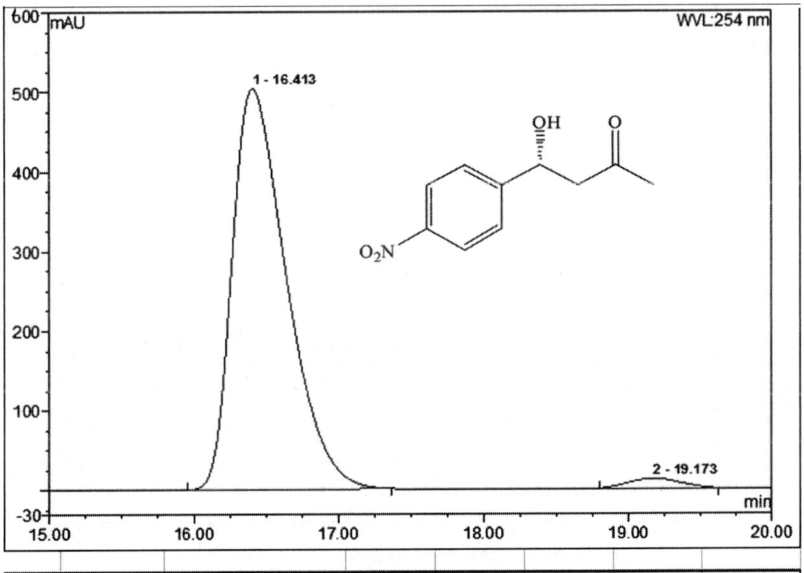

No.	Ret.Time min	Peak Name	Height mAU	Area mAU*min	Rel.Area %	Amount	Type
1	16.41	n.a.	503.036	219.118	97.80	n.a.	BMB*
2	19.17	n.a.	11.984	4.934	2.20	n.a.	BMB*
Total:			515.020	224.052	100.00	0.000	

图 5.36　6a 的催化产物 HPLC 图谱

2.(R)-4-羟基-4-(4-氰基苯基)丁-2-酮 6b

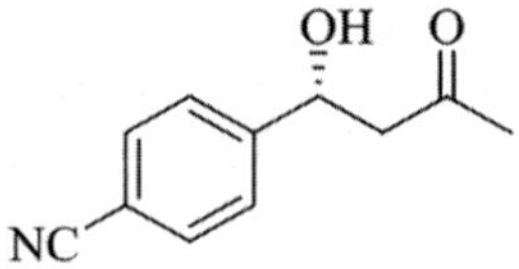

ee 值测定：Chiralcel AS-H；流动相：异丙醇∶正己烷＝30∶70；流速：1.0 mL/min；检测波长：220 nm；柱温：30 ℃。保留时间：9.8 min（主要），15.1 min（次要）。

图 5.37 所示为 6b 的外消旋体 HPLC 图谱。

如图 5.38 所示，峰 1 和峰 2 为一对对映异构体：*ee*＝(97.62－2.38)/100＝95.24%。

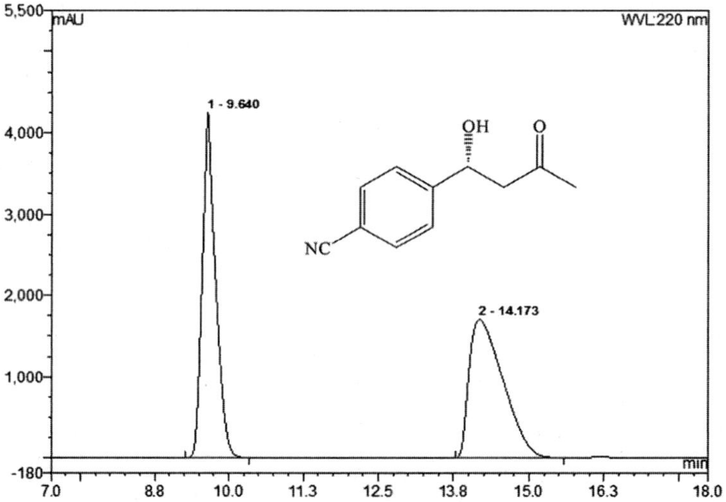

No.	Ret.Time min	Peak Name	Height mAU	Area mAU*min	Rel.Area %	Amount	Type
1	9.64	n.a.	4241.063	1085.862	49.56	n.a.	BMB*
2	14.17	n.a.	1698.989	1105.289	50.44	n.a.	BMB*
Total:			5940.052	2191.152	100.00	0.000	

图 5.37　6b 的外消旋体 HPLC 图谱

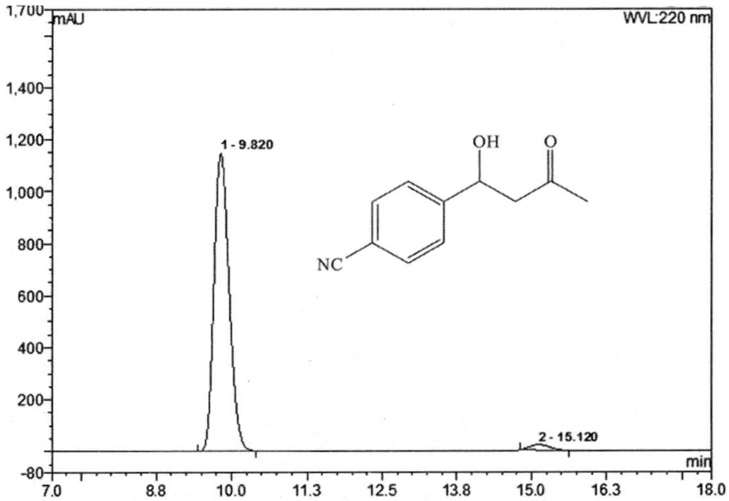

No.	Ret.Time	Peak Name	Height	Area	Rel.Area	Amount	Type
	min		mAU	mAU*min	%		
1	9.82	n.a.	1146.628	332.508	97.62	n.a.	BMB*
2	15.12	n.a.	20.501	8.122	2.38	n.a.	BMB*
Total:			1167.129	340.630	100.00	0.000	

图 5.38　6b 的催化产物 HPLC 图谱

3.(R)-4-(4-氯苯基)-4-羟基丁-2-酮 6c

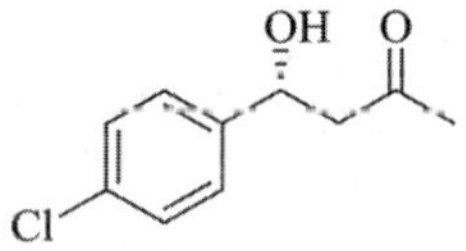

ee 值测定：Chiralcel AS-H；流动相：异丙醇：正己烷＝10：90；流速：1.0 mL/min；检测波长：254 nm；柱温：30 ℃。保留时间：10.9 min(主要)，14.5 min(次要)。

图 5.39 为 6c 的外消旋体 HPLC 图谱。

如图 5.40 所示，峰 1 和 2 为一对对映异构体：*ee*＝(98.93－1.07)/ 100 ＝ 97.86％。

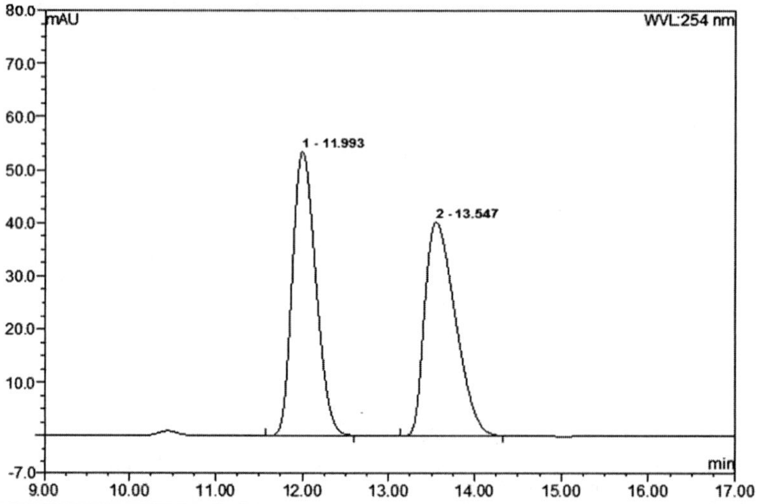

No.	Ret.Time min	Peak Name	Height mAU	Area mAU*min	Rel.Area %	Amount	Type
1	11.99	n.a.	53.401	16.569	49.92	n.a.	BMB*
2	13.55	n.a.	40.122	16.625	50.08	n.a.	BMB*
Total:			93.523	33.194	100.00	0.000	

图 5.39　6c 的外消旋体 HPLC 图谱

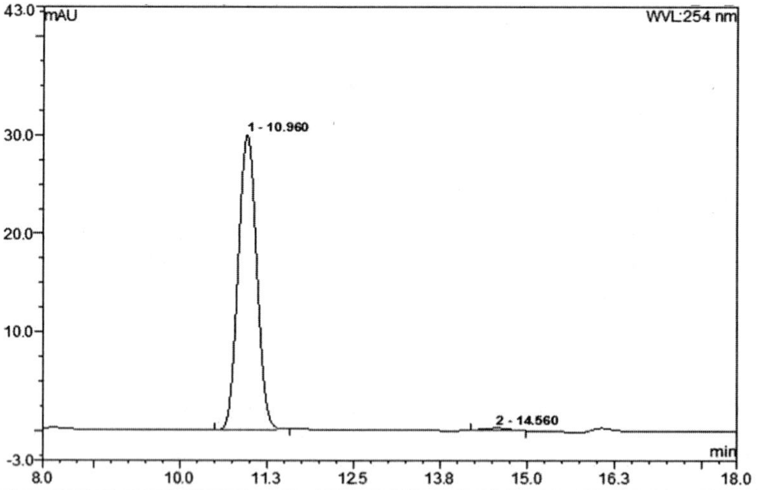

No.	Ret.Time min	Peak Name	Height mAU	Area mAU*min	Rel.Area %	Amount	Type
1	10.96	n.a.	29.861	9.102	98.93	n.a.	BMB*
2	14.56	n.a.	0.233	0.098	1.07	n.a.	BMB*
Total:			30.094	9.201	100.00	0.000	

图 5.40　6c 的催化产物 HPLC 图谱

4.(R)-4-羟基-4-苯基丁-2-酮　6d

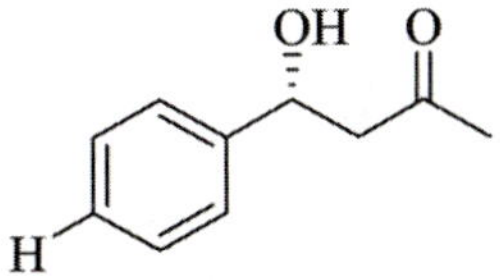

ee 值测定：Chiralcel AD-H；流动相：异丙醇∶正己烷＝10∶90；流速，1.0 mL/min；检测波长，254 nm；柱温，30 ℃。保留时间：8.0 min(主要)，8.6 min(次要)。

图 5.41 所示为 6d 的外消旋体 HPLC 图谱。

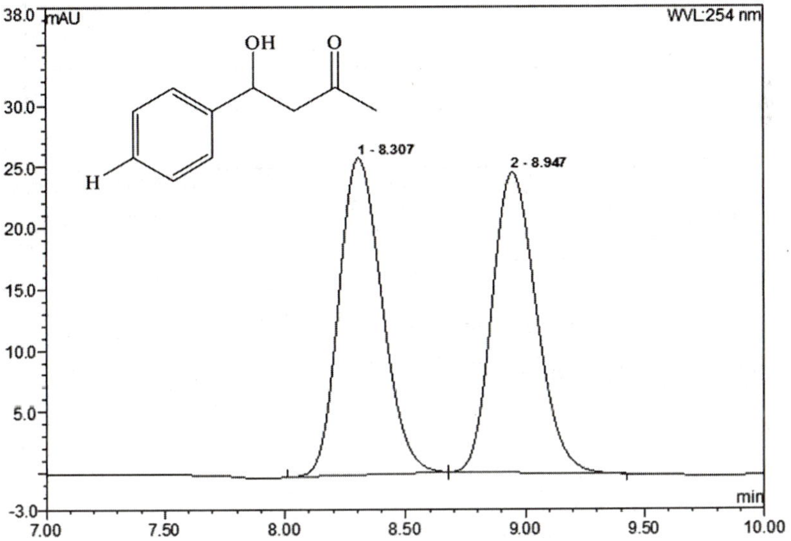

No.	Ret.Time min	Peak Name	Height mAU	Area mAU*min	Rel.Area %	Amount	Type
1	8.31	n.a.	25.860	5.336	50.27	n.a.	BMb*
2	8.95	n.a.	24.529	5.279	49.73	n.a.	bMB*
Total:			50.389	10.615	100.00	0.000	

图 5.41　6d 的外消旋体 HPLC 图谱

如图 5.42 所示，峰 1 和 2 为一对对映异构体：*ee*＝ (97.33－2.67)/ 100 ＝ 94.66%.

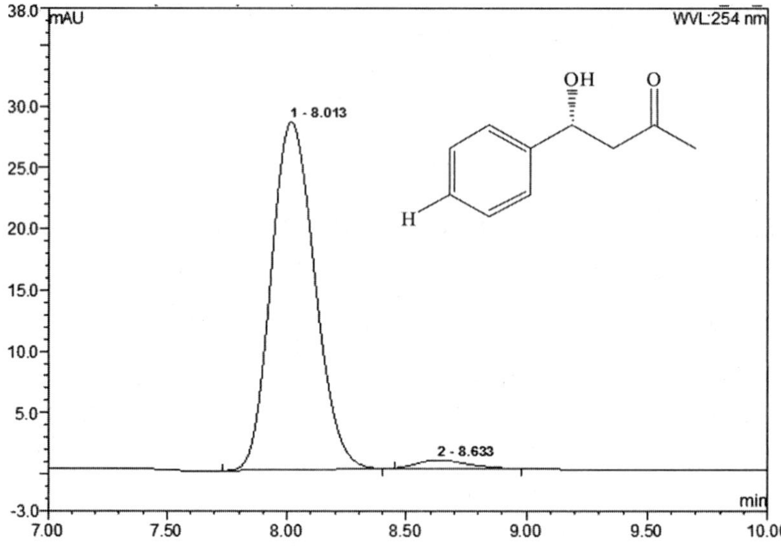

No.	Ret.Time min	Peak Name	Height mAU	Area mAU*min	Rel.Area %	Amount	Type
1	8.01	n.a.	28.398	6.007	97.33	n.a.	BMB*
2	8.63	n.a.	0.690	0.165	2.67	n.a.	BMB*
Total:			29.088	6.172	100.00	0.000	

图 5.42　6d 的催化产物 HPLC 图谱

5.(R)-4-羟基-4-(3-硝基苯基)丁-2-酮 6e

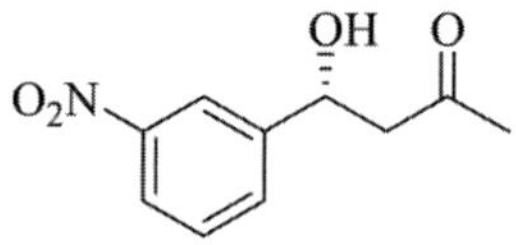

ee 值测定：Chiralcel AD-H；流动相：异丙醇 ∶ 正己烷＝5 ∶ 95；流速：0.5 mL/min；检测波长：254 nm；柱温：30 ℃。保留时间：42.5 min（主要），45.9 min（次要）。

图 5.43 所示为 6e 的外消旋体 HPLC 图谱。

如图 5.44 所示，峰 1 和峰 2 为一对对映异构体：*ee*＝（97.45－2.55）/100 ＝ 94.9%。

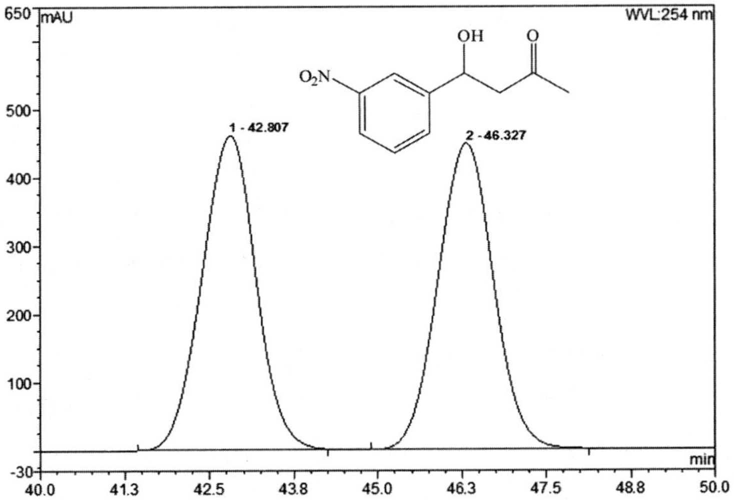

No.	Ret.Time min	Peak Name	Height mAU	Area mAU*min	Rel.Area %	Amount	Type
1	42.81	n.a.	460.695	425.352	49.94	n.a.	BMB*
2	46.33	n.a.	448.308	426.408	50.06	n.a.	BMB*
Total:			909.003	851.760	100.00	0.000	

图 5.43　6e 的外消旋体 HPLC 图谱

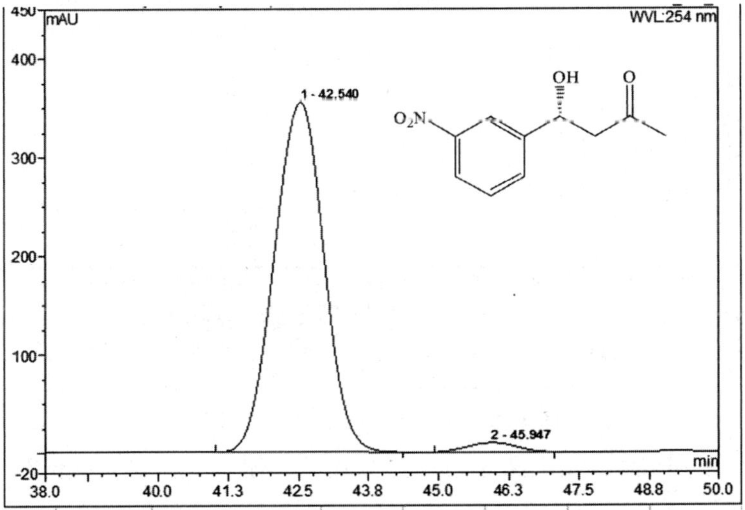

No.	Ret.Time min	Peak Name	Height mAU	Area mAU*min	Rel.Area %	Amount	Type
1	42.54	n.a.	354.278	362.337	97.45	n.a.	BMB*
2	45.95	n.a.	9.431	9.464	2.55	n.a.	BMB*
Total:			363.709	371.801	100.00	0.000	

图 5.44　6e 的催化产物 HPLC 图谱

6.(R)-4-羟基-4-(2-硝基苯基)丁-2-酮 6f

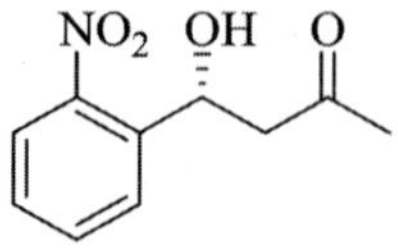

ee 值测定：Chiralcel AS-H；流动相：异丙醇：正己烷＝30：70；流速：1.0 mL/min；检测波长：254 nm；柱温：30 ℃。保留时间：7.4 min（次要），9.6 min（主要）。

图 5.45 所示为 6f 的外消旋体 HPLC 图谱。

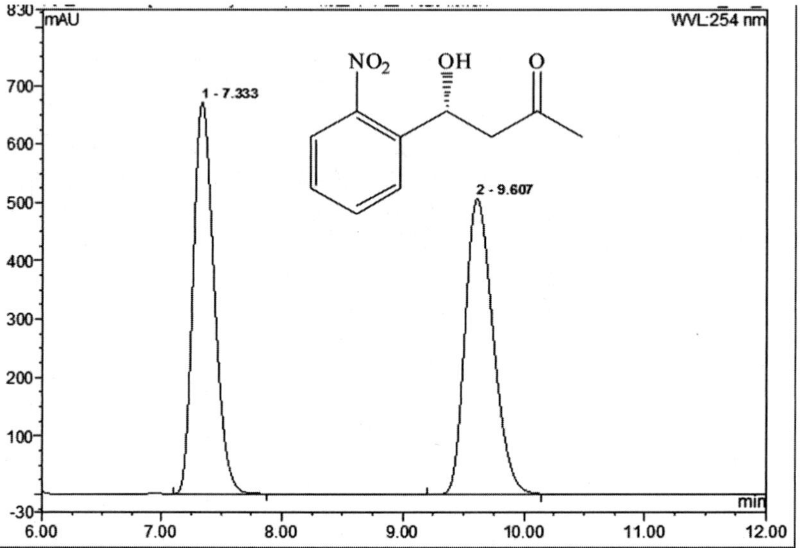

No.	Ret.Time min	Peak Name	Height mAU	Area mAU*min	Rel.Area %	Amount	Type
1	7.33	n.a.	670.264	136.663	49.96	n.a.	BMB*
2	9.61	n.a.	507.073	136.900	50.04	n.a.	BMB*
Total:			1177.337	273.564	100.00	0.000	

图 5.45　6f 的外消旋体 HPLC 图谱

如图 5.46 所示，峰 1 和 2 为一对对映异构体：*ee*＝（97.79－2.21）/ 100＝95.58%。

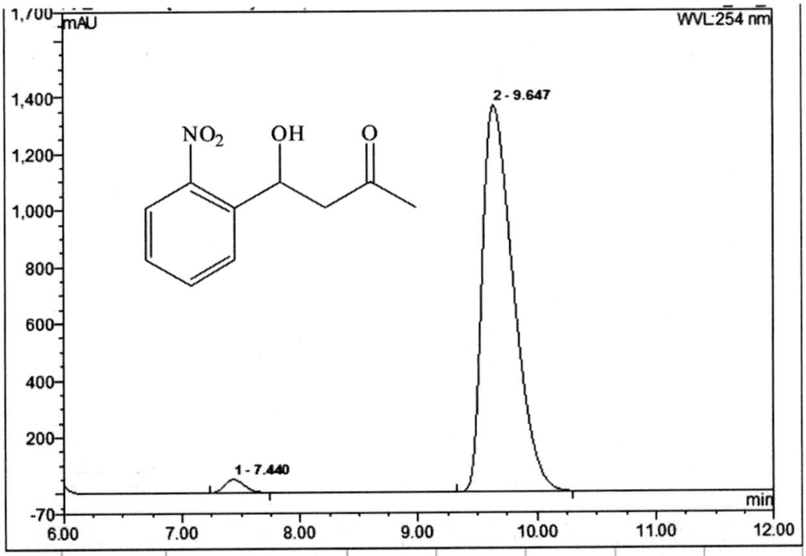

No.	Ret.Time min	Peak Name	Height mAU	Area mAU*min	Rel.Area %	Amount	Type
1	7.44	n.a.	47.174	9.289	2.21	n.a.	BMB*
2	9.65	n.a.	1365.152	411.202	97.79	n.a.	BMB*
Total:			1412.325	420.492	100.00	0.000	

图 5.46　6f 的催化产物 HPLC 图谱

7.(R)-1-羟基-1-(4-硝基苯基)戊-3-酮 6g

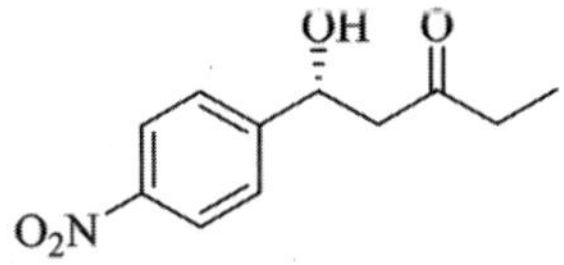

ee 值测定：Chiralcel AS-H；流动相：异丙醇 ∶ 正己烷 = 40 ∶ 60；流速：0.5 mL/min；检测波长：254 nm；柱温：30 ℃。保留时间：14.2 min（次要），18.4 min（主要）。

图 5.47 所示为 6 g 的外消旋体 HPLC 图谱。

如图 5.48 所示，峰 1 和峰 2 为一对对映异构体：*ee* = (96.94 − 3.06)/ 100 = 93.88%。

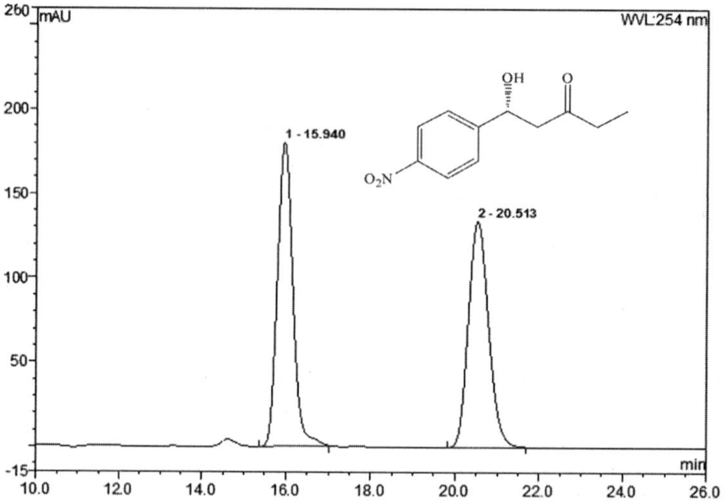

No.	Ret.Time min	Peak Name	Height mAU	Area mAU*min	Rel.Area %	Amount	Type
1	15.94	n.a.	180.336	75.696	50.54	n.a.	BMB
2	20.51	n.a.	134.007	74.072	49.46	n.a.	BMB*
Total:			314.344	149.768	100.00	0.000	

图 5.47　6g 的外消旋体 HPLC 图谱

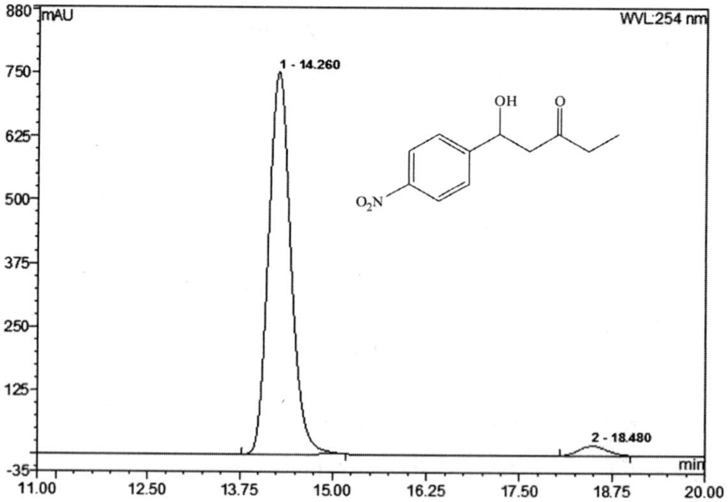

No.	Ret.Time min	Peak Name	Height mAU	Area mAU*min	Rel.Area %	Amount	Type
1	14.26	n.a.	752.235	261.997	96.94	n.a.	BMB*
2	18.48	n.a.	18.948	8.269	3.06	n.a.	BMB*
Total:			771.183	270.266	100.00	0.000	

图 5.48　6g 的催化产物 HPLC 图谱

8.(S)-2 -((R)-羟基(4-硝基苯基)甲基)环戊烷 6h

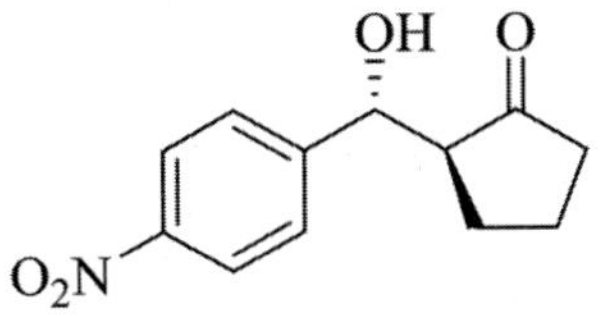

ee 值测定：Chiralcel AD-H；流动相：异丙醇 ∶ 正己烷＝5 ∶ 95；流速：0.5 mL/min；检测波长：254 nm；柱温：30 ℃，保留时间：38.7 min，52.6 min 为 *syn* 构型；66.6 min，69.7 min 为 *anti* 构型。

图 5.49 所示为 6h 的外消旋体 HPLC 图谱。

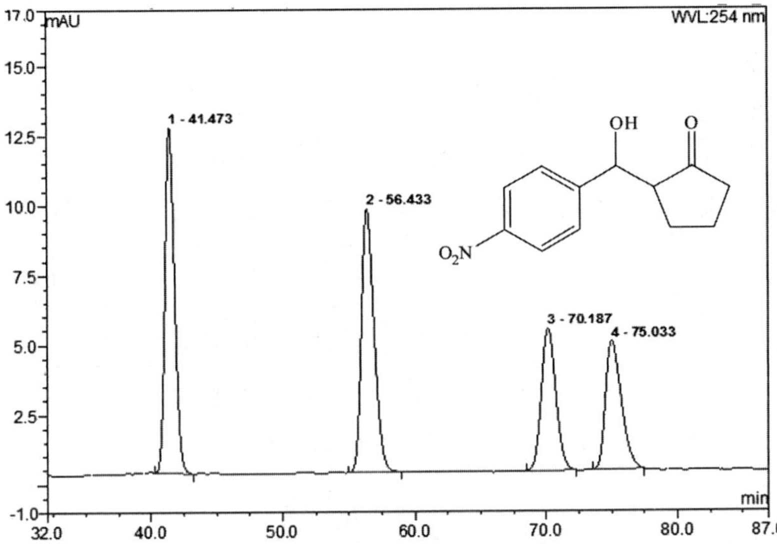

No.	Ret.Time min	Peak Name	Height mAU	Area mAU*min	Rel.Area %	Amount	Type
1	41.47	n.a.	12.397	10.471	30.76	n.a.	BMB*
2	56.43	n.a.	9.428	10.496	30.83	n.a.	BMB*
3	70.19	n.a.	5.092	6.576	19.32	n.a.	BMB
4	75.03	n.a.	4.597	6.497	19.09	n.a.	BMB
Total:			31.515	34.041	100.00	0.000	

图 5.49　6h 的外消旋体 HPLC 图谱

如图 5.50 所示，峰 1 和峰 2(*syn* 构型)、峰 3 和峰 4(*anti* 构型)分别为一对对映异构体，*anti*/*syn*＝(48.61＋3.51)/(38.3＋9.59)，即 52/48。*ee*(*anti*)＝(48.61 －3.51)/(48.61＋3.51)＝86.5%，*ee*(*syn*)＝(38.3－9.59)/(38.3＋

9.59)×100% ≈ 86.5%.

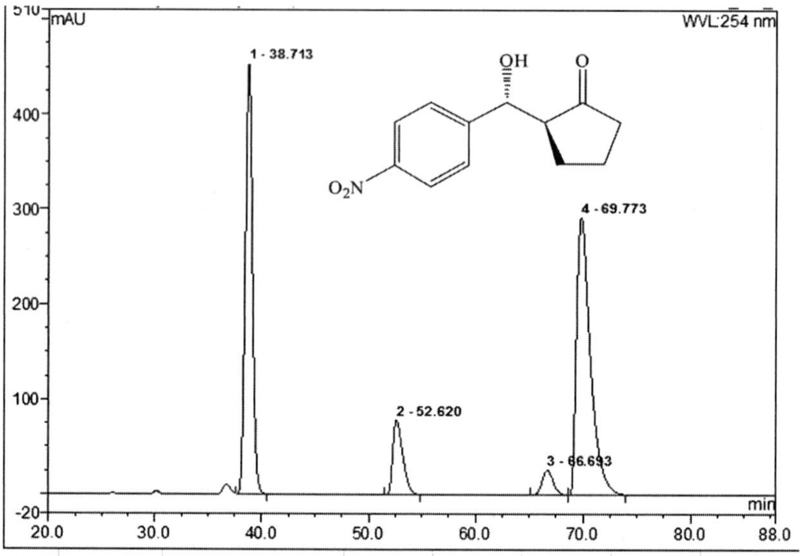

No.	Ret.Time min	Peak Name	Height mAU	Area mAU*min	Rel.Area %	Amount	Type
1	38.71	n.a.	452.827	342.527	38.30	n.a.	BMB*
2	52.62	n.a.	78.266	85.737	9.59	n.a.	BMB*
3	66.69	n.a.	26.312	31.370	3.51	n.a.	BMB
4	69.77	n.a.	292.597	434.703	48.61	n.a.	BMB*
Total:			850.002	894.337	100.00	0.000	

图 5.50　6h 的催化产物 HPLC 图谱

9.(S)-2 -((R)-羟基(4-硝基苯基)甲基)环己酮 6i

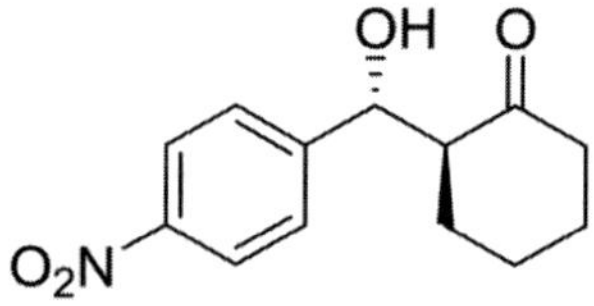

ee 值测定:Chiralcel AD-H;流动相:异丙醇∶正己烷=20∶80;流速:0.5 mL/min;检测波长:254 nm;柱温:30 ℃。保留时间:23.3 min(次要),29.7 min(主要)为 *anti* 构型。

图 5.51 所示为 6i 的外消旋体 HPLC 图谱。

如图 5.52 所示,峰 1 和峰 2(*syn* 构型)、峰 3 和峰 4 (*anti* 构型)分别为一对对映异构 *anti*/*syn*=(89.33+6.12)/(89.33−6.12),即 95/5。*ee*(*anti*) =

$(89.33-6.12)/(89.33+6.12)\times100\% = 87.2\%$。

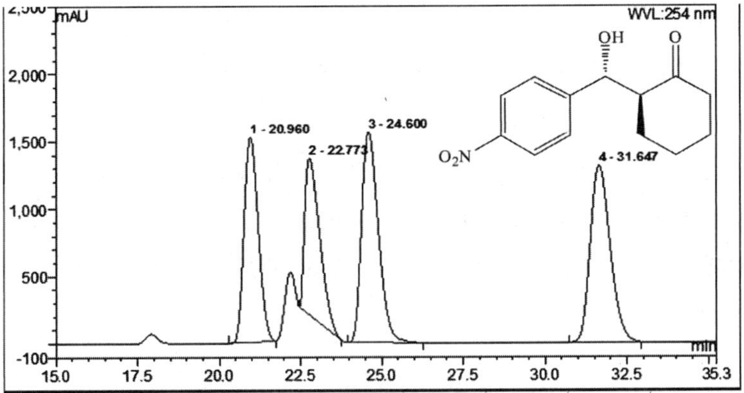

No.	Ret.Time min	Peak Name	Height mAU	Area mAU*min	Rel.Area %	Amount	Type
1	20.96	n.a.	1518.794	774.395	23.72	n.a.	BMB
2	22.77	n.a.	1161.243	624.557	19.13	n.a.	BMB*
3	24.60	n.a.	1559.609	934.540	28.62	n.a.	BMB
4	31.65	n.a.	1311.804	931.597	28.53	n.a.	BMB*
Total:			5551.450	3265.089	100.00	0.000	

图 5.51　6i 的外消旋体 HPLC 图谱

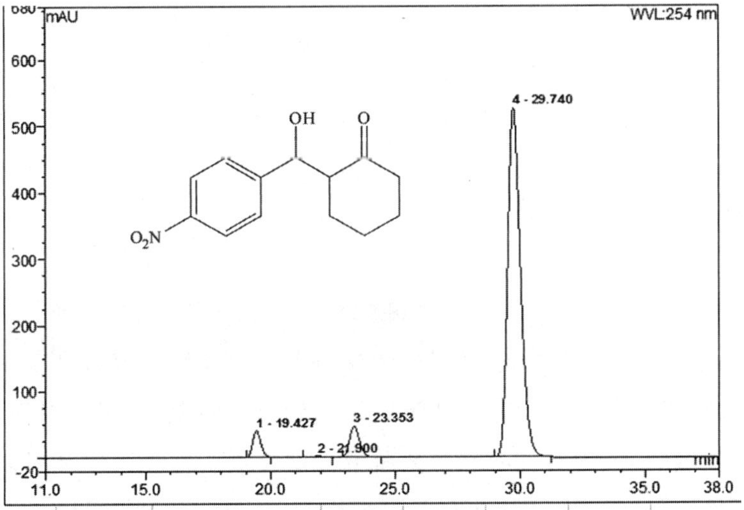

No.	Ret.Time min	Peak Name	Height mAU	Area mAU*min	Rel.Area %	Amount	Type
1	19.43	n.a.	39.277	14.980	4.28	n.a.	BMB*
2	21.90	n.a.	2.113	0.954	0.27	n.a.	BMB*
3	23.35	n.a.	46.516	21.424	6.12	n.a.	BMB*
4	29.74	n.a.	526.286	312.674	89.33	n.a.	BMB*
Total:			614.192	350.032	100.00	0.000	

图 5.52　6i 的催化产物 HPLC 图谱

在催化芳香醛和酮的不对称 Aldol 反应中，首先是吡咯环上的 N 原子亲核进攻酮，形成亚胺，接着脱水后形成烯胺；同时，三氟甲烷磺锡酸的 Sn^{2+} 离子同时螯合催化剂中的羰基、芳香酮上的羰基以及吡咯环上的 N，形成了金属烯胺中间体(II)[34-35]；其次，烯胺中的碳原子进攻醛中的羰基形成 C—C 键；最后，水解脱去催化剂形成 Aldol 加成的产物。当形成 C—C 键时，可能是由于载体单角 POSS 巨大的笼形结构位阻的作用，导致烯胺中的碳原子只能从某一面进攻醛中的羰基，最终主要形成了一种构型的产物，获得了很好的立体选择性，可能的过渡态如图 5.53 所示。

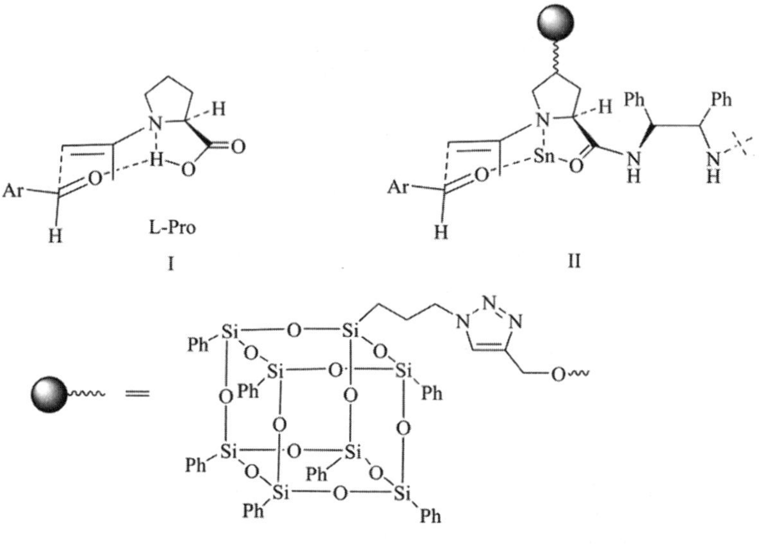

图 5.53

本章以 Boc-L-羟脯氨酸为原料，通过一系列的反应合成得到了手性小分子脯氨酰胺；将手性小分子脯氨酰胺和单角 $POSS-N_3$ 通过 Click 反应，得到单角 POSS 支载的 C_2-对称的双脯氨酰胺手性催化剂。催化丙酮和对硝基苯甲醛的不对称 Aldol 反应，得出了最优的反应条件：催化剂为 5a，用量 5 mol%，三氟甲烷磺酸锡为辅酸，用量 5 mol%，溶剂 DMF 和水 1 mL(9/1)，反应温度 25 ℃，反应时间 20 h。在最优的条件下催化不同底物的酮与芳香醛的不对称 Aldol 反应：产率为 5%～85%，*dr* 值为 52∶48 至 95∶5，*ee* 值为 59.5～97.9%。反应结束后通过甲基叔丁基醚重结晶，实现了催化剂的回收重复利用，回收率 90%左右，且循环使用 8 次，产物立体选择性和产率未见明显下降。

在第三、四、五章中将不同的小分子手性催化剂支载到同一种载体上，用于催化不同的反应都取得了良好的效果，为进一步探究此类催化剂，拓展该类催化剂的研究范围，接下来，设计对载体进行改变，载体由单角 POSS 衍生到双角 POSS，进一步增大载体的位阻，探究在立体选择性方面是否存在协同效应。

参考文献

[1]Mlynarski J, Paradowska J. Catalytic asymmetric aldol reactions in aqueous media[J].Chem Soc Rev, 2008,37(8):1502-1511.

[2] Trost B M, Brindle C S. The direct catalytic asymmetric aldol reaction[J].Chem Soc Rev, 2010,39(5):1600-1632.

[3]Montroni E, Lombardo M, Quintavalla A, et al. A liquid-liquid biphasic homogeneous organocatalytic aldol protocol based on the use of a silica gel bound multilayered ionic liquid phase[J].Chem Cat Chem, 2012,4(7):1000-1006.

[4]Kassem T, Jia X N, Zhu X X, et al. Bio-Related polymers poly (vinyl alcohol)-Graft-Poly(ethylene glycol)-supported hydroxyproline catalysis of stereo- selective Aldol reactions[C]//Macromol Symp, 2010:101-107.

[5]Zheng Y, Wang L, Zheng S. Synthesis and characterization of heptaphenyl polyhedral oligomeric silsesquioxane-capped poly (N-isopropylacrylamide)s[J].Eur Polym J, 2012,48(5):945-955.

[6]Ervithayasuporn V, Wang X, Kawakami Y. Synthesis and characterization of highly pure azido-functionalized polyhedral oligomeric silsesquioxanes (POSS)[J].Chem Commun, 2009,34:5130-5132.

[7]Samanta S, Liu J, Dodda R, et al. C_2-Symmetric bisprolinamide as a highly efficient catalyst for direct Aldol reaction[J].Org Lett, 2005, 7(23):5321-5323.

[8]Paradowska J, Stodulski M, Mlynarski J. Direct catalytic asymmetric

aldol reactions assisted by zinc complex in the presence of water [J]. Adv Synth Catal, 2007,349(7):1041-1046.

[9]Paradowska J, Pasternak M, Gut B, et al. Direct asymmetric aldol reactions inspired by two types of natural aldolases: Water-compatible organocatalysts and ZnII complexes[J].J Org Chem, 2012, 77(1):173-187.

[10]Tang S, Jin R, Zhang H, et al. Recoverable organorhodium-functionalized polyhedral oligomeric silsesquioxane: a bifunctional heterogeneous catalyst for asymmetric transfer hydrogenation of aromatic ketones in aqueous medium[J]. Chem Commun, 2012, 48(50):6286-6288.

[11]Bivona L A, Fichera O, Fusaro L, et al. A polyhedral oligomeric silsesquioxane-based catalyst for the efficient synthesis of cyclic carbonates [J].Catal Sci Technol, 2015, 5(11):5000-5007.

[12]Zhang Y, Ye Z. Homogeneous polyhedral oligomeric silsesquioxane (POSS)-supported Pd-diimine complex and synthesis of polyethylenes end-tethered with a POSS nanoparticle via ethylene "living" polymerization[J]. Chem Commun, 2008, 10:1178-1180.

第六章　双角 POSS 支载 C_2-对称双脯氨酰胺手性聚合物催化剂设计及应用

在前三章中，详细介绍了设计合成单角 POSS 支载的双脯氨酰胺手性催化剂，催化不对称 Aldol、Michael 加成等反应，取得了良好的催化效果。为进一步拓展对该类催化剂的研究，研究者们又设计合成 C_2-对称的双脯氨酰胺手性小分子支载到 POS 载体上形成一种聚合物催化剂，并详细探讨其催化效果。

基于以上理念，设计了具有双角 Si－H 键的 POSS，通过氢化硅烷化反应（硅氢加成反应）[1-3]将其与上一章合成的小分子脯氨酰胺反应，形成双角 POSS 支载 C_2-对称的双脯氨酰胺手性聚合物催化剂，继续研究其在不对称催化 Aldol 反应中的催化性能和支载效果，合成路线如图 6.1 所示。

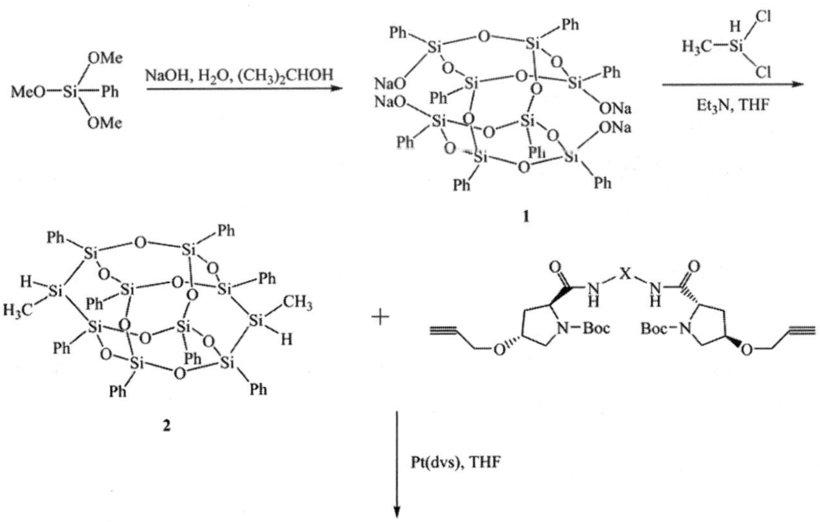

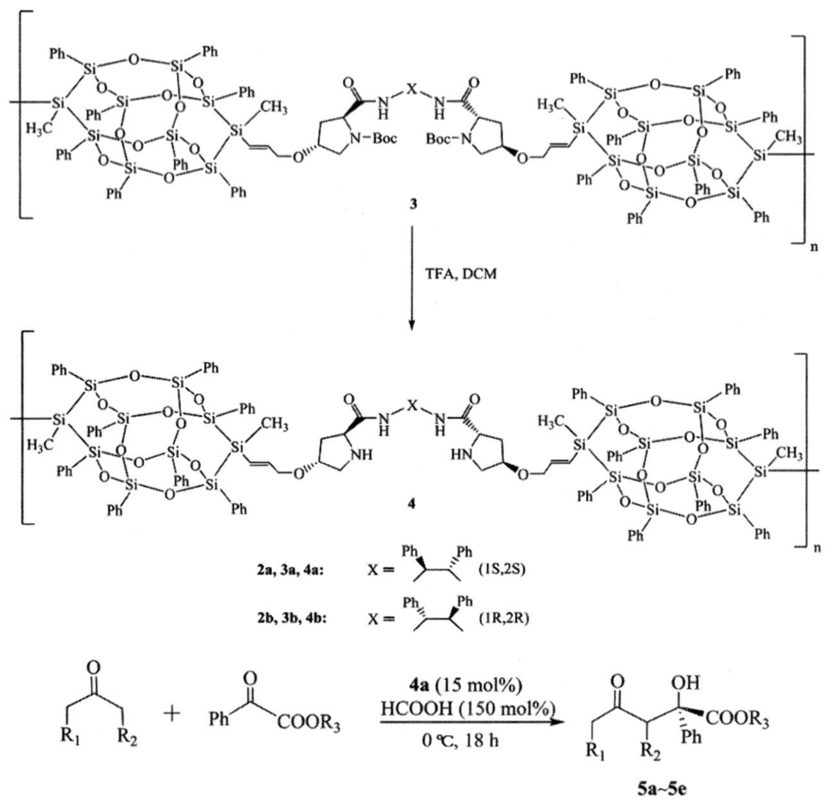

图 6.1　双角 POSS 支载 C_2-对称的双脯氨酰胺手性聚合物催化剂及应用

一、实验部分

1. 测试仪器

TLC 紫外灯检测仪：河南予华仪器有限公司，254 nm 和 365 nm 紫外光照射；

核磁共振仪：WIPM 400 MHz（中科开物技术有限公司），Varian Unity INOVA 600（600MHz），氘代氯仿为溶剂，TMS 为内标；

高效液相色谱仪 HPLC：UltiMate3000；检测柱：Chiralcel AD-H，Daicel。

旋光光度仪：WZZ-2B 型自动旋光仪，比旋光度的计算公式：$[\alpha]_D^t=\alpha/(c\times l)$（$t$：25 ℃，$D$：钠光 589.3 nm，$c$：所测物质的浓度，g/mL，$l$：样品管的长度，dm）。

2．主要试剂

Karstedt 催化剂：(in xylene，Pt ～2％)aldrich 公司；

四氢呋喃：C.P.，国药集团化学试剂有限公司；

甲醇：A.R.，天津市富宇精细化工有限公司；

氯化钠：A.R.，天津市光复科技发展有限公司；

苯基三甲氧基硅烷、甲基二氯硅烷：A.R.，百灵威科技有限公司；

苯甲酰甲酸甲酯、苯甲酰甲酸乙酯：A.R.，梯希爱(上海)化成工业发展有限公司；

乙酸乙酯、石油醚、二氯甲烷：A.R.，天津博迪化工股份有限公司；

异丙醇、甲酸、苯甲酸、氯乙酸、二氯乙酸、丁酮、苯乙酮、环己酮、氢氧化钠、碳酸钠：A.R.，国药集团化学试剂有限公司；

干燥的四氢呋喃(THF)：A.R.，国药集团化学试剂有限公司；

干燥的二氯甲烷(DCM)：A.R.，国药集团化学试剂有限公司；

干燥的三乙胺(TEA)：A.R.，国药集团化学试剂有限公司。

3.双角 POSS 支载 C_2-对称的双脯氨酰胺手性聚合物催化剂 4 的合成设计

(1)八苯基 POSS-钠盐化合物 1 的合成

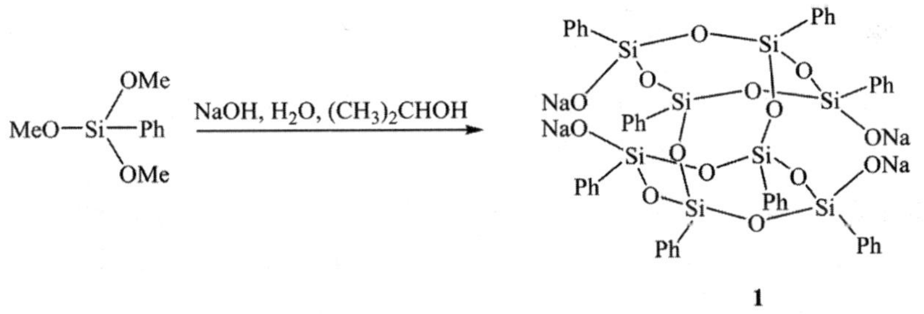

图 6.2　化合物 1 的合成

将苯基三甲氧基硅烷(37.2 g，160 mmol)、异丙醇 (160 mL)、去离子水(3.32 g，185 mmol)及氢氧化钠(4.28 g，107 mmol)置于 500 mL 的单颈瓶中，回流 4 h 后有白色粉末析出，将反应温度慢慢降至室温，在室温下反应 20 h，旋蒸出异丙醇，得白色固体，将白色固体置于真空干燥箱内 65 ℃下干燥 30 h 后得到白色粉末 1(22.5 g，产率 98.7％)。

（2）双角 POSS 化合物 2 的合成

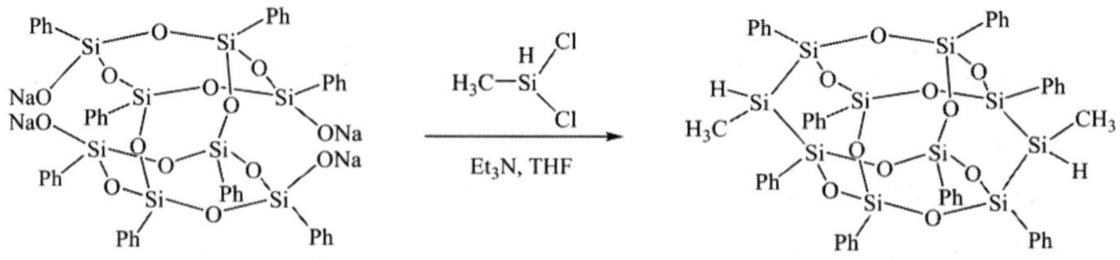

图 6.3　化合物 2 的合成

将八苯基 POSS-钠盐化合物 1(22.5 g，19.4 mmol)置于 500 mL 的三颈瓶中,氮气保护，200 mL 干燥的 THF 注入三颈瓶内，充分搅拌后将三乙胺(5.83 mL，42.05 mmol)注入，冰浴维持温度 0 ℃反应 1 h,将甲基二氯硅烷(6.15 mL，58.85 mmol)溶于干燥的 10 mL THF 中通过恒压滴液漏斗在 30 min 内慢慢滴加。该反应继续维持在 0 ℃下反应 4 h,接着在室温下反应 20 h,反应结束后过滤掉不溶性的盐,旋干滤液后柱分离(二氯甲烷：石油醚 = 1：2)分离,真空干燥箱内 40 ℃下干燥 20 h 得白色粉末 2(9.5 g,产率 44.8%)。

^{1}H NMR (400 MHz，$CDCl_3$)：δ =0.37～0.38 (6H)，4.99 (2H)，7.18～7.56 (m，40H)；^{29}Si NMR (79.5 MHz，$CDCl_3$)：δ = −77.57，−77.36，−77.15，−75.85，−31.02，−30.68.

（3）双角 POSS 支载 C_2-对称的双膦氨酰胺手性聚合物催化剂 3 的合成(见图 6.4)

将化合物 2a/2b(1.03 g，1.44 mmol)和化合物 2(3.32 g，2.88 mmol)置于 100 mL 的三颈瓶中,氮气保护，加入无水 THF(40 ml)搅拌，接着加入 Karstedt 催化剂(0.13 mL)。升高温度至 60 ℃回流反应 30 h，反应结束后旋蒸得到黏性液体，再用 50 mL 的甲醇洗两次，真空干燥箱内 40 ℃干燥 24 h，得灰白色粉末 3a (3.57 g,87%)/3b (3.48 g,85%)。

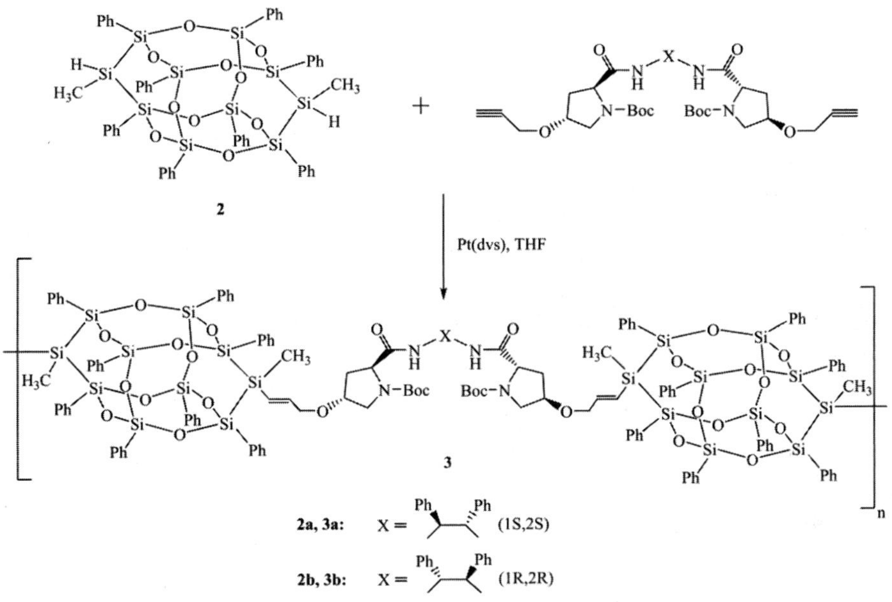

图 6.4　催化剂 3 的合成

化合物 3a

^{1}H NMR（600 MHz，$CDCl_3$）：δ ＝0.25～0.30（6H），1.13～1.23（18H），5.09（2H），5.60～5.69（2H），6.94～7.94（m）；^{13}C NMR（150 MHz，$CDCl_3$）：δ ＝21.07，26.02，30.77，54.22，58.65，66.24，70.52，105.41，125.33，128.38，129.10，131.31，136.20，151.87，170.07；^{29}Si NMR（79.5 MHz，$CDCl_3$）：δ＝−77.51，−76.95，−75.65，−52.63，−30.22。

化合物 3b

^{1}H NMR（600 MHz，$CDCl_3$）：δ ＝0.35～0.37（6H），1.12～1.13（18H），5.35（2H），5.67～5.80（2H），7.18～7.52（m）；^{13}C NMR（150 MHz，$CDCl_3$）：δ ＝23.06，28.29，34.30，58.78，65.19，70.71，80.00，127.63，128.33，130.42，131.56，133.89，144.36，154.50，171.91；^{29}Si NMR（79.5 MHz，$CDCl_3$）：δ ＝−77.56，−76.58，−76.02，−52.29，30.15。

（4）双角 POSS 支载 C_2-对称的双脯氨酰胺手性聚合物催化剂 4 的合成（见图 6.5）

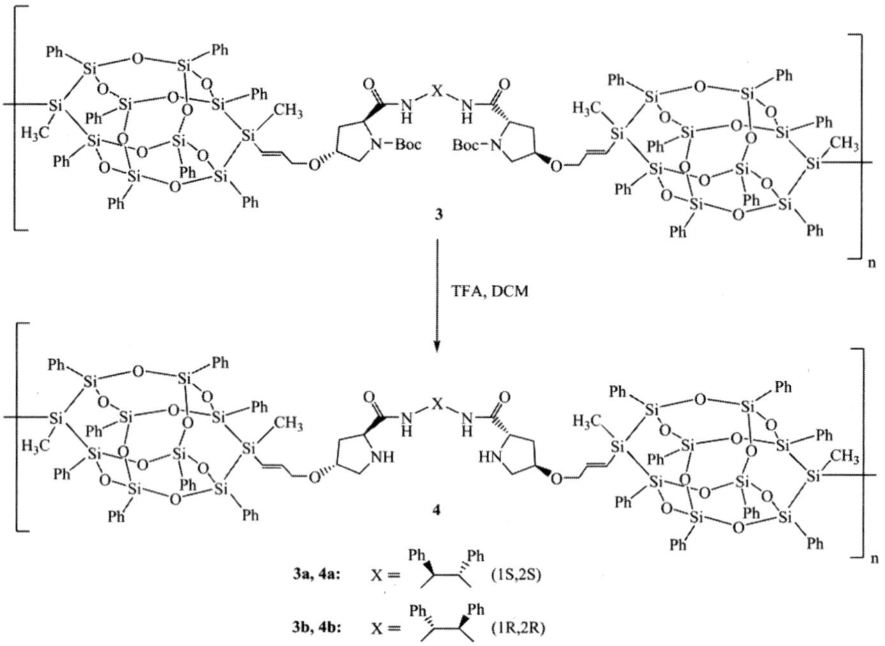

图 6.5 催化剂 4 的合成

化合物 3a/3b (3.48 g)溶于二氯甲烷 (35 mL)，加入 TFA(3.5 mL, 46.96 mmol)，室温反应 12 h。反应结束后减压蒸馏除去二氯甲烷，得到的残渣用水(25 mL)溶解，接着用 1 mol/L 氢氧化钠溶液调 pH 至 12.0，乙酸乙酯(20 mL×3)萃取，合并有机相，无水硫酸镁干燥，过滤，浓缩，真空干燥得灰白色固体 4a (2.94 g, 90%)/4b (3.0 g, 92%)。

化合物 4a

^{1}H NMR (600 MHz, $CDCl_3$): δ = 0.28～0.33 (6H), 5.10 (2H), 5.61～5.75 (2H), 6.97～7.49 (m); ^{13}C NMR (150 MHz, $CDCl_3$): δ = 23.29, 36.25, 52.12, 58.51, 59.91, 71.21, 80.38, 109.99, 127.32, 128.11, 131.03, 131.73, 134.45, 138.89, 145.04, 174.53; ^{29}Si NMR (79.5 MHz, $CDCl_3$): δ = −77.48, −76.59, −75.51, −52.26, −30.01。

化合物 4b

^{1}H NMR (600 MHz, $CDCl_3$): δ = 0.35～0.39 (6H), 5.15 (2H), 5.67～5.78 (2H), 7.05～7.72 (m); ^{13}C NMR (150 MHz, $CDCl_3$): δ = 22.

89，29.63，41.76，51.37，59.17，71.14，79.16，117.58，127.63，128.21，130.43，131.53，133.88，138.44，144.29，161.78；^{29}Si NMR（79.5 MHz，$CDCl_3$）：δ＝－77.49，－76.57，－75.53，－52.33，－30.10。

4.双角 POSS 支载 C_2-对称的双脯氨酰胺聚合物催化剂催化 α-酮酯和酮的 Aldol 反应（实验步骤以合成 5a 为例）

在磨口玻璃塞的反应管中依次加入丙酮（0.2 mL）、苯甲酰甲酸甲酯（15 μL，0.1mmol）、催化剂 4a（40.8 mg，0.015 mmol）、甲酸（5.6 μL，0.15 mmol），0 ℃下搅拌 18 h（见图 6.6）。反应结束后柱分离（乙酸乙酯：石油醚＝1：4）得到羟醛缩合产物甲基(S)-2-羟基-4-氧代-2-苯基戊酸乙酯 5a（18.09 mg，82 %）。

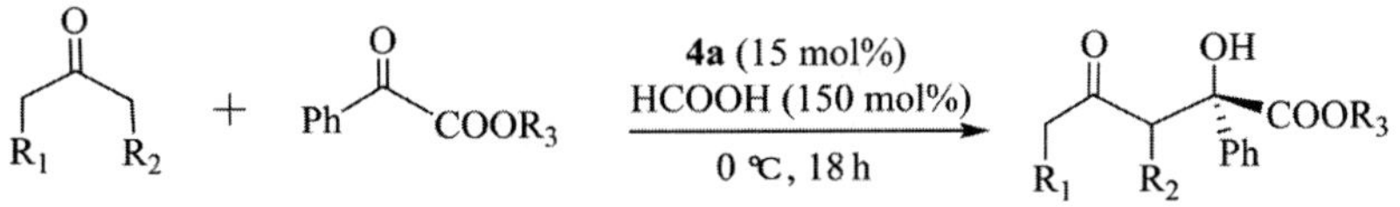

5a~5e

图 6.6　催化剂 4a 催化 α-酮酯和酮的 Aldol 反应

二、双角 POSS 支载 C_2-对称的双脯氨酰胺化合物 4 的合成及图谱分析

1.双角 POSS 化合物 2 的合成及图谱分析

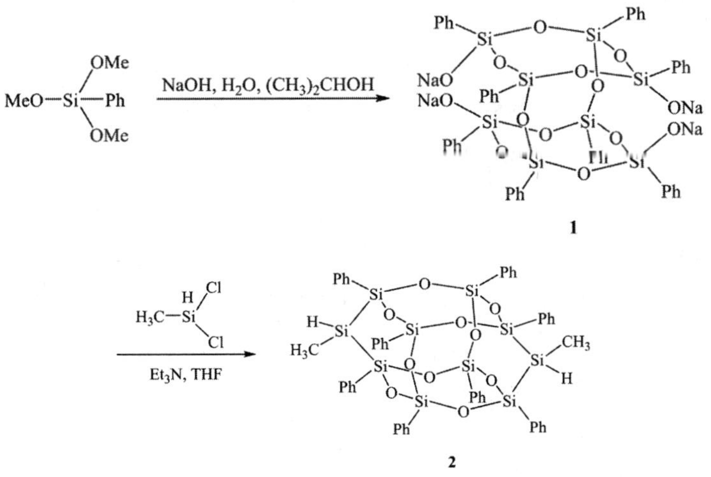

图 6.7　化合物 2 的合成

与单角 POSS 化合物类似，双角 POSS 化合物 2 也是通过水解缩合与盖帽两步反应完成，为了得到目标产物双八苯基钠盐，将溶剂换成沸点更高的异丙醇回流 4 h。第二步对钠盐进行盖帽时，由于甲基二氯硅烷极易水解，放出氯化氢，生成甲基硅二醇的缩合物，所以反应体系需要严格无水无氧，加入的用量为 3 eqv 左右。

如图 6.8 所示，δ =0.37～0.38 为与 Si 相连 2 个甲基的 6 个 H，δ =4.99 为 Si 上的 2 个 H，δ =7.18～7.56 的 m 峰为苯环上的 40 个 H。

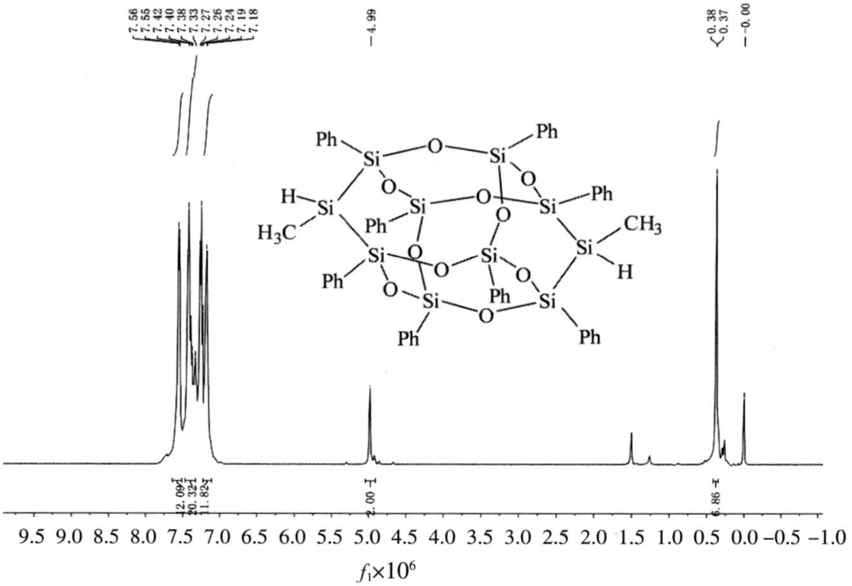

图 6.8　化合物 2 的^{1}H NMR 图谱

如图 6.9 所示，δ = −77.57，−77.35，−77.15，−75.86，−31.02，−30.68 对应双角 POSS 上的 Si。

从以上^{1}H NMR 及^{29}Si NMR 图谱（见图 6.9）分析可知，所得化合物与目标化合物结构相吻合。

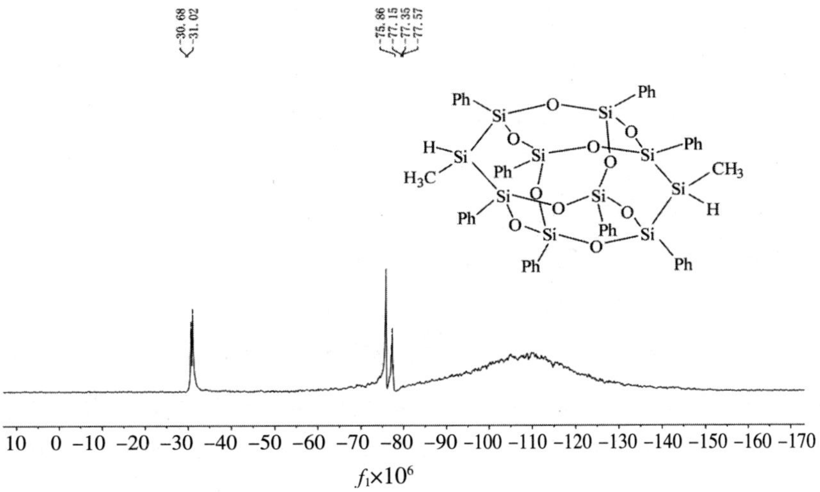

图 6.9　化合物 2 的 ^{29}Si NMR 图谱

2.硅氢加成的聚合物 3 的合成(见图 6.10)及图谱分析

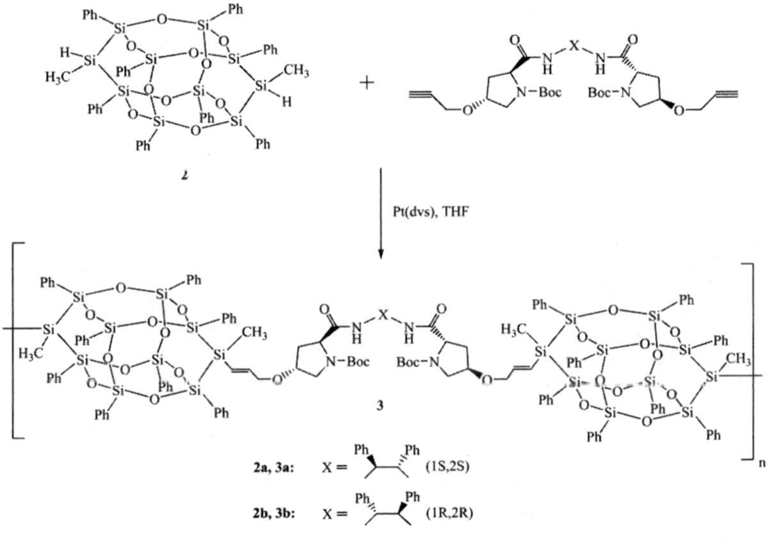

图 6.10　聚合物 3 的合成

不同底物的硅氢加成反应所用的 Karstedt 催化剂不同,此步反应采用的 Karstedt 催化剂来自 Sigma-Aldrich 公司。之前尝试直接将双角 POSS 先与脱掉 Boc 的酰胺化产物反应,但没有成功,可能是由于吡咯环上两个活性氨氢导致 Karstedt 催化剂失活,反应不能进行,最后将双角 POSS 与含有 Boc 的酰胺化产物 3 反应,得到了硅氢加成的聚合物 4。

如图 6.11 所示,$\delta=0.25\sim0.30$ 为 Si 甲基上的 6 个 H,$\delta=1.13\sim1.23$ 为 Boc 基团上的 18 个 H,$\delta=5.09$ 为乙二胺上的 2 个 H,$\delta=5.60\sim5.69$ 为双键上的 2 个 H,$\delta=6.94\sim7.94$ 处 m 峰为苯环上的 H。

如图 6.12 所示,化合物 3a 和化合物 3b 的^{1}H NMR 图谱类似。

如图 6.13 所示,$\delta=21.07$ 为 Si 甲基上的 C,$\delta=26.02$,76.92 分别为 Boc 上甲基 C 与季碳,$\delta=30.77$,54.22,66.24,78.55 为吡咯烷上的 C,$\delta=58.65$ 为乙二胺上的 C,$\delta=70.52$ 为与 O 相连的 C,$\delta=105.41$ 为双键上的 C,$\delta=125.33\sim136.20$ 为苯环上的 C,$\delta=151.87$,170.07 为酰胺键上的 C。

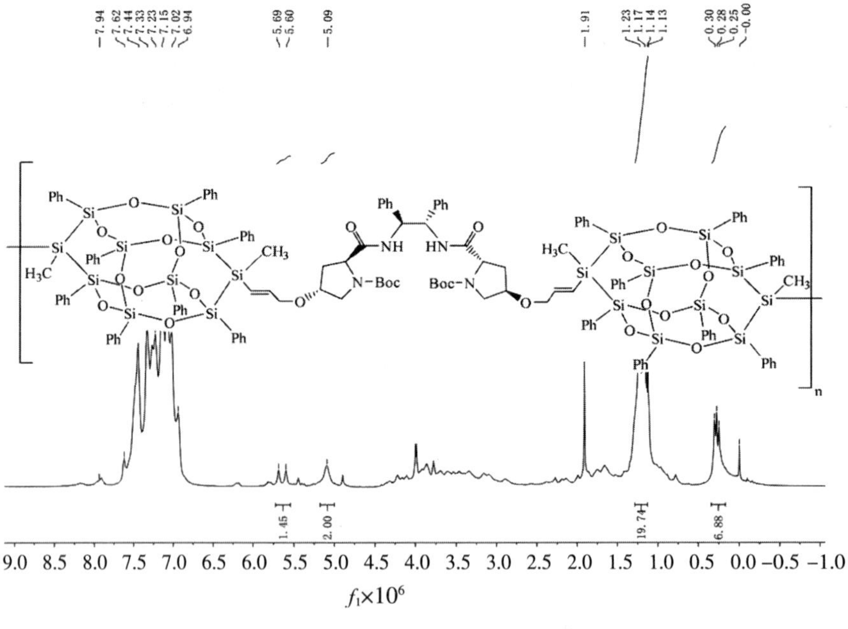

图 6.11 化合物 3a 的^{1}H NMR 图谱

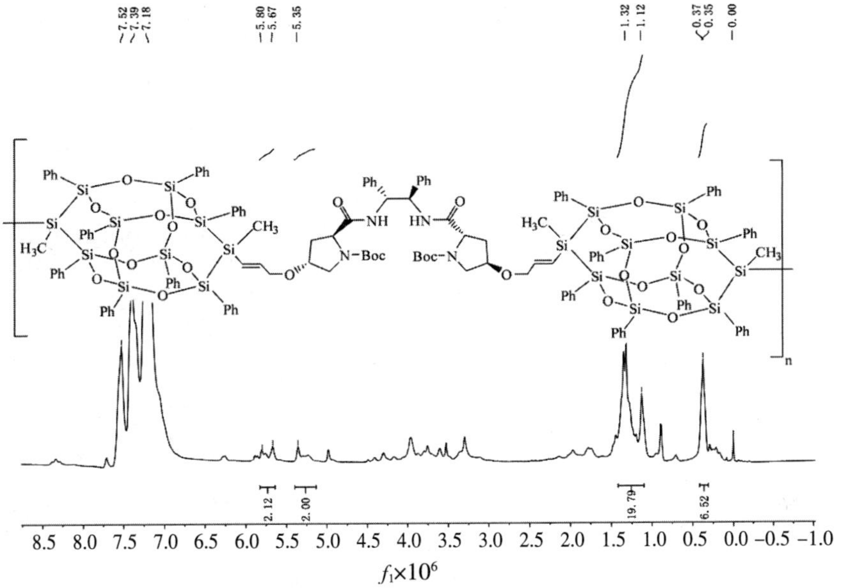

图 6.12　化合物 3b 的^{1}H NMR 图谱

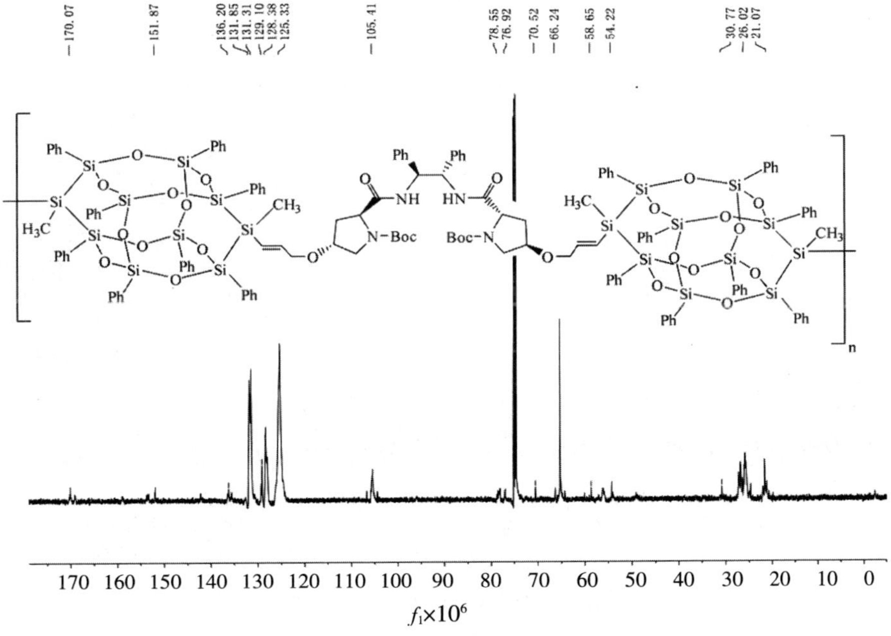

图 6.13　化合物 3a 的^{13}C NMR 图谱

如图 6.13 和图 6.14 所示，化合物 3a 和化合物 3b 的 ^{13}C NMR 图谱类似。

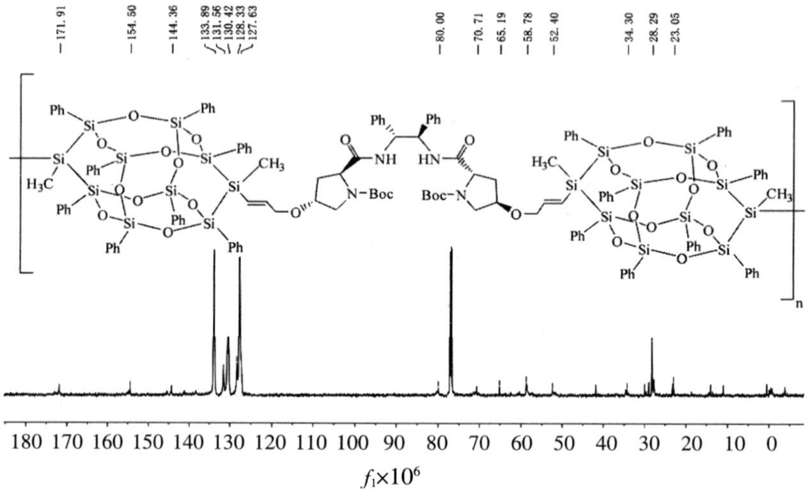

图 6.14　化合物 3b 的 ^{13}C NMR 图谱

如图 6.15 所示，$\delta = -77.51, -76.95, -75.65, -52.63, -30.22$ 对应双角 POSS 上的 Si。

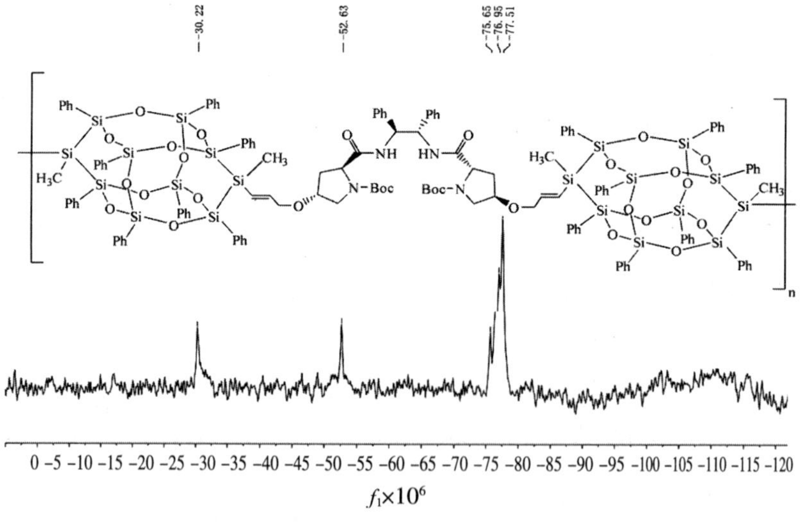

图 6.15　化合物 3a 的 ^{29}Si NMR 图谱

如图 6.15 和图 6.16 所示，化合物 3a 和化合物 3b 的 ^{29}Si NMR 图谱类似。

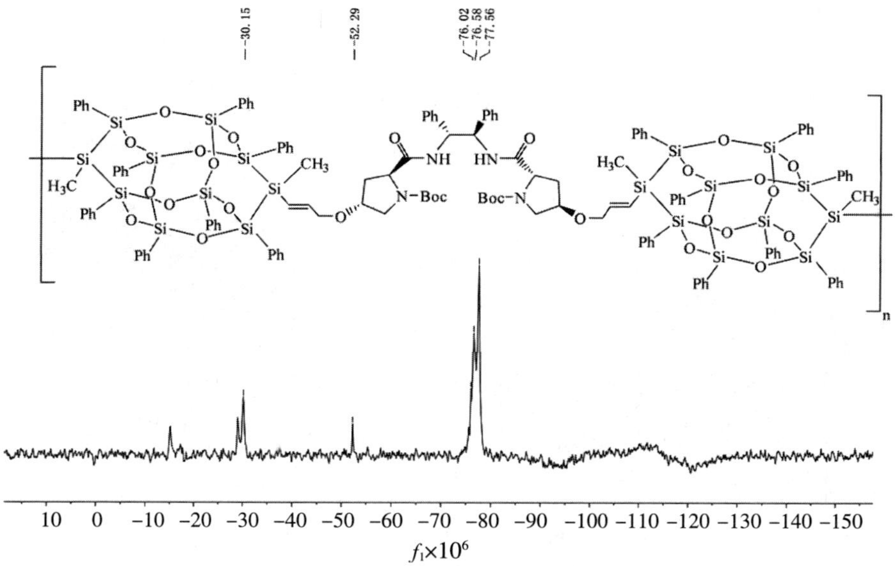

图 6.16　化合物 3b 的 ^{29}Si NMR 图谱

从以上 ^{1}H NMR、^{13}C NMR 和 ^{29}Si NMR 图谱分析可知，与目标化合物结构吻合。

3.聚合物催化剂 4 的设计合成（见图 6.17）及谱图分析

与单角 POSS 支载的小分子催化剂相比，双角 POSS 支载的聚合物催化剂有着更好的溶解性，在丙酮、二氯甲烷、三氯甲烷、四氢呋喃、N，N-二甲基甲酰胺溶剂中可溶，同时在石油醚、乙醚、甲基叔丁基醚溶剂中不溶。

如图 6.18 所示，δ =0.28～0.33 为 Si 甲基上的 6 个 H，δ =5.10 为乙二胺上的 2 个 H，δ =5.61～5.75 为双键上的 2 个 H，δ =6.97～7.49 的 m 峰为苯环上的 H。

如图 6.19 所示，化合物 4a 和 4b 的 ^{1}H NMR 图谱类似。

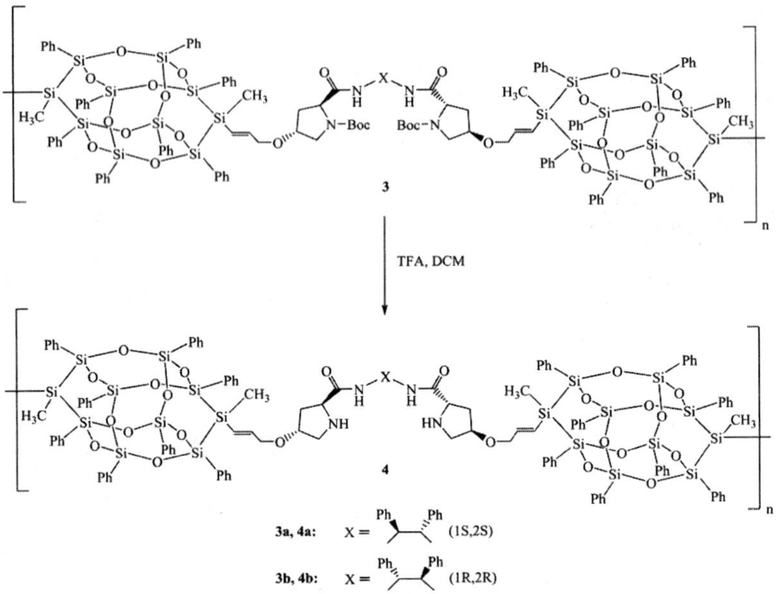

图 6.17 催化剂 4 的合成

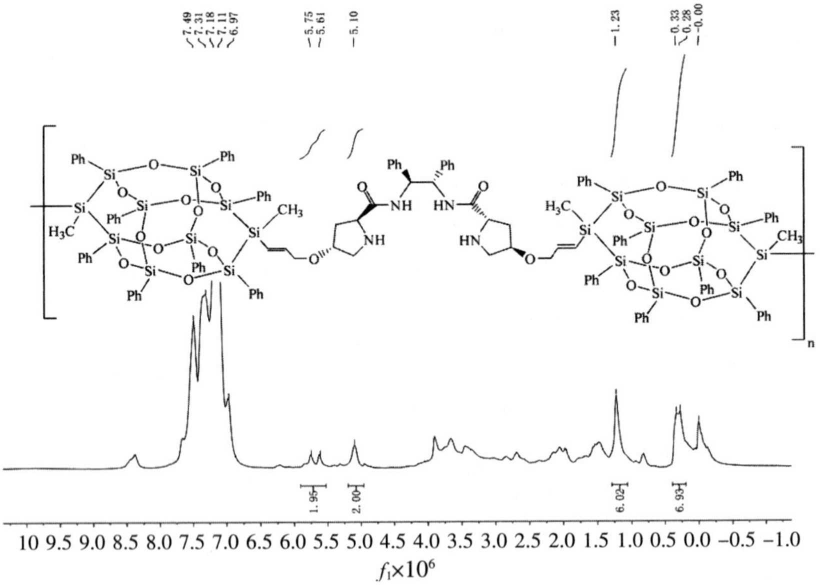

图 6.18 化合物 4a 的 ^{1}H NMR 图谱

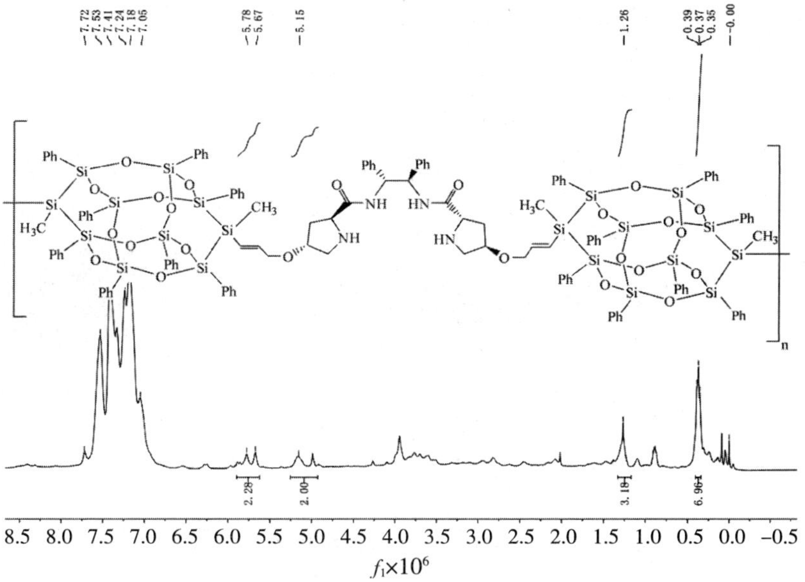

图 6.19　化合物 4b 的 ^1H NMR 图谱

如图 6.20 所示，$\delta=23.29$ 为 Si 甲基上的 C，$\delta=36.25,52.12,58.51,80.38$ 为吡咯烷上的 C，$\delta=59.91$ 为乙二胺上的 C，$\delta=71.21$ 为双键上的 C，$\delta=109.99$ 为双键上的 C，$\delta=127.32\sim145.04$ 为苯环上的 C，$\delta=174.53$ 为酰胺键上的 C。

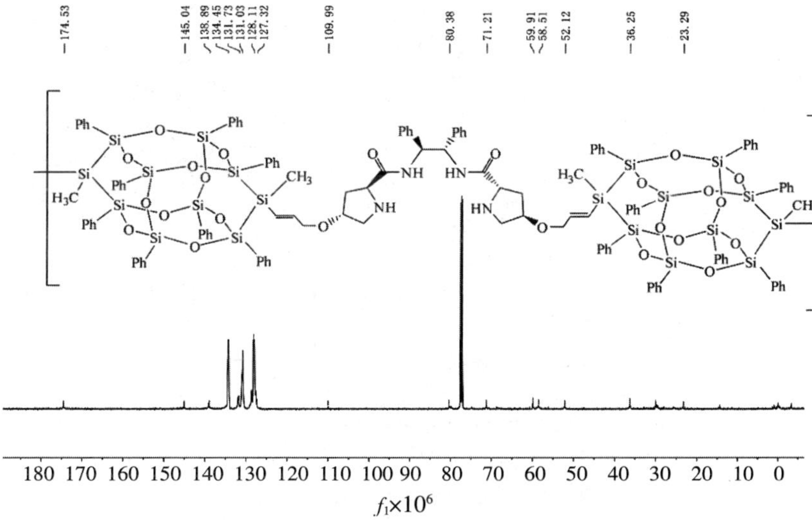

图 6.20　化合物 4a 的 ^{13}C NMR 图谱

如图 6.21 所示，化合物 4a 和 4b 的 ^{13}C NMR 图谱类似。

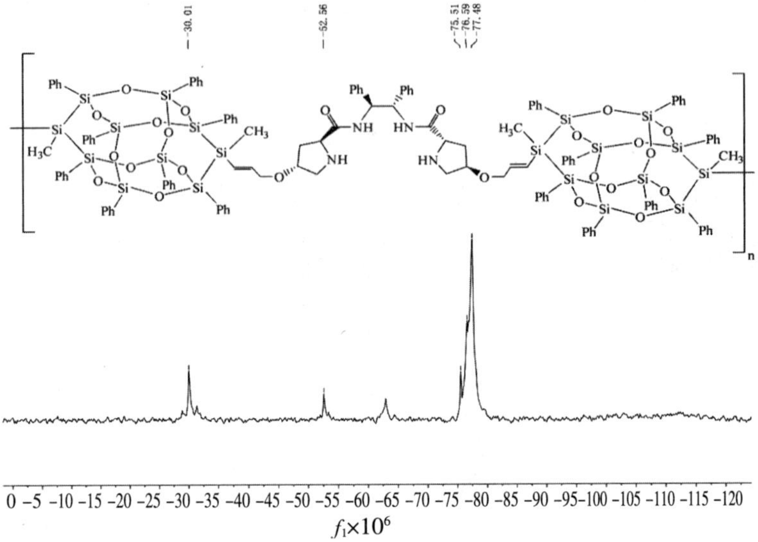

图 6.21　化合物 4b 的 ^{13}C NMR 图谱

如图 6.22 所示，δ = −77.48、−76.59、−75.51、−52.56、−30.01 对应双角 POSS 上的 Si。

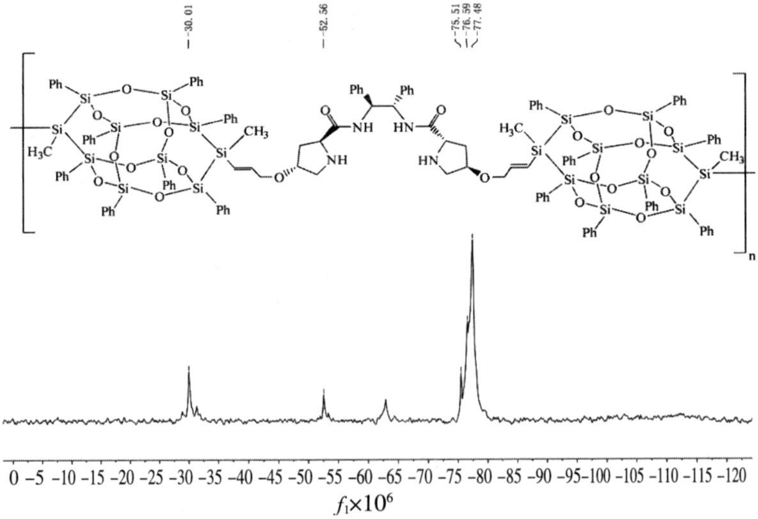

图 6.22　化合物 4a 的 ^{29}Si NMR 图谱

如图 6.23 所示，化合物 4a 和化合物 4b 的 ^{29}Si NMR 图谱类似。

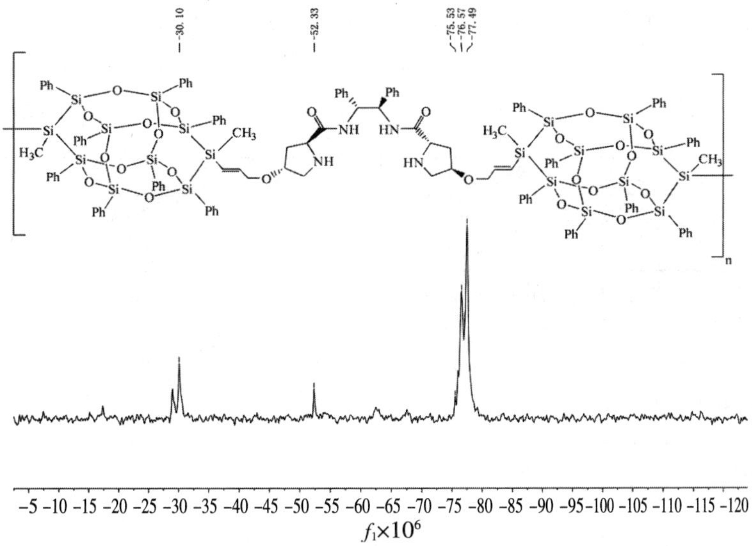

图 6.23 化合物 4b 的 ^{29}Si NMR 图谱

从以上 ^{1}H NMR、^{13}C NMR 和 ^{29}Si NMR 图谱分析可知，所得化合物与目标化合物结构吻合。

三、双角 POSS 支载 C_2-对称的双脯氨酰胺手性聚合物催化剂不对称催化 Aldol 反应条件的优化

优化双角 POSS 支载 C_2-对称的双脯氨酰胺手性聚合物催化剂不对称催化苯甲酰甲酸甲酯和丙酮的 Aldol 反应条件，获得最佳的产率和立体选择性。

1.催化剂对催化反应的影响

以甲酸为添加剂，用量 150 mol%，催化剂用量 15 mol%。在反应温度0 ℃，反应时间 18 h 时，双角 POSS 支载 C_2-对称的两种构型的双脯氨酰胺手性聚合物催化剂 4a 和 4b 不对称催化苯甲酰甲酸甲酯和丙酮的 Aldol 反应，探讨催化剂结构对催化性能的影响，结果如表 6.1 所示。在两种构型的催化剂中，发现催化剂 4a 有较好的催化性能，4b 的催化性能较差，产率仅有 67%，*ee* 值只有 61.2%，选择催化剂 4a 对称催化苯甲酰甲酸甲酯和丙酮的 Aldol 反应。

表 6.1　催化剂对丙酮和苯甲酰甲酸甲酯反应的影响[a]

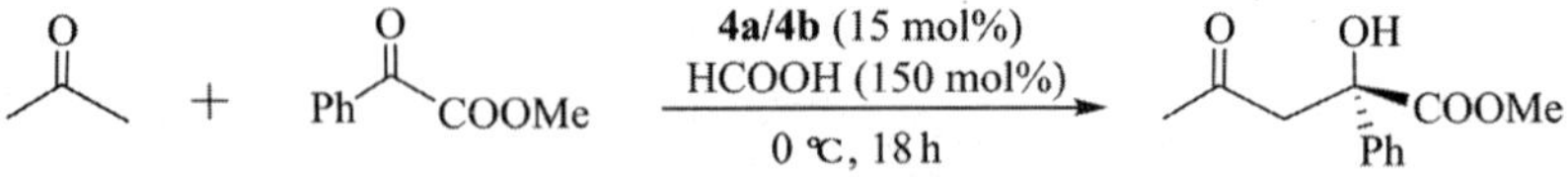

组数	催化剂	产率[b]/%	ee[c]/%
1	4a	83	84.2[d]
2	4b	67	61.2

a 反应条件：苯甲酰甲酸甲酯（15 μL，0.1 mmol），丙酮（0.2 mL）；
b 产率通过柱层析分离计算；
c *ee* 值通过 HPLC 检测（Chiralpak AD-H）；
d 产物的绝对构型与相关文献[4-9]比较。

2.辅酸对催化反应的影响

15 mol%聚合物催化剂 4a，在反应温度 0 ℃，反应时间 18 h 时，讨论了辅酸对不对称催化苯甲酰甲酸甲酯和丙酮的 Aldol 反应的影响，结果如表 6.2 所示。从表 6.2 中可以看出，苯甲酸和乙酸的 *ee* 值仅有甲酸的一半左右(47.4%～48.3%)，加入氯乙酸后，*ee* 值提升到 63.9%，但产率太低。当使用酸性较强的 $Cl_2CHCOOH$ 和 F_3CCOOH 时，没有产物，因此，将 HCOOH 作为最佳的添加剂。

表 6.2　辅酸对丙酮和苯甲酰甲酸甲酯反应的影响[a]

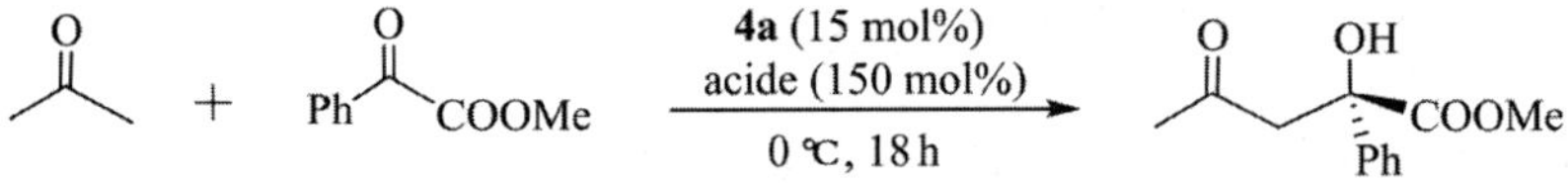

组数	添加剂	产率[b]/%	ee[c]/%
1	HCOOH	83	84.2
2	CH_3COOH	56	47.4
3	C_6H_5COOH	87	48.3
4	$ClCH_2COOH$	31	63.9
5	$Cl_2CHCOOH$	none	
6	F_3CCOOH	none	

a 反应条件：苯甲酰甲酸甲酯（15 μL，0.1 mmol），丙酮（0.2 mL）；
b 产率通过柱层析分离计算；
c *ee* 值通过 HPLC 检测（Chiralpak AD-H）。

3.催化剂用量、反应温度和时间对催化反应的影响聚合物催化剂 4a，以甲酸为添加剂，用量为 150 mol%，探讨催化剂当量、反应温度和时间对催化反应的影响，结果如表 6.3 所示。从表 6.3 中可以看出，催化剂的量减少为 5 mol%，产率下降至 42%（组数 2），催化剂的量由 10 mol%升高至 20 mol%时，产率有所提高，但 *ee* 值没有达到最佳。反应温度由常温降低至 －25 ℃时，*ee* 值有所升高，但产率大幅度下降（组数 4～6）。催化产率随着时间的增加有缓慢的提升，但立体选择性几乎变化不大（组数 7～9）。综合考虑，选择催化剂的量为 15 mol、0 ℃和 18 h 为最佳的催化反应条件。

表 6.3　催化剂用量、反应温度和时间对丙酮和苯甲酰甲酸甲酯反应的影响[a]

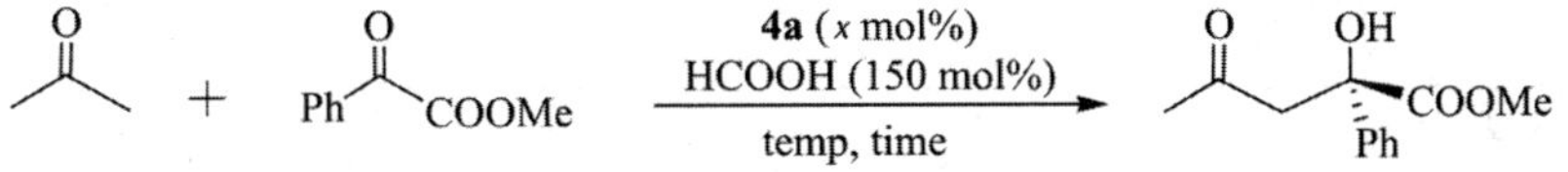

组数	催化剂当量	温度/℃	时间/h	产率[b]/%	*ee*[c]/%
1	15	0	18	83	84.2
2	5	0	18	42	81.5
3	10	0	18	75	80.2
4	20	0	18	84	81.1
5	15	rt	18	90	74.2
6	15	－25	18	32	84.7
7	15	0	8	31	82.6
8	15	0	32	86	80.5
9	15	0	48	91	83.5

a 反应条件：苯甲酰甲酸甲酯（15 μL，0.1 mmol），丙酮（0.2 mL）；
b 产率通过柱层析分离计算；
c *ee* 值通过 HPLC 检测（Chiralpak AD-H）。

四、催化剂循环利用

为了检验催化剂重复利用功能，将催化剂 4a 进行回收重复试验，通过重结晶的方式分离纯化。选用 HCOOH 作辅酸，在 0 ℃下反应 18 h，反应结果从表 6.4 中可以看出，该催化剂进行了 8 次反应后，产率和立体选择性未见明显下降。

表 6.4 催化剂 4a 在丙酮和苯甲酰甲酸甲酯反应中的重复使用[a]

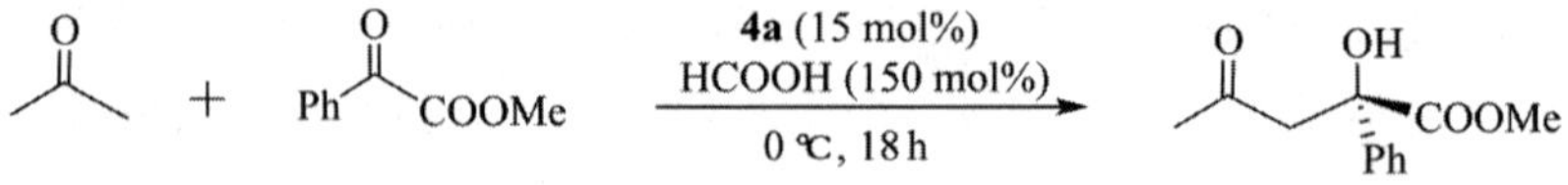

循环次数	产率[b]/%	*ee*[b]/%	回收率/%
1	83	82.5	88.9
2	77	80.5	91.5
3	81	84.6	92.0
4	85	80.2	90.7
5	77	80.5	91.5
6	81	84.5	92.0
7	82	84.2	92.0
8	85	80.2	90.7

a 反应条件：苯甲酰甲酸甲酯（15 μL，0.1 mmol），丙酮（0.2 mL）；

b 产率通过柱层析分离计算；

c *ee* 值通过 HPLC 检测（Chiralpak AD-H）。

五、不对称 Aldol 加成反应底物拓展

在以丙酮和苯甲酰甲酸甲酯为模板的不对称 Aldol 反应中，催化剂 4a 表现优良，为了探讨此类反应的普遍性，我们选用了不同的反应底物。如表 6.5 所示，丁酮产率 35%，*ee* 值 83.8%。接着改变 *a*-酮酯，可能由于位阻的影响，乙基的产率明显降低，仅有 62%。由结果可知此催化剂在此类不对称 Aldol 加成反应中均适用。

表 6.5 催化剂 4a 在不同底物 Aldol 反应中的应用[a]

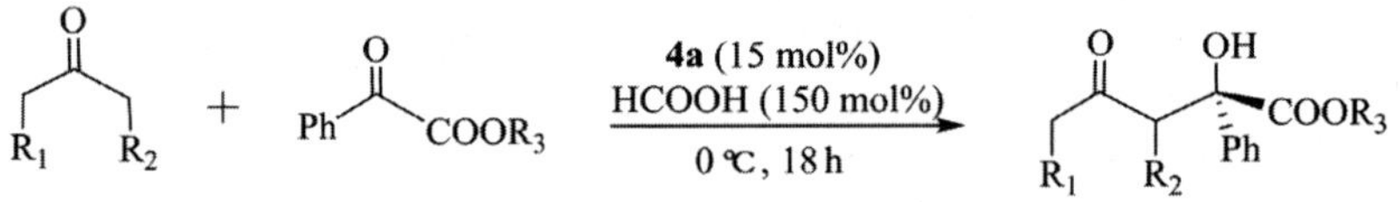

组数	R_1，R_2	R_3	产率[b]（%）	*ee*[c]（%）
1	acetone	R_3 = Me	83	84.2[d]
2	2-butanone	R_3 = Me	35	83.8
3	acetone	R_3 = Et	62	85.5

a 反应条件：芳香醛（0.5 mmol），酮（2.5 mmol）；

b 产率通过柱层析分离计算；

c *ee* 值通过 HPLC 检测（Chiralpak AD-H 和 AS-H）；

[e]产物的绝对构型与相关文献[10]比较。

六、不对称催化 Aldol 产物的立体结构分析

在之前已经介绍过，通常情况下要计算 *ee* 值，首先要合成产物消旋体后，通过 HPLC 检测，可以参考已有的文献资料，确定对映异构体的保留时间，在相同条件下测定并计算出 Aldol 加成产物的对映异构体的百分含量，然后计算对映体过量的百分量，即 *ee* 值。

1.2-羟基-4-氧代-2-苯基戊酸甲酯 5a

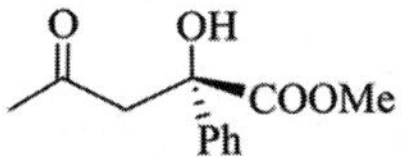

ee 值测定：Chiralcel AD-H；流动相：异丙醇∶正己烷＝20∶80；流速：1.0 mL/min；检测波长：210 nm；柱温：30 ℃。保留时间：8.55 min（主要），10.35 min（次要）。

图 6.24 所示为 5a 的外消旋体 HPLC 图谱。

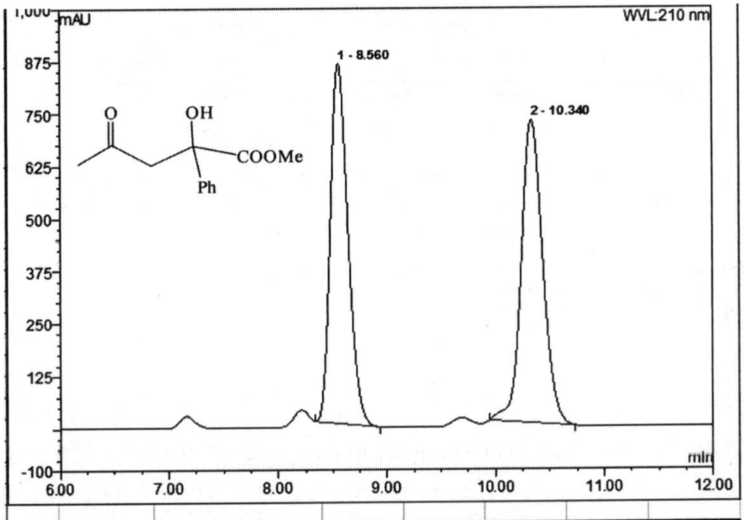

No.	Ret.Time min	Peak Name	Height mAU	Area mAU*min	Rel.Area %	Amount	Type
1	8.56	n.a.	858.031	161.670	49.27	n.a.	BMB*
2	10.34	n.a.	722.684	166.474	50.73	n.a.	BMB*
Total:			1580.715	328.144	100.00	0.000	

图 6.24　5a 的外消旋体 HPLC 图谱

如图 6.25 所示，峰 1 和峰 2 为一对对映异构体：*ee*＝(92.10－7.90)/ 100 ＝ 84.2％。

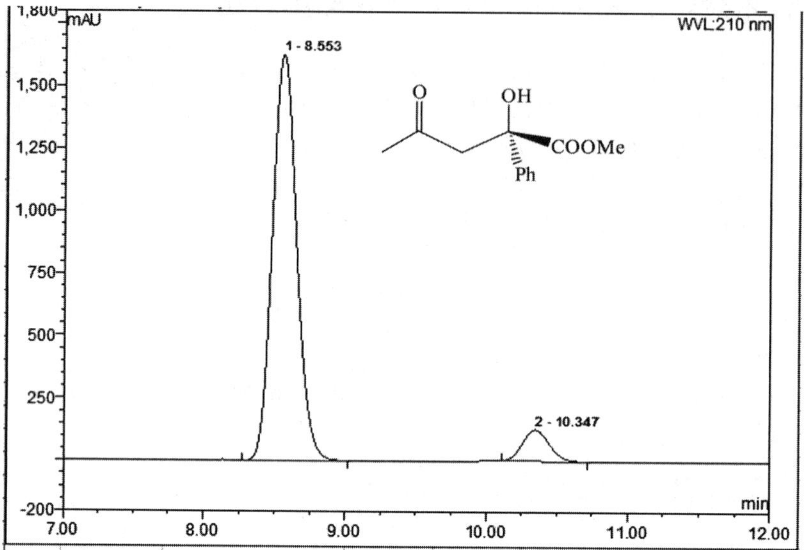

No.	Ret.Time min	Peak Name	Height mAU	Area mAU*min	Rel.Area %	Amount	Type
1	8.55	n.a.	1627.383	323.249	92.10	n.a.	BMB*
2	10.35	n.a.	125.530	27.709	7.90	n.a.	BMB*
Total:			1752.914	350.958	100.00	0.000	

图 6.25　5a 的催化产物 HPLC 图谱

2)甲基-2-羟基-4-氧代-2-苯基己酸酯 5b

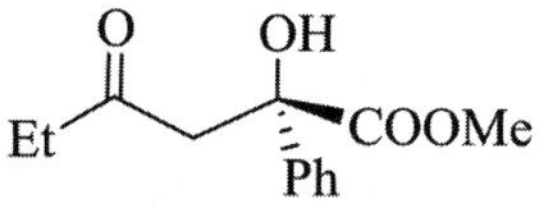

ee 值测定：Chiralcel AD-H；流动相：异丙醇 ∶ 正己烷＝20 ∶ 80；流速：1.0 mL/min；检测波长：210 nm；柱温：30 ℃。保留时间：7.17 min(主要)，10.30 min(次要)。

图 6.26 所示为 5b 的外消旋体 HPLC 图谱。

如图 6.27 所示，峰 1 和峰 2 为一对对映异构体：*ee*＝(91.90－8.10)/ 100 ＝ 83.8％。

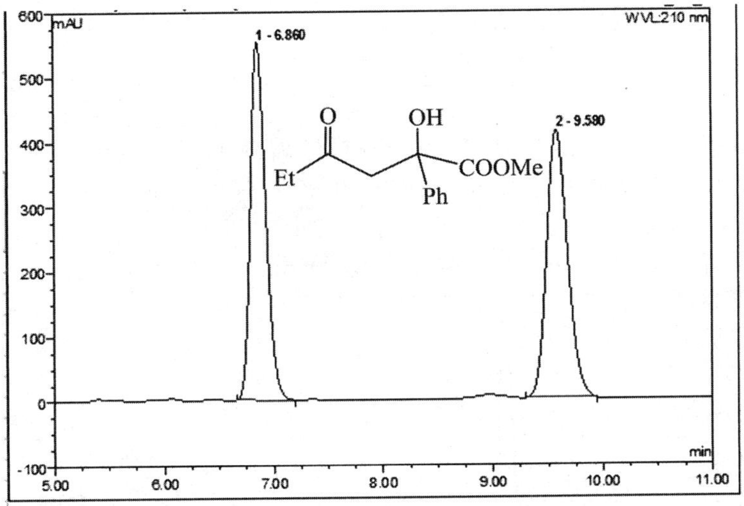

No.	Ret.Time min	Peak Name	Height mAU	Area mAU*min	Rel.Area %	Amount	Type
1	6.86	n.a.	551.970	89.883	50.03	n.a.	BMB*
2	9.58	n.a.	413.487	89.763	49.97	n.a.	BMB*
Total:			965.457	179.646	100.00	0.000	

图 6.26　5b 的外消旋体 HPLC 图谱

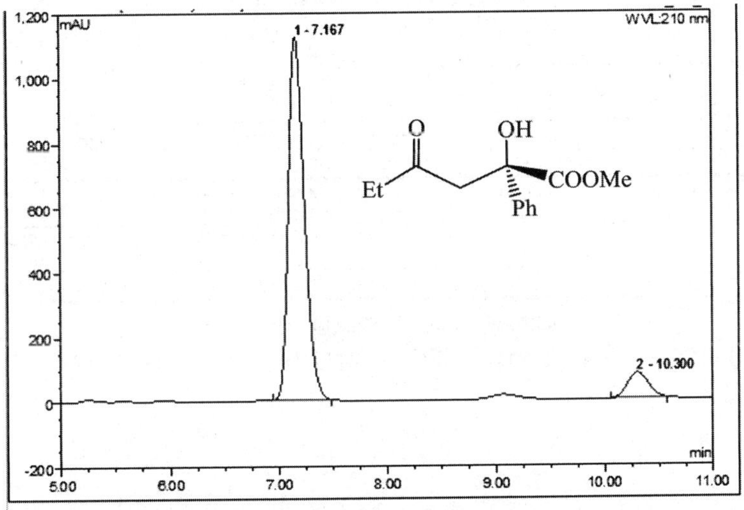

No.	Ret.Time min	Peak Name	Height mAU	Area mAU*min	Rel.Area %	Amount	Type
1	7.17	n.a.	1119.700	191.325	91.90	n.a.	BMB*
2	10.30	n.a.	77.395	16.871	8.10	n.a.	BMB*
Total:			1197.095	208.196	100.00	0.000	

图 6.27　5b 的催化产物 HPLC 图谱

3)2-羟基-4-氧代-2-苯基-戊酸乙酯 5c

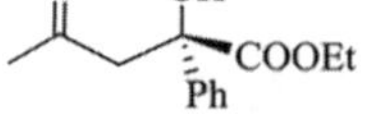

ee 值测定：Chiralcel AD-H；流动相：异丙醇：正己烷＝20：80；流速：1.0 mL/min；检测波长：210 nm；柱温：30 ℃。保留时间：7.42 min（主要），8.89 min（次要）。

图 6.28 所示为 5c 的外消旋体 HPLC 图谱。

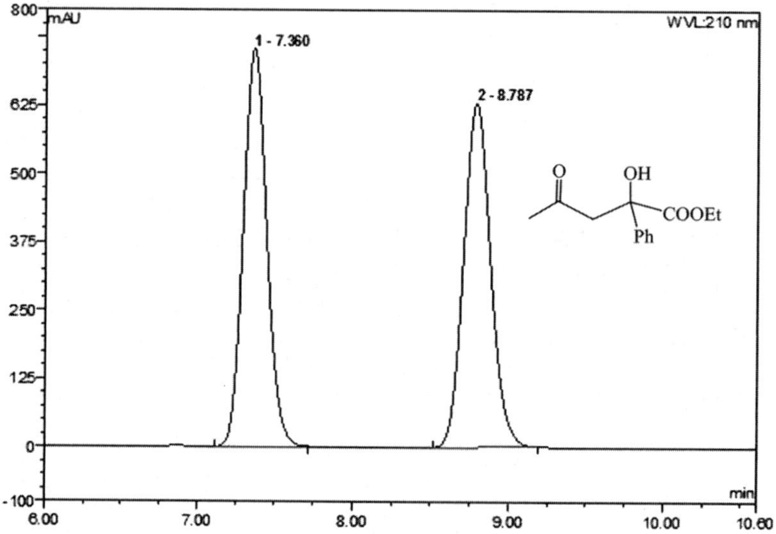

No.	Ret.Time min	Peak Name	Height mAU	Area mAU*min	Rel.Area %	Amount	Type
1	7.36	n.a.	727.115	125.473	49.81	n.a.	BMB*
2	8.79	n.a.	628.620	126.439	50.19	n.a.	BMB*
Total:			1355.735	251.912	100.00	0.000	

图 6.28　5c 的外消旋体 HPLC 图谱

如图 6.29 所示，峰 1 和峰 2 为一对对映异构体：*ee*＝(92.73－7.27)/100＝85.46％。

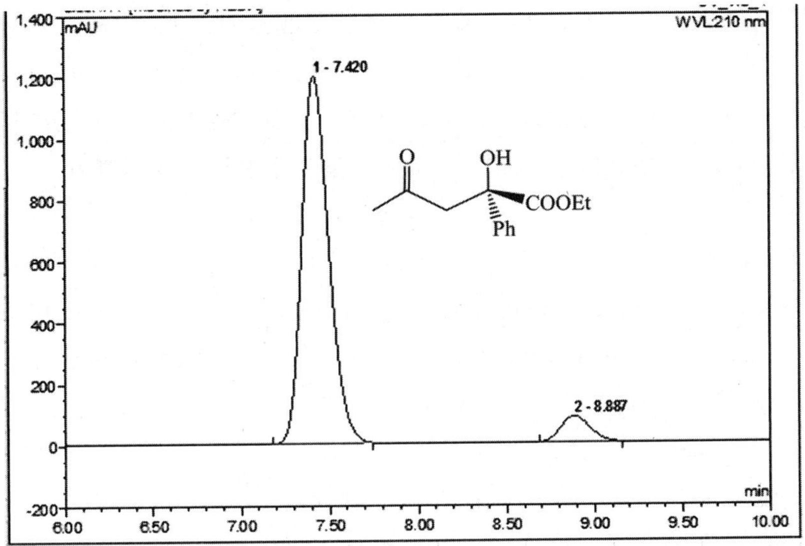

No.	Ret.Time min	Peak Name	Height mAU	Area mAU*min	Rel.Area %	Amount	Type
1	7.42	n.a.	1196.710	210.334	92.73	n.a.	BMB*
2	8.89	n.a.	84.693	16.481	7.27	n.a.	BMB*
Total:			1281.403	226.815	100.00	0.000	

图 6.29　5c 的催化产物 HPLC 图谱

本章以苯基三甲氧基硅烷为原料，通过水解缩合、盖帽合成了含有硅氢的双角 POSS；通过氢化硅烷化反应将上一章中合成的手性小分子脯氨酰胺与双角 POSS 连接，脱去－Boc 保护基，成功制得双角 POSS 支载的 C_2-对称的双脯氨酰胺手性聚合物催化剂 4a 和 4b，催化丙酮和苯甲酰甲酸甲酯的不对称 Aldol 反应，得出了最优的反应条件：催化剂为 4a，用量 15 mol%，甲酸为添加剂，用量 150 mol%，反应温度为 0 ℃，反应时间 18 h。在最优条件下催化了不同底物的酮与 *a*-酮酯的 Aldol 反应，产率在 35%～83%，*ee* 值为 83.8%～85.5%。反应结束后通过甲基叔丁基醚重结晶，实现了催化剂的回收利用，回收率达到 90%左右，循环使用 8 次，产物立体选择性和产率未见明显下降。

近年来，随着不对称反应的研究，不对称合成已经成为有机合成研究领域中最为活跃的课题之一，特别是手性有机催化剂在不对称合成中得到了广泛应用。如何解决小分子手性催化剂的回收循环利用，使其符合“绿色化学”理念，成为当今催化合成领域的一个热点。本书系统阐述了设计以 POSS 为可溶性载体，支载小分子手性咪唑啉酮、手性脯氨醇硅醚及 C_2-对称的双脯氨酰胺手性催化剂，催化不对称 Michael 加成反应及不对称 Aldol 反应等，探讨其催化性能和循环利用的能力，取得良好的结果。但是要不折不扣践行“绿色化学”理念，减少化学品对环境的伤害，需要化学工作者们的共同努力。

参考文献

[1]Wei K，Wang L，Zheng S. Organic-inorganic copolymers with double-decker silsesquioxane in the main chains by polymerization via click chemistry[J]. J Polym Sci，Part A：Polym Chem，2013，51(19)：4221-4232.

[2] Seino M，Hayakawa T，Ishida Y，et al. Hydrosilylation polymerization of double-decker-shaped silsesquioxane having hydrosilane with diynes[J].Macromolecules，2006，39(10)：3473-3475.

[3]Wang L，Zhang C，Zheng S. Organic-inorganic poly (hydroxyether of bisphenol A) copolymers with double-decker silsesquioxane in the main chains[J].J Mater Chem，2011，21(48)：19344-19352.

[4]Viózquez S F，Baón-Caballero A，Guillena G，et al. Enantioselective direct aldol reaction of α-keto esters catalyzed by(*S*)-binam-d-prolinamide under quasi solvent-free conditions[J]. Org Biomol Chem，2012，10(20)：4029-4035.

[5]Jiang Z，Lu Y. Direct asymmetric aldol reaction of acetone with α-ketoesters catalyzed by primary-tertiary diamine organocatalysts [J]. Tetrahedron Lett，2010，51(14)：1884-1886.

[6] Bøgevig A，Kumaragurubaran N，Jørgensen K A. Direct catalytic asymmetric aldol reactions of aldehydes[J]. Chem Commun，2002(6)：620-621.

[7]Tokuda O，Kano T，Gao W G，et al. A practical synthesis of (*S*)-2-cyclohexyl-2-phenylglycolic acid via organocatalytic asymmetric construction of a tetrasubstituted carbon center[J].Org Lett，2005，7(22)：5103-5105.

[8]Tang Z，Cun L F，Cui X，et al. Design of highly enantioselective or-

ganocatalysts based on molecular recognition[J]. Org Lett, 2006, 8(7): 1263-1266.

[9]Mase N, Tanaka F, Barbas C F. Synthesis of β-Hydroxyaldehydes with Stereogenic Quaternary Carbon Centers by Direct Organocatalytic Asymmetric Aldol Reactions[J]. Angew Chem Int Ed, 2004, 116(18): 2474-2477.

[10]Zhu X, Lin A, Fang L, et al. In situ formed bifunctional primary amine-imine catalyst for asymmetric Aldol reactions of α-Keto esters[J]. Chem Eur J, 2011, 17(30): 8281-8284.

图书在版编目（CIP）数据

绿色可循环手性催化剂的设计合成及应用 / 郑伟著
. -- 湘潭 : 湘潭大学出版社, 2023.12
ISBN 978-7-5687-1371-9

Ⅰ. ①绿… Ⅱ. ①郑… Ⅲ. ①催化剂－合成化学－研究②催化剂－化学性能－研究 Ⅳ. ① TQ426

中国国家版本馆 CIP 数据核字（2024）第 042156 号

绿色可循环手性催化剂的设计合成及应用

LÜSE KEXUNHUAN SHOUXING CUIHUAJI DE SHEJI HECHENG JI YINGYONG

郑伟 著

责任编辑： 丁立松　渠珊珊
封面设计： 张丽莉
出版发行： 湘潭大学出版社
社　　址： 湖南省湘潭大学工程训练大楼
电　　话： 0731-58298960 0731-58298966（传真）
邮　　编： 411105
网　　址： http://press.xtu.edu.cn/
印　　刷： 长沙印通印刷有限公司
经　　销： 湖南省新华书店
开　　本： 710 mm×1000 mm 1/16
印　　张： 12.75
字　　数： 210 千字
版　　次： 2023 年 12 月第 1 版
印　　次： 2023 年 12 月第 1 次印刷
书　　号： ISBN 978-7-5687-1371-9
定　　价： 98.00 元